有机螺环类光致变色材料

孙宾宾　著

西北工业大学出版社

西　安

【内容简介】 本书介绍了螺噁嗪、螺吡喃等有机螺环类光致变色材料的研究进展，合成了含螺噁嗪基团的丙烯酸酯和含螺吡喃基团的丙烯酸酯单体，制备了含有螺噁嗪基团的羧甲基纤维素、羧甲基甲壳素、硝化纤维素衍生物和螺噁嗪基团、螺吡喃基团修饰的氧化石墨烯新型光致变色材料，并对所制备的新材料进行了结构表征和性能研究。

本书可供从事光致变色材料、天然多糖改性、石墨烯修饰等领域研究的人员参考。

图书在版编目(CIP)数据

有机螺环类光致变色材料 / 孙宾宾著．—西安：西北工业大学出版社，2021.9

ISBN 978-7-5612-7931-1

Ⅰ．①有… Ⅱ．①孙… Ⅲ．①杂环系-变色材料-研究 Ⅳ．①O626

中国版本图书馆 CIP 数据核字(2021)第 172128 号

YOUJI LUOHUANLEI GUANGZHI BIANSE CAILIAO

有机螺环类光致变色材料

责任编辑： 朱晓娟　　**策划编辑：** 李　萌

责任校对： 王玉玲　　**装帧设计：** 李　飞

出版发行： 西北工业大学出版社

通信地址： 西安市友谊西路 127 号　　**邮编：** 710072

电　　话： (029)88491757，88493844

网　　址： www.nwpup.com

印 刷 者： 陕西向阳印务有限公司

开　　本： 787 mm×1 092 mm　1/16

印　　张： 9.5

字　　数： 249 千字

版　　次： 2021 年 9 月第 1 版　　2021 年 9 月第 1 次印刷

定　　价： 58.00 元

前　言

螺噁嗪、螺吡喃属于典型的有机螺环类光致变色化合物。在特定波长光（或热）的作用下，螺噁嗪和螺吡喃类化合物能够在闭环体（无色态）与开环体（显色态）之间发生可逆反应，有望应用于光信息存储等领域。目前，导致螺噁嗪和螺吡喃类化合物无法大规模投入使用的原因：一是其开环体热稳定性较差，在室温下极易返回闭环体；二是其抗疲劳性能尚达不到市场化需求。同时，小分子化合物不利于成膜、成纤及器件化。将螺噁嗪或螺吡喃基团通过共价键引入高分子基质，通过空间位阻对光致变色过程的制约，能够有效延迟消色反应速率，提高其开环体的热稳定性，同时有利于成膜、成纤及器件化。基于以上考虑，笔者合成了含有羟基的螺噁嗪和含羟基的螺吡喃，并将其制备为含螺噁嗪基团的丙烯酸酯和含螺吡喃基团的丙烯酸酯；进一步通过接枝共聚，制备了含螺噁嗪基团的羧甲基纤维素、羧甲基甲壳素、硝化纤维素衍生物和螺噁嗪基团、螺吡喃基团修饰的氧化石墨烯新型光致变色材料，并对所制备的新材料进行了结构表征和性能研究。

全书共 9 章，第 1 章介绍了螺环类光致变色材料的最新研究概况，第 2 章制备了含有螺噁嗪基团的丙烯酸酯单体，第 3 章制备并研究了接枝螺噁嗪的羧甲基纤维素衍生物，第 4 章制备并研究了接枝螺噁嗪的羧甲基甲壳素衍生物，第 5 章制备并研究了接枝螺噁嗪的硝化纤维素衍生物，第 6 章制备并研究了螺噁嗪修饰的氧化石墨烯材料，第 7 章制备了含有螺吡喃基团的丙烯酸酯单体，第 8 章制备并研究了螺吡喃修饰的氧化石墨烯材料，第 9 章为本书内容的总结。

本书中的研究成果是笔者在陕西省教育厅专项研究计划项目（14JK1062）“螺环光致变色基团共价修饰石墨烯材料的制备与性质研究”、陕西国防工业职业技术学院重点研究计划项目（Gfy19－03）“水溶性纤维素骨架光致变色材料的制备与应用研究”、西安理工大学优秀博士学位论文研究基金（207－002J1303）“光致变色基团共价修饰天然高分子材料研究”的资助下取得的，在此感谢陕西省教育厅、陕西国防工业职业技术学院、西安理工大学对笔者科研工作的支持。

感谢西安理工大学姚秉华和何仰清的指导！

在编写的本书过程中，参考了大量相关文献资料，在此谨向其作者深表谢意！

有机螺环类光致变色材料领域的研究内容庞杂，由于水平有限，书中难免存在疏漏和不足之处，敬请广大读者批评指正。

孙宾宾

2021 年 3 月

目　　录

第 1 章　螺环类光致变色材料研究概况

1.1　光致变色材料简介

1.1.1　光致变色现象

光致变色是指某化合物 A 在一定波长的光的照射下，可进行特定的化学反应，获得产物 B。由于结构的改变导致其吸收光谱发生明显的变化，而在另一波长的光的作用下，又能恢复到原来的形式。

光致变色反应过程中紫外-可见吸收光谱如图 1-1 所示。

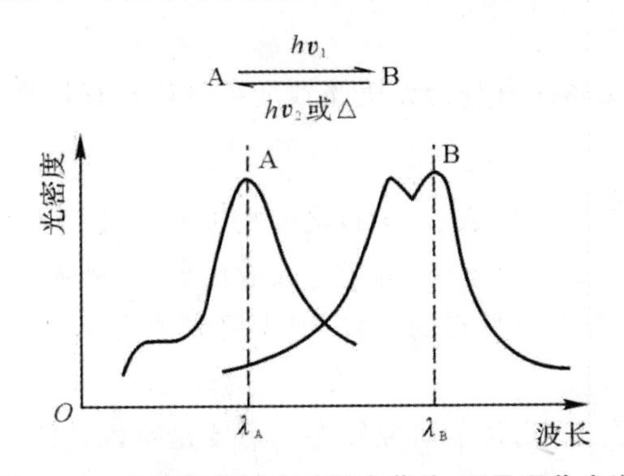

图 1-1　光致变色反应过程中紫外-可见吸收光谱

在图 1-1 中，λ_A 代表化合物 A 的最大吸收波长，λ_B 代表化合物 B 的最大吸收波长。当化合物 A 受到波长 λ_A 的光照射时，会发生一定的反应生成化合物 B，对应在紫外-可见吸收光谱上，就会出现化合物 A 的吸收逐渐减弱，而化合物 B 的吸收逐渐增强的现象。从 A 到 B 的过程一般都会伴有颜色的加深，常称为光显色过程。反过来，当化合物 B 受到波长 λ_B 的光照射时，会发生一定的反应还原成化合物 A，从 B 到 A 的过程一般会伴随颜色的褪去，常称为光消色或光褪色过程。螺噁嗪是一类有机光致变色化合物的总称，其中 1,3,3-三甲基-9′-羟基吲哚啉螺萘并噁嗪的显色、消色现象如图 1-2 所示。

光致变色反应是一种包含无机化合物、有机化合物、聚合物、生物等的光诱导化学和物理反应的现象。光致变色现象的发现和研究经历了一个漫长的过程。

19 世纪 70 年代，Fischer 发现了黄色的并四苯在空气和光的作用下会褪色，而生成的物质受热后又重新生成并四苯。19 世纪 90 年代，Markwald 对化合物 1,4-二氢-2,3,4,4-四氯萘-1-酮在光作用下发生的可逆的颜色变化进行了研究，认为这是一种新的现象，并称之为“phototropy”(光色互变现象)。到了20世纪50年代，Hirshberg对螺吡喃类化合物的光致变色现象进行了研究，并开始用“photochromism”(光致变色现象)一词来描述这种现象。

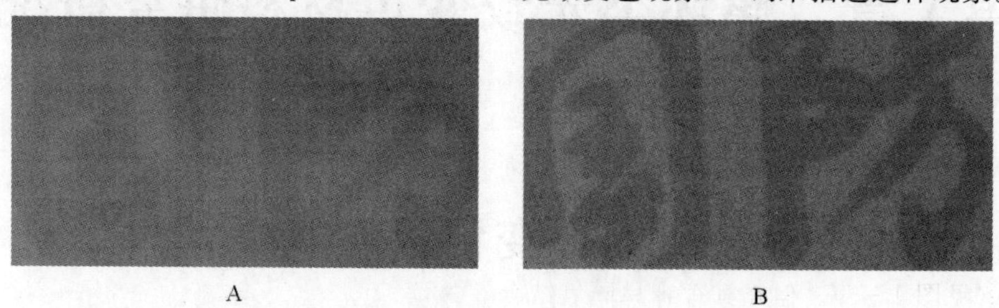

A　　　　　　　　B

图1-2　滤纸上的光致变色行为(A为无色态，B为显色态)

1955年后，光致变色现象在军事领域及商业领域的巨大应用潜质吸引了大批科学家对其展开研究，但具有光致变色性质的无机化合物不多。目前，对光致变色现象的研究主要集中在有机化合物方面，其中包括偶氮、螺吡喃、螺噁嗪、二芳基乙烯、浮精酸酐以及相关的杂环化合物。同时，科学家也在持续探索和发现新的光致变色体系。

1.1.2　光致变色材料的分类

光致变色材料按照物质属性可分为无机光致变色材料和有机光致变色材料两大类。

1. 无机光致变色材料

无机光致变色材料主要是一些Ag，Cu的化合物以及氧化钨、氧化钼、氧化钒、氧化锌、二氧化钛等过渡金属氧化物。变色速率快、抗老化性能优异、机械强度高、形状稳定、变色持续时间长、热稳定性好是无机光致变色材料的优点；但无机光致变色材料也存在着光电效率低、颜色单调等缺点。

无机光致变色材料种类不多，目前研究较多的主要是有机光致变色材料。

2. 有机光致变色材料

有机光致变色材料数量众多、结构复杂。光线过滤功能优良、光电效率高、光响应速率快、对颜色的选择范围宽是有机光致变色材料的显著优点。按其反应类型，有机光致变色材料可大致分为以下几类。

(1)键的异裂。螺吡喃(spiropyran)和螺噁嗪(spirooxazine)等螺环类光致变色化合物都属于这种类型。其中，关于螺吡喃光致变色性质的研究相对较早。当紫外线照射到无色的螺吡喃分子时，会导致其分子结构中的螺碳—氧键发生异裂，发生化学反应开环部花菁结构，后一结构在可见光区有吸收(见图1-3)。对螺吡喃光致变色现象的研究表明，该化合物易被氧化降解，抗疲劳性较差。

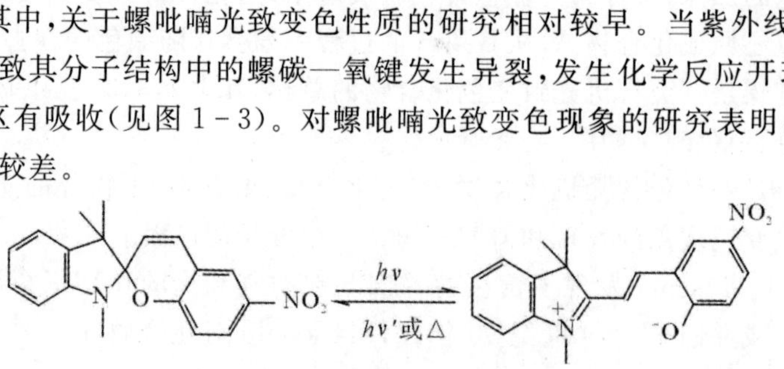

N　O　NO_2　$h\nu$　$h\nu'$或△　NO_2　N　^{-}O

图1-3　螺吡喃光致变色示意图

螺噁嗪(见图 1-4)是在螺吡喃的基础上发展起来的一类光致变色化合物。实验表明,这类化合物与螺吡喃相比抗疲劳性能大大提高。

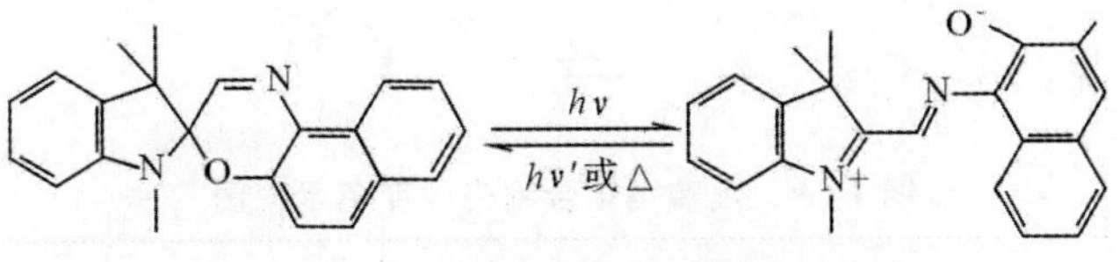

图 1-4　螺噁嗪光致变色示意图

(2)键的均裂。六苯基双咪唑分子在光照下发生碳碳键均裂,生成两个很活泼的三苯基咪唑自由基(见图 1-5)。但是其很容易同氧结合,在有氧的环境中其成色—消色循环仅仅能往复几次。

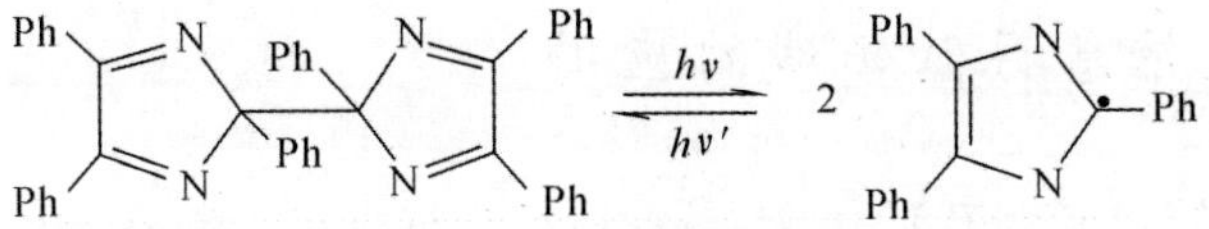

图 1-5　六苯基双咪唑光致变色示意图

(3)质子转移互变体系。在紫外线照射下,水杨醛缩苯胺类希夫碱会发生质子由氧到氮的转移(见图 1-6),颜色从黄色变化为橘红色。这一类光致变色化合物易于制备且耐疲劳性很好;但室温下,光致变色产物在溶液中稳定性很差。

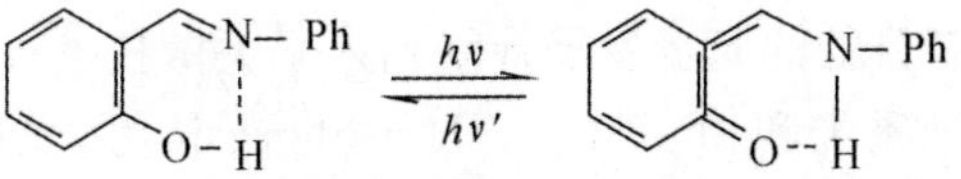

图 1-6　水杨醛缩苯胺类希夫碱光致变色示意图

(4)顺反异构。偶氮苯是研究较多的另一类光致变色化合物,其分子结构中含有偶氮基团—N=N—,有顺式和反式偶氮苯两种异构体,顺、反两种异构体在光和热的作用下会发生异构化(见图 1-7)。一般情况下,反式偶氮苯比顺式偶氮苯结构稳定。

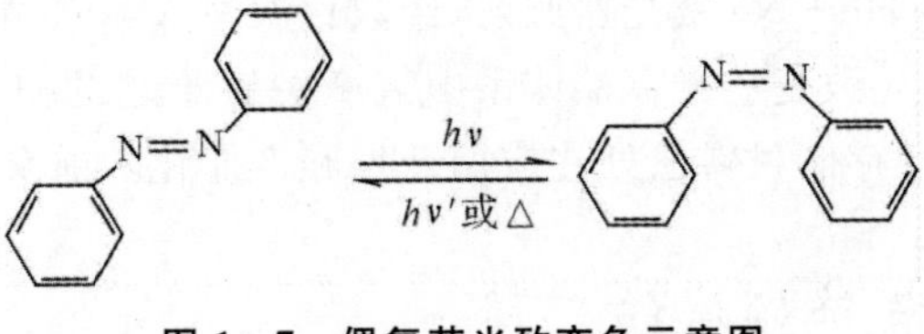

图 1-7　偶氮苯光致变色示意图

(5)周环反应体系。俘精酸酐(fulgide)是典型的周环反应体系光致变色化合物(见图 1-8)。俘精酸酐类化合物热稳定性和抗疲劳性相对优异,这是因为其在光致变色过程中不产生活泼的自由基、离子或偶极中间体。

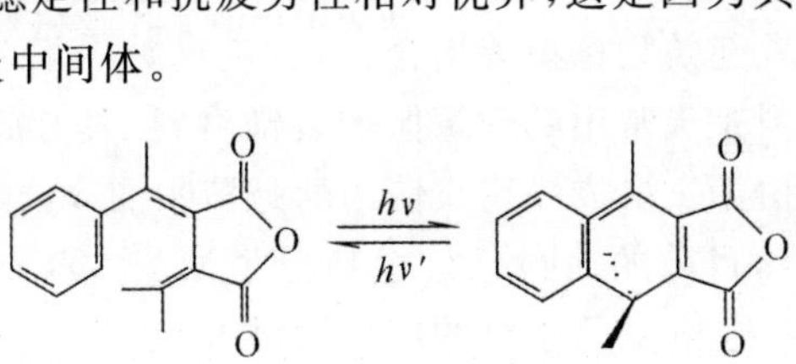

图 1-8　俘精酸酐类化合物光致变色示意图

吡喃类化合物也可以通过可逆的周环反应实现光致变色循环(见图 1-9),这类化合物光响应性较好、褪色速率较快、光稳定性较好。

图 1-9 吡喃类化合物光致变色示意图

1.2 光致变色材料的应用

1.2.1 在光信息存储领域的应用

世界上第一台计算机诞生于 1946 年,从此以后计算机在人类工作生活中占据着越来越重要的位置。20 年前在 DOS 操作系统中,常使用的文本文件(*.txt)所占存储空间约为 KB 数量级;今天的 Windows 操作系统中,一幅图片(*.bmp)所占存储空间可达 MB 数量级。早在 2004 年,比尔·盖茨曾预言 DVD 在 10 年内将被淘汰(见 2004 年 7 月 15 日《参考消息》第四版),今天 DVD 确实已经很少见。目前,广泛使用的 U 盘存储容量已达到 GB 数量级。随着时间的推移,更大容量、更高性能存储介质的研究开发已成为当务之急。

美国国防部将用于军事目的的光盘发展计划列入了关键技术计划。现在广泛使用的可擦除光盘存储介质主要是无机磁光和相变材料。Hirshberg 认为,光致变色材料的光成色和光漂白循环构成化学记忆模型,分别对应二进制中的 1 和 0,是一种十分有潜力的光信息存储介质。

于联合等用两种涂布方法制得了以吡咯取代的浮精酸酐为光致变色成分的光盘样盘。一种是甩胶法,将光致变色化合物和高分子介质溶于有机溶剂,甩涂于基盘上;另一种是真空蒸镀法,在高真空环境中加热光致变色化合物使其蒸发,从而均匀地涂于基盘上。样盘的显色与消色过程分别用紫外线和 He-Ne 激光器照射,经数百次写入删除循环后,未见光敏感性和其他性能的明显变化。随着光致变色光存储体系中五个关键难题的初步解决,以及将其实用化的迫切需求,光致变色信息存储材料已处在应用开发和产业化的前夕。

1.2.2 在建筑装饰领域的应用

由于建筑装饰领域应用的光致变色材料对成色体热稳定性要求不高(有些甚至不要求),因此光致变色材料已经在建筑装饰领域投入应用。比如,光致变色涂料、光致变色玻璃等已经出现,主要应用于墙面美化及建筑物标识等场合。

(1)光致变色涂料。涂料是最常用的建筑保护装饰材料,具有施工方便、易于更新且价格低廉的优点。早期的涂料,由于主要成膜物质使用的是植物油或天然树脂漆,故俗称油漆。随着现代科学技术的快速发展,目前的涂料已远远超出了油漆本身,除了传统意义上的涂料以外,还出现了各种功能涂料,这拓宽了涂料的应用领域和范围。光致变色涂料是一种智能涂料，会因为照射在涂层表面的敏感光强度变化而导致涂层颜色发生相应的变化，具有装饰美化作用。光致变色涂料常采用将具有光致变色性能的物质添加到涂料基体中的方式制备。

张恒等研发的有机光致变色功能涂料配方见表 1-1。使用该涂料的涂层呈现出明显的光致变色功能。

表 1-1　有机光致变色功能涂料配方

成　分	质量百分比/(%)
光致变色材料	0.5
全丙乳液	95
丁苯橡胶	2
分散剂	0.1
消泡剂	0.1
润湿剂	0.5
水	适量

柏立岗等将自制的光致变色化合物加入市售的涂料当中，制备出了一种光致变色涂料，其具有光调控、智能化的特点，具体配方见表 1-2。

表 1-2　光调控、智能化的光致变色涂料配方

原材料	质量百分比/(%)
萘并吡喃化合物	2～10
抗氧剂 CA	0.5～1
光稳定剂 UV-770	0.5～1
涂料	88～97

王立艳等以螺噁嗪类化合物为光致变色组分开发了一种聚丙烯酸酯涂料，配方见表 1-3。测试表明，使用这种光致变色涂料制备的涂膜在紫外线照射下，可由无色转变为蓝色，且光致变色现象可逆性良好。

表 1-3　光致变色聚丙烯酸酯涂料配方

组分名称	质量百分比/(%)
螺噁嗪光致变色材料	0.2～2
聚丙烯酸酯树脂	50
钛白粉(金红石型)	20
乙酸丁酯、甲乙酮	27～28
分散剂	0.4
防沉剂	0.5
消泡剂	0.1

(2)光致变色玻璃。传统的无机玻璃具有透光性好、不透水、坚硬耐磨、难熔、绝缘等优点，是现代建筑不可缺少的材料，但是其功能单一。光致变色玻璃可以防紫外线、防眩光，用于建筑幕墙可保护视力，并具有装饰美化等功能。

无机光致变色玻璃的传统制法是将光致变色物质直接加入基体玻璃配合料中，然后采用高温熔炼工艺熔制浇铸成片状玻璃，再经退火、分段热处理、研磨加工等工序制成玻璃制品。无机光致变色玻璃中最常见的是卤化银无机玻璃，当一定波长的光照射到卤化银粒子时，会导致其发生分解反应，生成尺寸很小的胶体银与卤素，阻挡光线的透过从而使玻璃变暗。照射光消失后，胶体银与卤素重新结合生成卤化银，玻璃又变得透明。

可以将光致变色物质制成涂层，涂覆在无机玻璃上制成涂膜光致变色玻璃；还可以将光致变色材料制成薄膜，夹在两片无机玻璃之间制成夹层光致变色玻璃，夹层光致变色玻璃已投产。

与坚硬易碎的无机玻璃相比，有机玻璃韧性好且易于加工成形。在有机玻璃成形过程中，将有机光致变色化合物一起加入成形则可方便地制备出有机光致变色玻璃。

1.2.3 在军事领域的应用

光电技术在武器装备上的应用使得军事目标面临着“被发现就会被击中，被击中就会被摧毁”的命运，这对军事防御技术提出了更高的要求，故隐形技术应运而生。利用涂敷或掺杂的手段，使得飞机、坦克、装甲车等军事装备的表面具有光致变色性能，在光照下发生变色并与环境颜色相匹配，从而可以使军事装备产生隐形的效果。

目前，利用光致变色现象进行伪装已经成为视觉隐形的主要手段之一。美国 National Cach Register 公司将光致变色材料涂在各种军械上作为伪装，对如何使装备、人员与环境颜色相匹配而达到伪装的效果进行了大量研究。

通过掺杂或者接枝光致变色化合物可以使纤维具有光致变色性能，将光致变色纤维制成衣料，就可以产生伪装的效果。早在 1970 年的越南战争中，美国军方就曾将光致变色化合物应用于衣料。士兵穿上具有光致变色性能的服装出现在不同的环境，无须更换服装，依靠敏感光强度调节便可以方便地实现服装颜色的变化，使之与环境相匹配，实现隐身效果。上述具有光致变色性能的服装，主要还是依靠外界环境中敏感光的强度来调节服装的颜色变化，尚未实现服装颜色变化的自动控制。在外界环境敏感光强度不足的情况下，光致变色服装则无法发挥其功效。美国军方研究人员认为，采用光导纤维与变色染料相结合，可以实现服装颜色变化的自动控制，这样就能摆脱对环境中敏感光的依赖，实现服装颜色变化的人为控制，使其适用于更多场合。

激光武器在战场上可用来对敌方人员的眼睛进行强烈杀伤。1982 年，在英国和阿根廷为争夺马尔维纳斯群岛主权而爆发的战争中，英军就曾对阿根廷飞行员使用激光致盲武器。光吸收度在 8.5～9.0，光响应时间小于毫微秒级的光致变色材料可以有效防护激光对人眼睛的伤害。这种对激光具有开关作用的材料能够在激光照射时瞬间发生结构改变，结构改变后的材料不透光，从而保护了眼睛；激光消失后，材料结构又恢复到透明状态。

1.2.4　在服装纤维领域的应用

光致变色纤维不仅可用于军事伪装，同样也能满足消费者对服饰色彩新奇性、多样性和变化性的追求。随着生产力水平的提高，它必将逐渐走入大众的生活。

实用的光致变色纤维必须具有高的性价比。已经发现的光致变色染料种类本身不够多，并且存在着价格高、使用寿命短等问题。缺乏真正能够投入使用的光致变色染料，是制约光致变色纤维平民化的主要障碍之一。

通过对目前已知的光致变色染料分子结构进行修饰，已经得到了一批更加接近于实用的光致变色染料分子。但也有学者认为，目前这种“修修补补”的方式很难合成出达到使用要求的光致变色染料分子。因此，寻找色差明显、制备方便、抗疲劳性能优良的光致变色染料成为当务之急。

目前，已知的大多数光致变色染料对纤维的亲和力不高是制约光致变色纤维走向实用的另一个障碍。光致变色纤维的制备，除了传统加工工艺外，更需要注意成形纤维化学改性等新型着色工艺。

1.2.5　在传感器领域的应用

传感器是一种能感受和探测外界信号，并按照一定的规律转换成可用信号的器件或装置。由于有机光致变色薄膜在一定范围波长光的照射下可以发生结构的可逆变化，进而引起分子极化率、离子通透性、电导率等物化性质的改变，将这些变化转化为光、电信号，制成传感器。螺噁嗪类光致变色化合物在紫外线照射下，呈现出有正、负离子结构的开环体。Suk 等将螺噁嗪类化合物自组装在金表面形成单层膜，利用螺噁嗪开环体与拥有两性离子结构的苯丙氨酸之间的相互作用，设计了对苯丙氨酸就有检测作用(见图 1－10)的传感器。

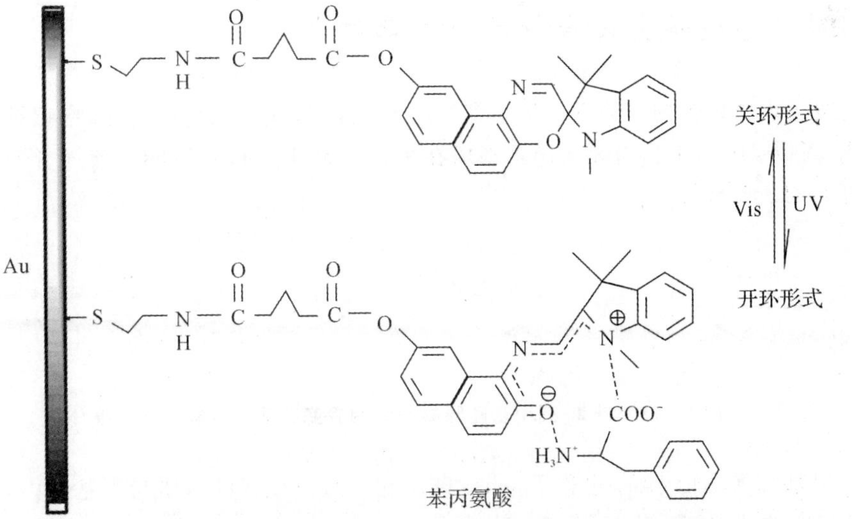

图 1－10　金表面螺噁嗪单层膜的光转化及其开环体与苯丙氨酸的相互作用

1.3 螺噁嗪类化合物合成进展

螺噁嗪是在螺吡喃的基础上发展起来的，是由两个芳杂环通过1个sp^3杂化碳原子连接而成的一类光致变色化合物的总称。其中研究最为充分、也最重要的是吲哚啉螺萘并噁嗪，其由吲哚啉和萘并噁嗪两个芳杂环通过1个螺碳原子（sp^3杂化）连接而成。文献记载，1961年，Fox最早报道了螺噁嗪化合物1的光致变色现象。自此以后，优异的光致变色性能就吸引科学家纷纷展开了螺噁嗪类化合物的合成与应用研究。螺噁嗪化合物1在美国*Chemical Abstracts*中的名称为1,3-二氢螺(2H-吲哚-2,3′-[3H]萘并[2,1-b][1,4]-噁嗪)，螺噁嗪化合物1的两个芳杂环上原子的编号顺序如图1-11所示。相对优异的抗疲劳性能使得螺噁嗪类化合物成为最有可能投入使用的光致变色化合物之一，其在光子开关、光信息存储、装饰与伪装等领域有着巨大的应用潜力。

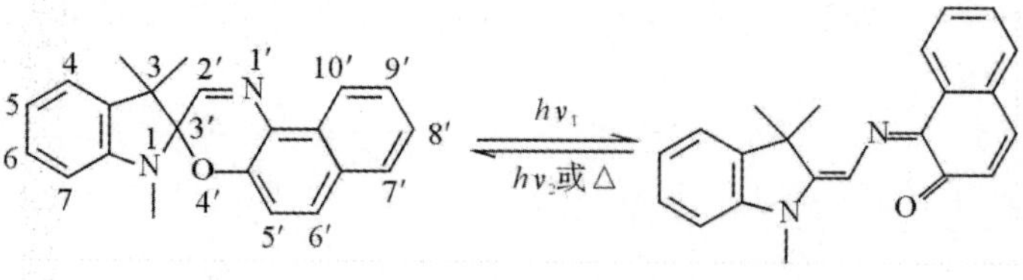

图1-11 螺噁嗪化合物1的环编号顺序

各种不同结构及取代基的螺噁嗪化合物的设计与合成一直是研究热点，旨在获得更加具有实用价值的螺噁嗪衍生物。本节将对螺噁嗪化合物的合成研究进行概括，其中包括单螺噁嗪化合物、含螺噁嗪的双光致变色体系、含螺噁嗪的聚合物以及水溶性螺噁嗪化合物等，同时将介绍微波、超声技术在螺噁嗪化合物合成中的应用情况。

1.3.1 螺噁嗪类化合物的合成路线

合成螺噁嗪类化合物的关键一步是螺环的形成，其效率一般较低。螺噁嗪类化合物常通过2-亚甲基吲哚啉衍生物与邻亚硝基萘酚在极性溶剂中进行长时间回流缩合而成。其合成路线如图1-12所示。

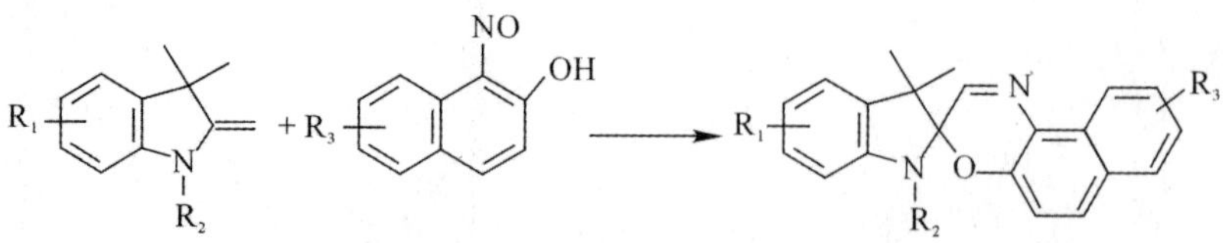

图1-12 以2-亚甲基吲哚啉和邻亚硝基萘酚缩合制备螺噁嗪

2-亚甲基吲哚啉衍生物，也称Fischer碱。它一般以取代的苯肼与甲基异丙基酮为原料，先缩合成相应的苯腙衍生物，再在酸（醋酸或硫酸）催化下重排环化生成吲哚衍生物（Fischer吲哚合成法）。后者再与卤代烃反应形成季铵盐，继而在碱的催化下失去卤化氢，得到2-亚甲基吲哚啉衍生物，如图1-13所示。

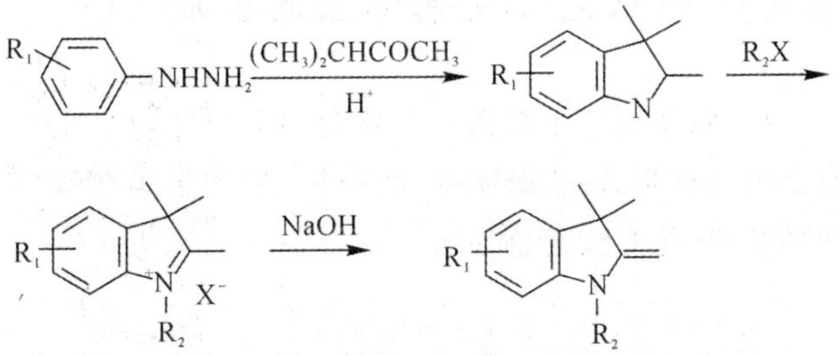

图1-13 以取代的苯肼为原料合成 Fischer 碱

也有文献为了避免使用毒性较大的苯肼作原料，采用苯胺与3-甲基-3-溴-2-丁酮为原料，按照图1-14合成路线合成了 Fischer 碱，该合成路线产率不高。

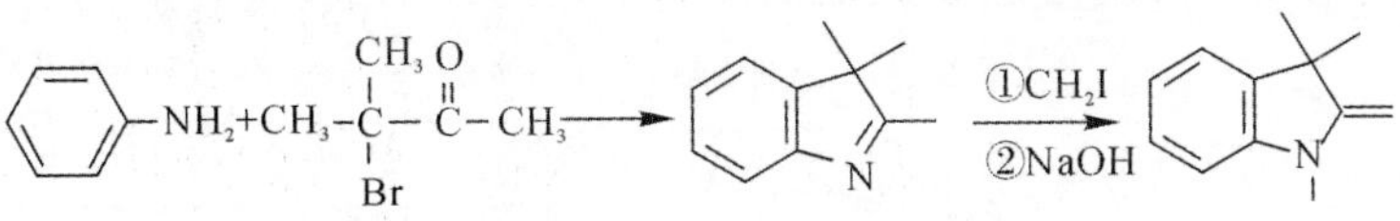

图1-14 以苯胺为原料合成 Fischer 碱

Fischer 碱易于聚合成二聚体，导致合成螺噁嗪的产率下降，并伴随有黏稠产物，使得后处理变得困难，故现在的文献报道大都是在有机碱(如三乙胺等)的存在下，采用 Fischer 碱的前体季铵盐和邻亚硝基萘酚“一锅煮”来合成螺噁嗪(见图1-15)。“一锅煮”合成螺噁嗪省去了用季铵盐制备 Fischer 碱的环节，简化了操作。

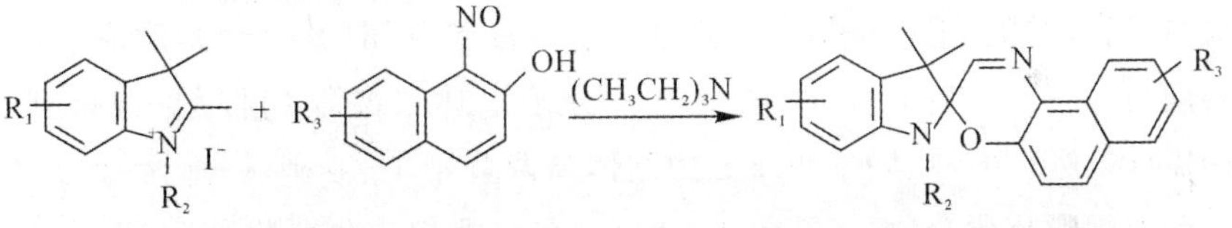

图1-15 以 Fischer 碱的前体和邻亚硝基萘酚“一锅煮”合成螺噁嗪

前面所述合成螺噁嗪类化合物的方法收率总体较低；另一种合成螺噁嗪类化合物的方法是在弱氧化剂(如氧化硒等)存在下，以 Fischer 碱和邻氨基萘酚为原料反应生成，这种方法产率较高。

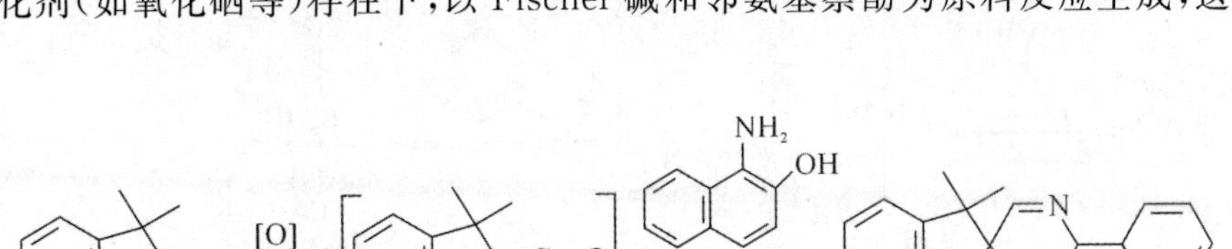

图1-16 弱氧化剂存在下用 Fischer 碱与邻氨基萘酚合成螺噁嗪

自1961年 Fox 报道螺噁嗪化合物1到现在，合成螺噁嗪类化合物的路线就没有出现过大幅度的改变，而已发现的这些合成路线都存在着合成步骤多且产率不够高的缺点。

1.3.2 含螺噁嗪的双光致变色体系的合成

如图 1-17 所示，双光致变色体系是指一个化合物中包括两个光致变色基团。含螺噁嗪的双光致变色体系有下列三种形式：①螺噁嗪-间隔基-螺噁嗪（双螺噁嗪）；②螺噁嗪-间隔基-螺吡喃；③螺噁嗪-间隔基-其他光致变色基团。

光致变色基团1 — 连接基团 — 光致变色基团2

图 1-17 双光致变色体系

（1）螺噁嗪-间隔基-螺噁嗪体系。使用双官能团中间体可以很方便地合成双螺噁嗪化合物。杨志范等以 1,4-二碘丁烷与两分子 2,3,3-三甲基-3H-吲哚反应，得到了氮原子通过 1,4-亚丁基相连的双季铵盐化合物，后者与两分子邻羟基萘酚反应，得到了双螺噁嗪化合物 2（见图 1-18）。

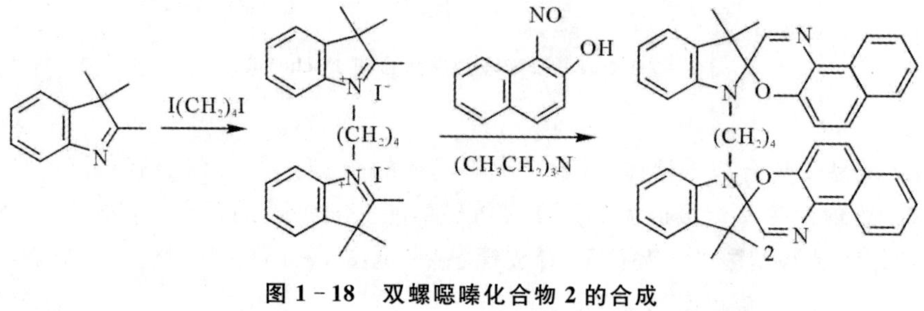

图 1-18 双螺噁嗪化合物 2 的合成

丁二酰氯、己二酰氯、壬二酰氯是一系列具有双酰氯基团的化合物，反应活性很强。张大全等首先将两分子 5-氨基 Fischer 碱通过一分子上述二酰氯连接起来，得到了一系列双 Fischer 碱中间体，然后再将双 Fischer 碱中间体与两分子 1-亚硝基-2-萘酚进行缩合反应，制备了一系列双螺噁嗪化合物 3（见图 1-19）。在双螺噁嗪化合物 3 中，两个螺噁嗪基团在 5-位通过—NHCO $(CH_2)_n$CONH—链相连接。

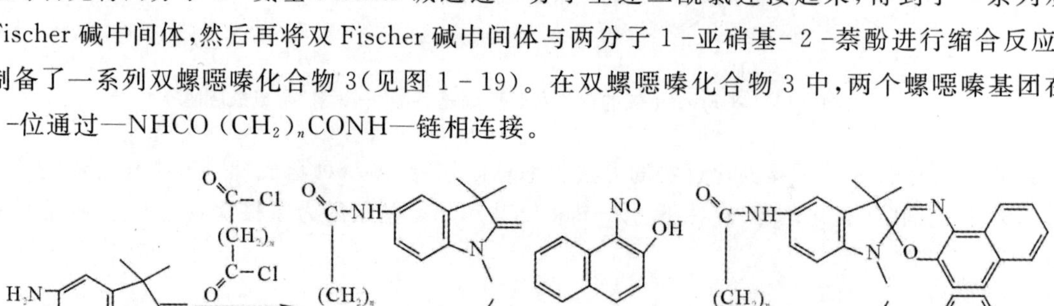

图 1-19 双螺噁嗪化合物 3 的合成

除了利用双官能团中间体合成双螺噁嗪化合物以外，也可以在单螺噁嗪（必须预留活性基团）合成以后，借助连接基团或直接缩合将两个单螺噁嗪分子连接起来。Kang 等利用 9′-羟基螺噁嗪与三缩四乙二醇二甲苯磺酸盐（tetraethylene glycol ditosylate）反应，将两个单螺噁嗪分子连接起来合成了双螺噁嗪化合物 4(见图 1－20)。

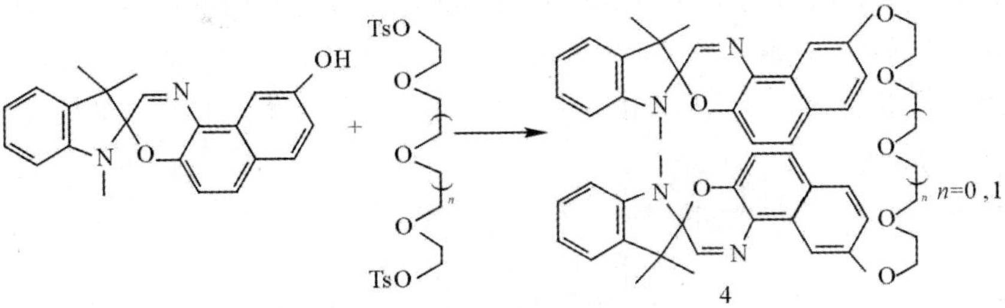

图 1－20　双螺噁嗪化合物 4 的合成

磷酰氯(磷酰二氯)是双官能团化合物,Li 等在三乙胺催化下,利用两分子 9′-羟基螺噁嗪与一分子磷酰氯之间的酰化反应,制备了磷酸酯类双螺噁嗪化合物 5(见图 1－21)。

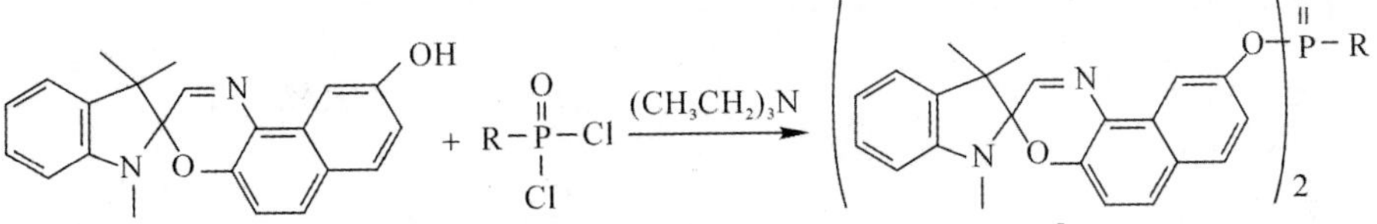

图 1－21　磷酸酯类双螺噁嗪化合物 5 的合成

抗氧剂双酚 A,化学名为 2,2－二(4－羟基苯基)丙烷,也是一种双官能团化合物。Li 等在 DCC/DMAP 催化下,通过 N－羧乙基螺噁嗪与双酚 A 之间的酯化反应制备了双螺螺噁嗪化合物 6(见图 1－22)。

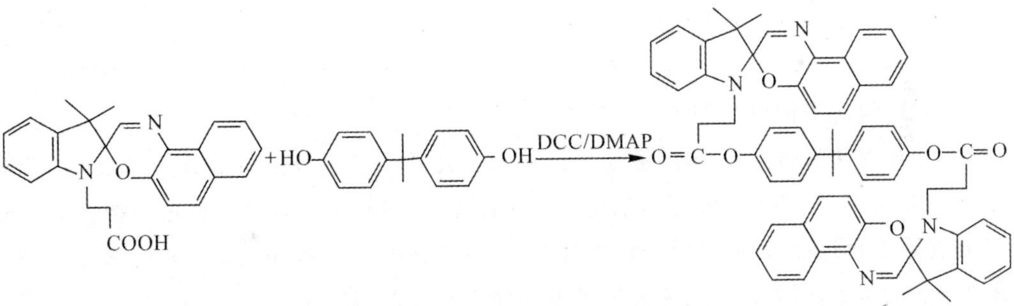

图 1－22　键合抗氧剂双酚 A 的双螺噁嗪化合物 6 的合成

Ortica 等发现,在室温下,通过乙烯双键连接的双螺噁嗪化合物经过纯化得到 Z 异构体 7(见图 1－23),紫外线照射导致其开环体热可逆性消失,出现奇特的双稳态(具有可逆、可探测的双稳态是对可擦重写光信息存储材料的基本要求)。7 在开环过程中同时在中心双键发生光反应导致环化,生成稳定的二氢菲结构 8,8 在可见光照射下优先发生降解而非可逆返回 7,已出离经典的光致变色化合物范畴。但是对于 Z,E 异构体的混合物,其光致变色表现与普通单螺噁嗪一致。

(2) 螺噁嗪-间隔基-螺吡喃体系。如果螺吡喃和螺噁嗪分子结构上具有可以互相反应的官能团，则可以通过反应将两者连接起来构成双光致变色体系。Li 等在 DCC/DMAP 催化下，利用 N-羧乙基螺吡喃与 9′-羟基螺噁嗪之间的酯化反应将两者连接起来，合成了通过酯基连接的螺噁嗪-间隔基-螺吡喃双光致变色化合物 9(见图 1-24)。研究发现，在光致变色过程中，双光致变色化合物 9 显示出螺吡喃和螺噁嗪两个光致变色基团各自的吸收特征。

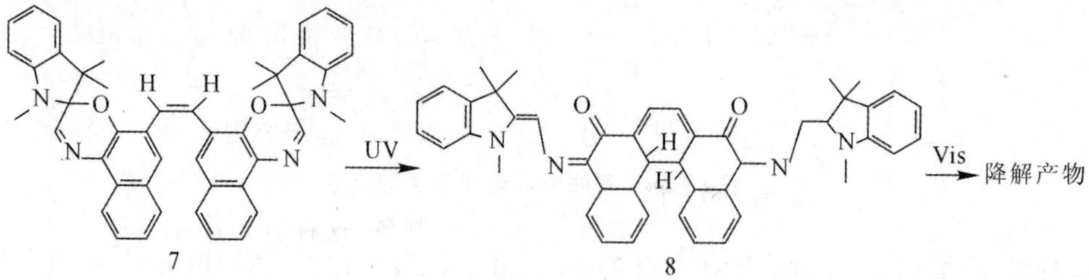

图 1-23　共轭双螺噁嗪 Z 异构体 7 的光化学反应

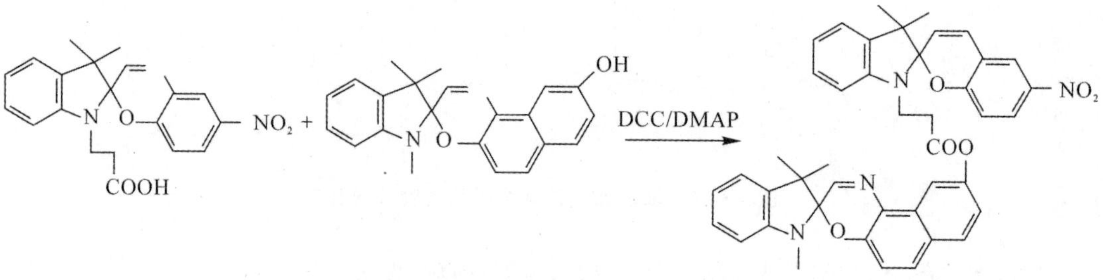

图 1-24　通过酯基连接螺吡喃、螺噁嗪的双光致变色化合物 9 的合成

(3) 螺噁嗪-间隔基-其他光致变色体系。如果螺噁嗪衍生物和其他光致变色化合物(如偶氮苯衍生物)分子结构上具有可以互相反应的官能团，则可以通过反应将螺噁嗪与其他光致变色化合物连接起来构成双光致变色体系。

4-(4-异丙基苯偶氮基)苯甲酸是一种偶氮类光致变色化合物，Zhang 等在 DCC/DMAP 催化下，将其与 9′-羟基螺噁嗪通过酯化反应连接起来，得到了双光致变色化合物 10(见图 1-25)。在光致变色过程中，双光致变色化合物 10 中存在的螺噁嗪和偶氮两种光致变色单元可以形成多渠道体系，因此可以用来开发多维存储介质或多功能开关。

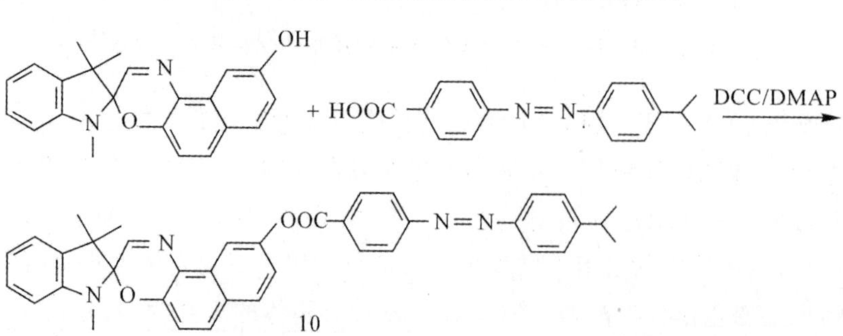

图 1-25　具有偶氮和螺噁嗪的双光致变色化合物 10 的合成

1.3.3　螺噁嗪聚合物的合成

小分子螺噁嗪很少直接使用，绝大部分应用场合都需要将螺噁嗪制备为易于器件化的高聚物。根据螺噁嗪基团与高聚物基质之间是否存在共价键，可将含螺噁嗪的高聚物分两类：第一类是共混掺杂体系，即将小分子螺噁嗪混合物作为客体分散在聚合物基质中；第二类是主链或侧链上共价连接螺噁嗪基团的高聚物。主链上共价连接螺噁嗪基团的高聚物制备较为困难，而侧链上共价连接螺噁嗪基团的高聚物制备相对容易，因此研究得也较多。侧链上共价连接螺噁嗪基团的高聚物的制备方式分为两种，如图1-26所示。第一种方法是将带有活性基团（如双键等）的螺噁嗪单体自聚或与其他单体共聚来制备，这种方式简单易行。第二种方法是依靠已存在的高分子骨架上的活性官能团，将光致变色螺噁嗪单体反应引入原来的高分子骨架，相当于对原有高分子骨架进行化学改性。所使用的高分子骨架可以是人工合成的，如聚丙烯酸等；也可以是自然界本身就有的，如纤维素、壳聚糖等。

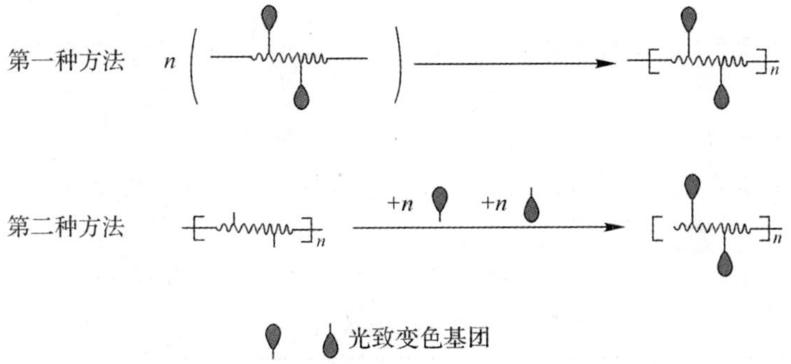

第一种方法　n

第二种方法　$+n$　$+n$

光致变色基团

图1-26　两种制备接枝有螺噁嗪单元聚合物体系的方法

(1) 单体均聚或共聚制备螺噁嗪聚合物。Wang等将含有螺噁嗪基团的甲基丙烯酸酯和含有咔唑基结构的甲基丙烯酸酯两种功能单体共聚，得到了具有咔唑基结构的螺噁嗪聚合物11（见图1-27）。在紫外线照射下，螺噁嗪聚合物11中的螺噁嗪基团发生开环反应，这时候具有荧光性能的咔唑基与螺噁嗪开环体部分发生了荧光共振能量转移，使其荧光强度下降；在撤去紫外线，用可见光照射后，螺噁嗪基团又返回闭环体，使得荧光强度得以恢复。

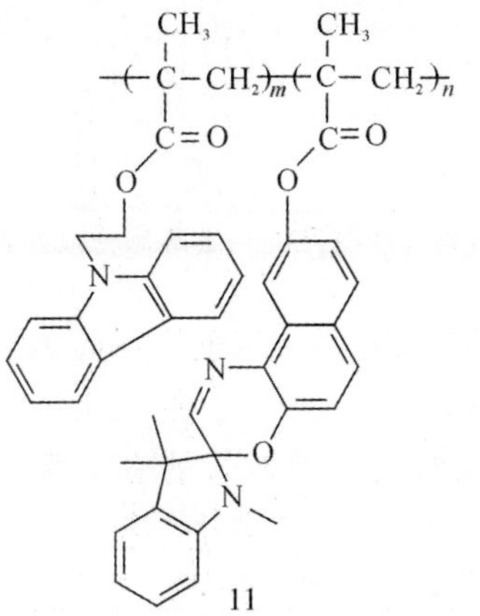

CH_3　CH_3　$C=O$　$C=O$　O　N　11

图1-27　螺噁嗪聚合物11的结构式

Yitzchaik 等合成了含螺噁嗪支链的液晶聚丙烯酸酯 12(见图 1－28)和液晶聚硅氧烷 13(见图 1－29)。室温下,液晶聚丙烯酸酯 12 的玻璃态介晶薄膜热消色速率随着聚合物 12 中螺噁嗪基团含量增加而减小,这是由于聚合物 12 中大量螺噁嗪基团产生的空间位阻延迟了热消色反应的发生,而研究发现玻璃态介晶结构对聚合物 12 中螺噁嗪基团的热消色反应无明显影响。

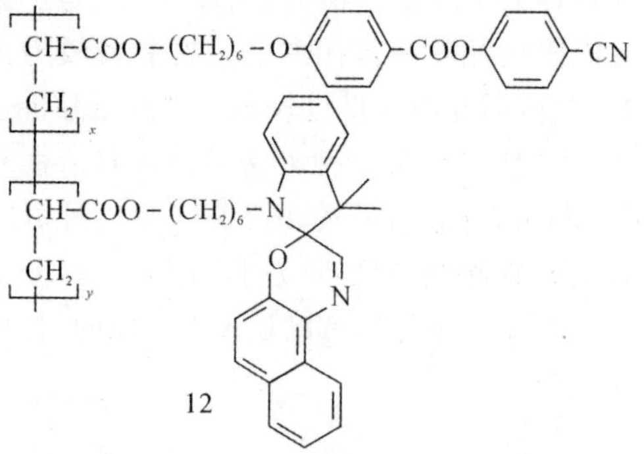

图 1－28　液晶聚丙烯酸酯 12 的结构式

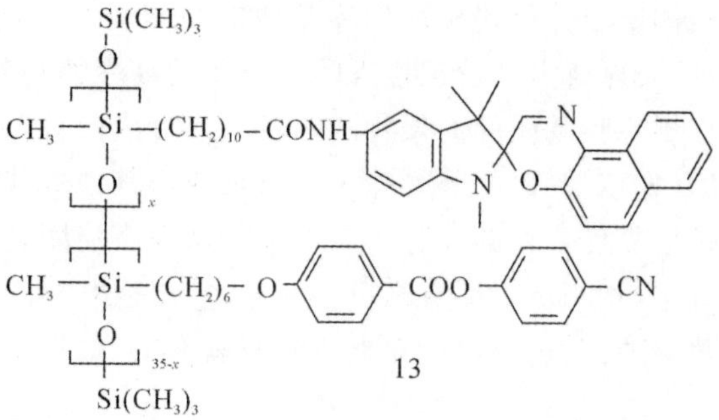

图 1－29　液晶聚硅氧烷 13 的结构式

室温下,液晶聚硅氧烷 13 的热消色速率远远快于液晶聚丙烯酸酯 12,这是由于液晶聚硅氧烷 13 中拥有更多柔性亚甲基链节,当温度高于玻璃化温度时,大量螺噁嗪基团之间的空间位阻对热消色反应影响并不明显。

Zelichenok 等首先合成了 N－端烯烃基螺噁嗪单体 14,单体 14 分子中乙烯基通过一个长度为 n 的柔性亚甲基链连接在螺噁嗪单体 14 的氮原子上;然后通过螺噁嗪单体 14 在聚硅氧烷上的加成反应,制备了无定形态光致变色聚硅氧烷(见图 1－30)。研究发现:螺噁嗪单体 14 分子氮原子上所连接的烯烃基中柔性亚甲基链的长度(即 n 值)决定了单体 14 在聚硅氧烷上加成反应的效率;螺噁嗪基团的含量决定了光致变色聚硅氧烷的热褪色反应速率。螺噁嗪单体 14 的加成反应显著地提高了聚硅氧烷的玻璃化温度。

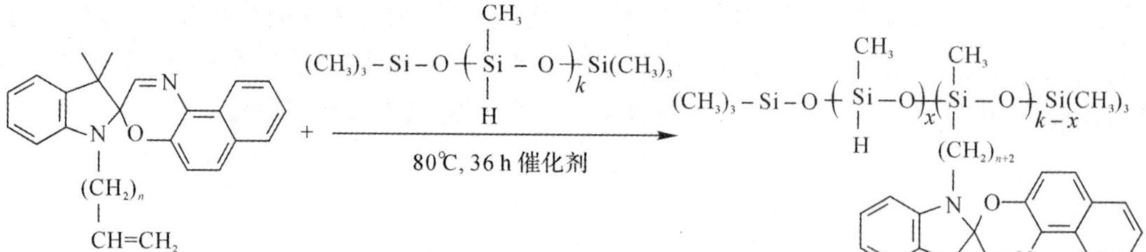

图 1－30　连接螺噁嗪基团的无定形态光致变色聚硅氧烷的合成

螺噁嗪基团在光致变色过程中,需要一定的自由空间。Nako 等通过对带有螺噁嗪支链的聚苯基硅氧烷树脂和聚甲基硅氧烷树脂的光致变色过程的研究发现,前者的热褪色速率较小,热稳定性较好。这是由于前者临近苯基对螺噁嗪光致变色过程造成的空间位阻大于后者甲基。

Kim 等近年来在键合螺噁嗪基团的聚合物研究领域做了大量富有成效的工作。2005 年,

Kim 等将含有螺噁嗪基团的甲基丙烯酸酯和含有查尔酮光交联基团的甲基丙烯酸酯进行共聚，制备了含查尔酮基团的螺噁嗪聚合物(见图 1－31)。在玻璃板上，将这一聚合物的四氢呋喃溶液用浸涂法成膜，发现薄膜的热褪色速率较小。这是由于查尔酮基团在紫外线照射下发生光交联反应，对螺噁嗪基团的光致变色过程构成位阻。

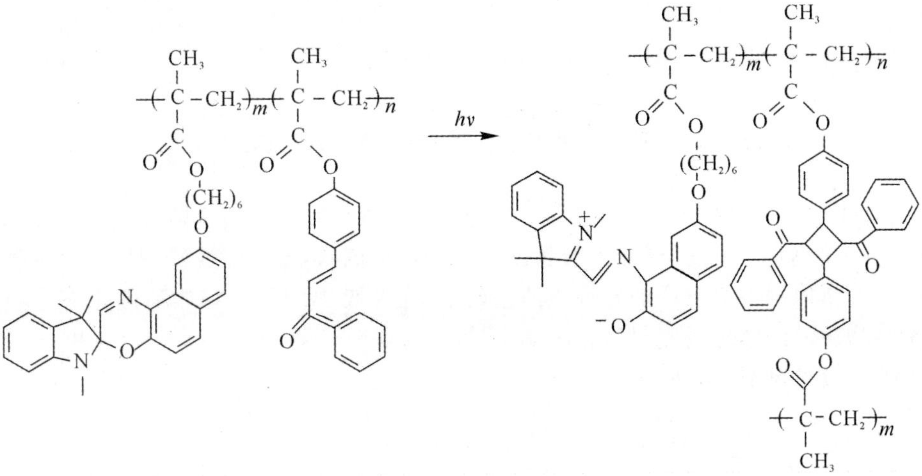

图 1－31　含查尔酮基团的螺噁嗪聚合物的光化学反应

2005 年，Kim 等首先经自由基引发制备了二烯丙基二甲基铵氯化物和二烯丙胺的共聚物，然后将其与 9′-(二氯-S-三嗪基)螺噁嗪(9′-羟基螺噁嗪与三聚氯氰等物质的量反应的产物)反应，制备了光致变色电解质聚合物 15(见图 1－32)。在玻璃板上，将电解质聚合物 15 的甲醇溶液用浸涂法成膜，发现涂膜光致变色可逆性能良好；在薄膜中，聚合物链间距减小、分子间或分子内静电引力增加导致热消色被延迟，进而造成电解质聚合物 15 在薄膜中的热消色速率常数要比在溶液中小。

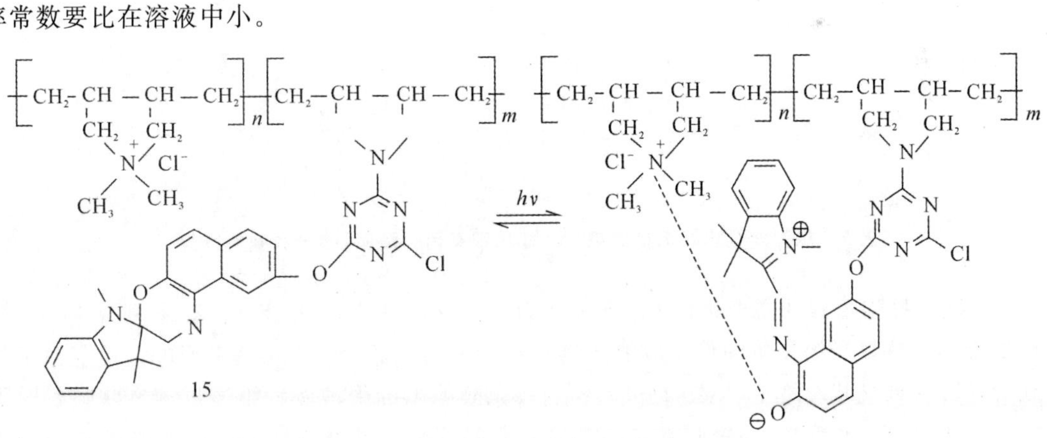

图 1－32　电解质聚合物 15 的光致变色行为

2006 年，Kim 等首先合成了 9′-溴己氧基螺噁嗪，然后通过其与 2-乙炔基吡啶的聚合反应制备了聚(2-乙炔基-N-己氧基螺噁嗪溴化吡啶)(见图 1－33)。这一聚合物拥有一个共轭的骨架，螺噁嗪基团就连接在聚合物骨架上。该聚合物的电导率随光致变色过程而变化，电导率的可逆变化与紫外吸收的可逆变化同步。

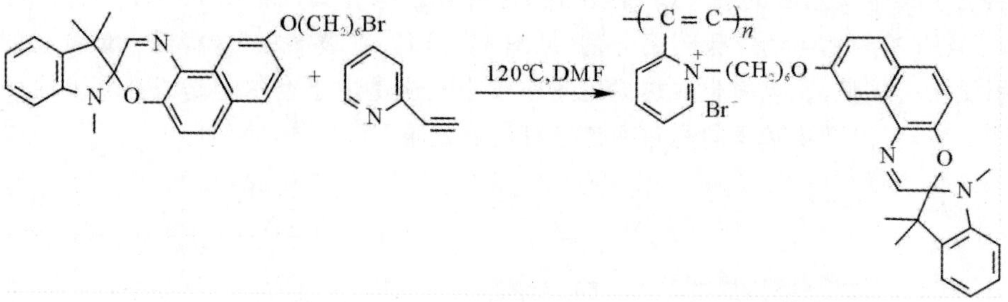

图 1-33　聚(2-乙炔基-N-己氧基螺嗯嗪溴化吡啶)的合成

2007 年，Kim 等合成了螺嗯嗪侧链的聚(N-取代甲基丙烯酰胺)(见图 1-34)。在玻璃板上，将这一聚合物的 N,N-二甲基甲酰胺溶液用浸涂法成膜，发现在薄膜中聚合物链间距减小而分子间或分子内静电引力增加导致热消色延迟，在薄膜中的聚合物热消色速率远小于在溶液中。聚合物溶液经紫外线照射后黏度减小，撤去紫外线后黏度复原。聚合物电导率的可逆变化与紫外吸收的可逆变化同步。

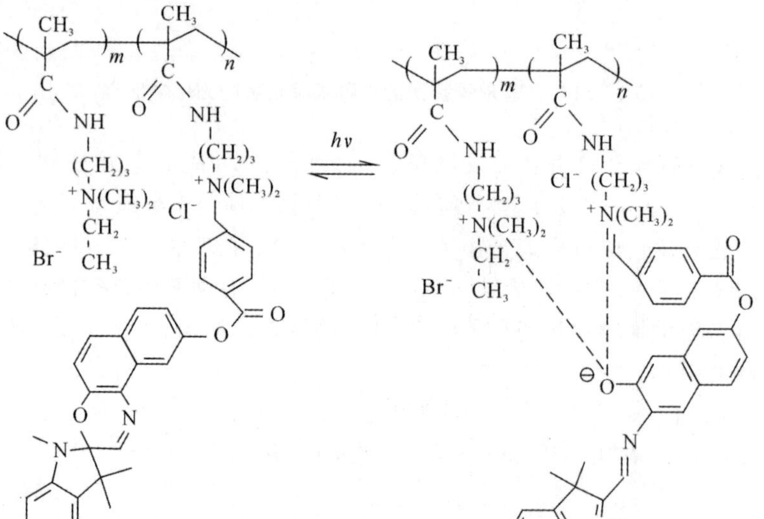

图 1-34　含螺嗯嗪侧链的聚(N-取代甲基丙烯酰胺)的光致变色行为

(2) 活性螺嗯嗪修饰高聚物体系。Son 等首先合成了 9′-(二氯-S-三嗪基)螺嗯嗪(9′-羟基螺嗯嗪与三聚氯氰等物质的量反应的产物)，然后利用二氯-S-三嗪基上面的活性氯原子将其共价键合在聚酰胺纤维上(见图 1-35)。将掺杂螺嗯嗪的聚酰胺纤维通过四氢呋喃长时间萃取后已不出现光致变色；而螺嗯嗪基团共价键合的聚酰胺纤维即使通过四氢呋喃长时间萃取光致变色现象仍然清晰可见。

甲壳素是一种来源广泛、价格低廉、环境降解彻底的天然多糖，因难溶于一般溶剂而使用受限，羧甲基甲壳素是甲壳素的水溶性衍生物。Fu 等首先合成了含有螺嗯嗪基团的丙烯酸酯，然后在水溶液中利用过硫酸铵引发，将其接枝共聚到羧甲基甲壳素骨架(carboxymethyl chitin chain)上，得到了一种具有螺嗯嗪侧基的羧甲基甲壳素衍生物。研究发现，该聚合物在水溶液的光致变色热稳定性显著提高。

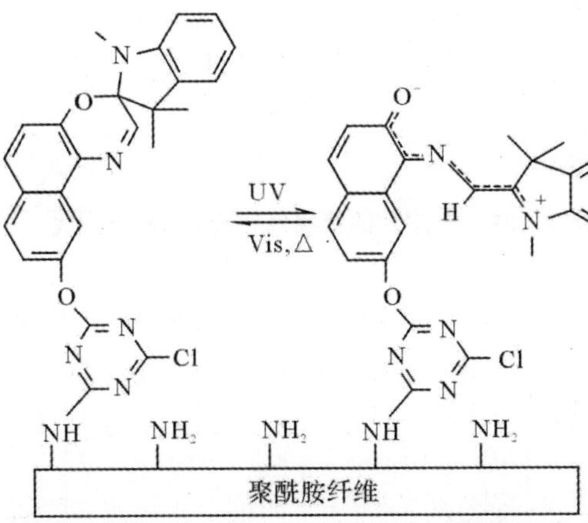

图 1-35　共价键合螺噁嗪基团的聚酰胺纤维的光致变色行为

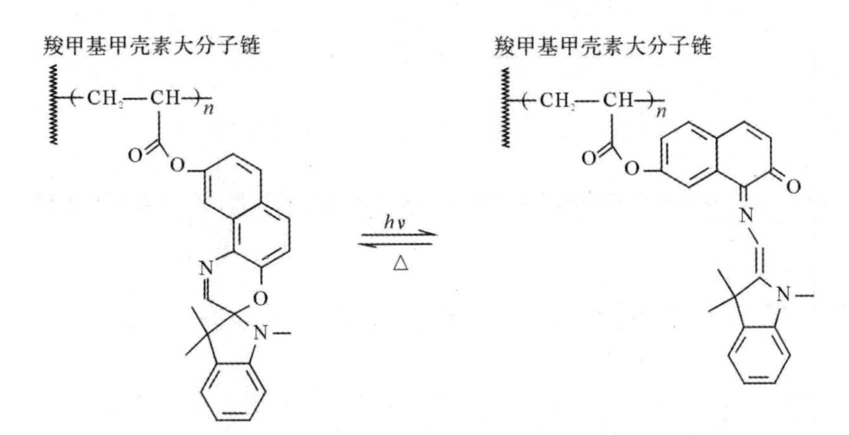

图 1-36　接枝螺噁嗪基团的羧甲基甲壳素

1.3.4　水溶性螺噁嗪的合成

绝大部分螺噁嗪类有机化合物易溶于有机溶剂而不溶于水，这制约了其在特定场合的应用。为了拓展其应用领域，就需要制备具有良好水溶性的螺噁嗪化合物，以适应某些特定环境。一般通过在螺噁嗪分子结构上引入亲水性基团（如磺酸基、三苯基膦等）或者将螺噁嗪单体引入水溶性高分子制备水溶性的螺噁嗪衍生物。

Feng S 等在三乙胺存在下将 1,2,3,3 -四甲基吲哚碘化物与 1 -亚硝基- 2 萘酚- 6 -磺酸钠“一锅煮”，合成了 1,3,3 -三甲基螺噁嗪- 8′-磺酸钠 16（见图 1 - 37）。由于磺酸盐基团的存在，螺噁嗪 16 分子在水中显示出良好的溶解性。因为水是强极性溶剂，对螺噁嗪开环体起到了稳定作用，所以螺噁嗪 16 显色体在水溶液褪色缓慢。

甲基丙烯磺酸钠是一种具有强亲水性的可聚合单体，而含有螺噁嗪基团的丙烯酸酯则是一种脂溶性单体，王立艳等将两者按照一定物质的量比例共聚，得到了具有两亲性的交替共聚物 17（见图 1 - 38）。交替共聚物 17 中磺酸基的多少影响共聚物的水溶性，螺噁嗪基团的含量影响到共聚物的光致变色性能。

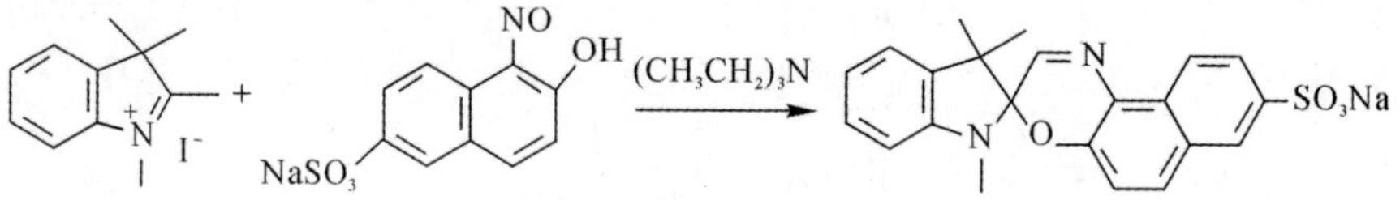

图 1-37 水溶性的螺噁嗪化合物 16 的合成

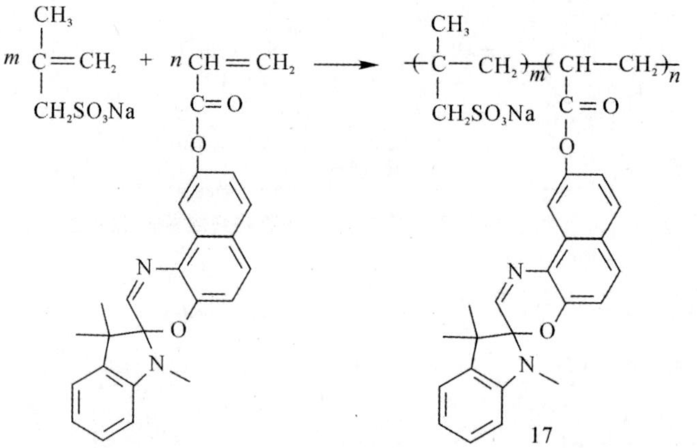

图 1-38 以甲基丙烯磺酸钠与含螺噁嗪基团的丙烯酸酯为原料合成共聚物 17

1.3.5 现代合成技术在螺噁嗪合成中的应用

随着科技的进步，以超声合成、微波合成为代表的现代合成技术应用越来越广泛。将超声技术和微波技术应用于螺噁嗪衍生物的合成优势明显。

笔者在超声波辐射条件下以 5-取代 Fischer 碱、1-亚硝基-2,7-二羟基萘为原料，较短时间、较高产率地合成了三个螺噁嗪类化合物。

Lee C 等首先用 2,3,3-三甲基-3H-吲哚与 4-碘甲基苯甲酸甲酯反应，合成了 N-(4-甲氧羰基苯)甲基-2,3,3-三甲基吲哚碘化物，然后利用可控温微波反应器将后者与 1-亚硝基-2-萘酚“一锅煮”，合成了 N-(4-甲氧羰基苯)甲基螺噁嗪 18(见图 1-39)。研究表明，微波炉功率、反应温度及时间、催化剂对合成产率有影响。反应时间以 5～10 min 为宜，超过 10 min 对提高收率帮助不大。微波技术明显提高了螺噁嗪衍生物的合成效率。

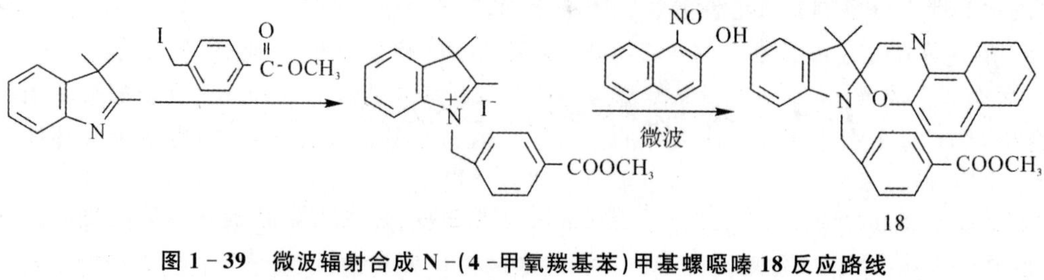

图 1-39 微波辐射合成 N-(4-甲氧羰基苯)甲基螺噁嗪 18 反应路线

在微波辐射下，Koshkin 等用取代的 Fischer 碱和 1 -亚硝基- 2 -萘酚无溶剂合成了一系列螺噁嗪衍生物 19(见图 1 - 40)；在吗啉存在下，用同样的原料无溶剂合成了一系列 6′-吗啉基螺噁嗪衍生物 20。与传统的加热缩合相比，微波法反应时间短、产物纯净且产率高。

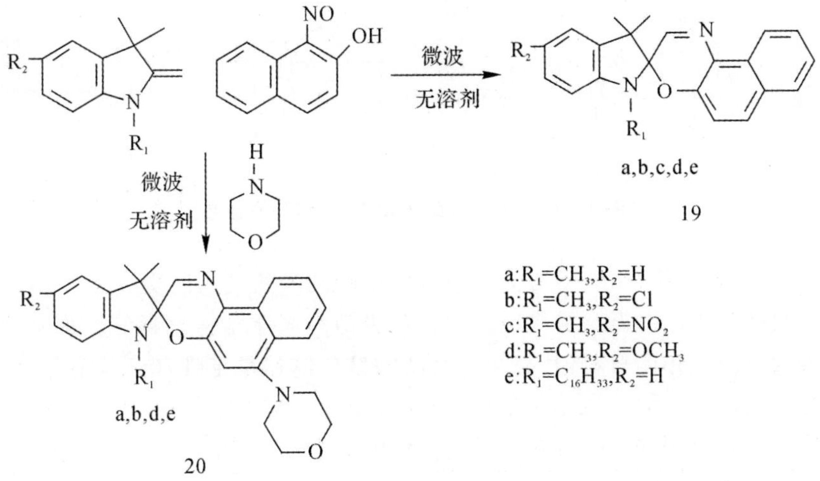

微波
无溶剂

a,b,c,d,e
19

a: R_1=CH_3, R_2=H
b: R_1=CH_3, R_2=Cl
c: R_1=CH_3, R_2=NO_2
d: R_1=CH_3, R_2=OCH_3
e: R_1=$C_{16}H_{33}$, R_2=H

a,b,d,e
20

图 1 - 40　微波法无溶剂合成螺噁嗪系列化合物

1.3.6　结语

通过对螺噁嗪类化合物的合成研究现状进行综述，发现目前的研究主要偏重于对已有螺噁嗪结构的修饰，缺少根本性的变革。螺噁嗪类光致变色化合物从实验室走向人们的生活，还需要科研工作者不断的努力。为了促进螺噁嗪类化合物早日投入实际应用，可以从以下几方面加强研究。

(1)要重视双功能、多功能螺噁嗪化合物的研究。将具有力学、热学、光学、电学、磁学、生物学等活性的功能基团引入螺噁嗪结构中，形成双功能、多功能光致变色体系。

(2)要重视含有螺噁嗪基团的双光致变色化合物、多光致变色化合物的研究，构筑多通道光致变色体系，实现“一分子、多波长、多颜色”(即一个光致变色化合物分子，对多个波长的光敏感，可以在多种颜色之间进行可逆互变)。

(3)要重视利用螺噁嗪基团修饰生命物质(如多肽、蛋白质、DNA 等)的研究，以拓展其在生物科学领域的应用。

(4)要积极探索、寻求螺噁嗪类化合物更加方便、快捷的合成途径。

(5)要积极进行扬弃，探索发现新的、更加实用的光致变色物质。

1.4　螺吡喃类化合物合成进展

螺吡喃是由两个芳杂环(其中一个含吡喃环)通过 sp^3 杂化的螺碳原子连接而成的一类化合物的统称，研究最多的是吲哚啉螺苯并吡喃 21，其由吲哚啉和苯并吡喃两个芳环通过连接而成(见图 1 - 41)。螺吡喃类光致变色化合物的变色机理是，光照引起螺碳原子和氧原子之间 C—O 键异裂，结构改变的同时电子重排形成大的共轭体系，从而导致分子在可见光或紫外线区吸收的变化。大多数螺吡喃类化合物表现出正向光致变色特性，然而当这些化合物的分子中含有游离的羟基、羧基或氨基时，显示出逆向光致变色特性。

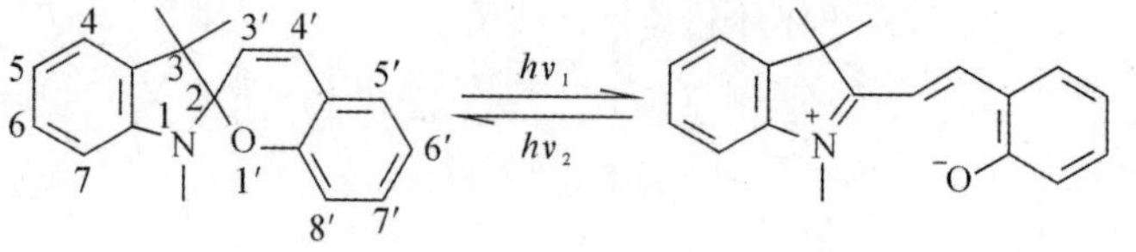

图 1-41 吲哚啉螺吡喃 21 的环编号顺序

1952 年，Fischer 和 Hirshberg 首先发现了螺吡喃的光致变色性质；1958 年，Hirshberg 第一次提出了光成色与光漂白循环可构成化学记忆模型在光化学信息存储方面获得应用，然而作为实用的光化学信息存储材料，其必须具有高的显色体热稳定性和光致变色抗疲劳性。为了获得性能更佳的螺吡喃类光致变色化合物，具有新颖结构螺吡喃的设计合成一直是螺吡喃类化合物研究的热点，Lukyanov 等在较早的时候曾对螺吡喃类化合物的合成性质及应用进行过综述。

本节将以关注小分子螺吡喃化合物的合成路线为目的，综述单螺吡喃化合物、双螺吡喃化合物、多螺吡喃化合物、含螺吡喃基团聚合物以及水溶性小分子螺吡喃化合物的合成，介绍微波、超声波等在小分子螺吡喃类化合物合成中的应用。

1.4.1 螺吡喃类化合物的合成

螺吡喃类化合物合成的关键步骤是螺环的形成，最常见的合成方法是用 2-亚甲基吲哚啉衍生物(Fischer 碱)与邻羟基芳香醛衍生物，在有机溶剂中长时间回流缩合而成，其合成反应式如图 1-42 所示。

由于中间体 2-亚甲基吲哚啉衍生物(Fischer 碱)部分非常容易形成二聚体，导致产率下降，后处理困难。现在的文献一般用 2-亚甲基吲哚啉衍生物(Fischer 碱)的前体季铵盐(最常用的是吲哚碘化物)和取代基的水杨醛在有机碱(六氢吡啶、三乙胺等)催化下“一锅煮”合成(见图 1-43)，省去了分离 2-亚甲基吲哚啉衍生物中间体的步骤，操作得到简化。

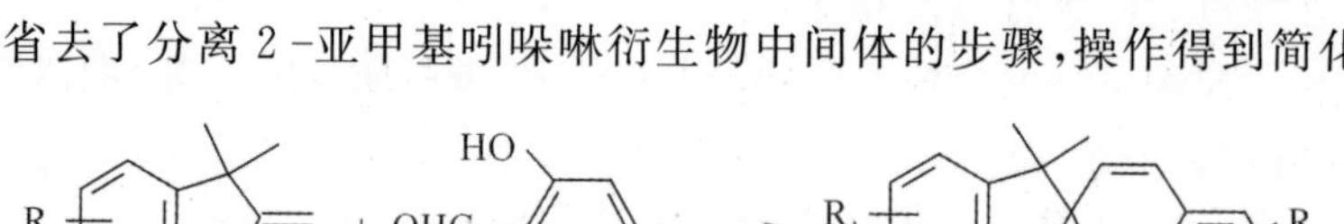

图 1-42 以 Fischer 碱和邻羟基芳香醛合成螺吡喃

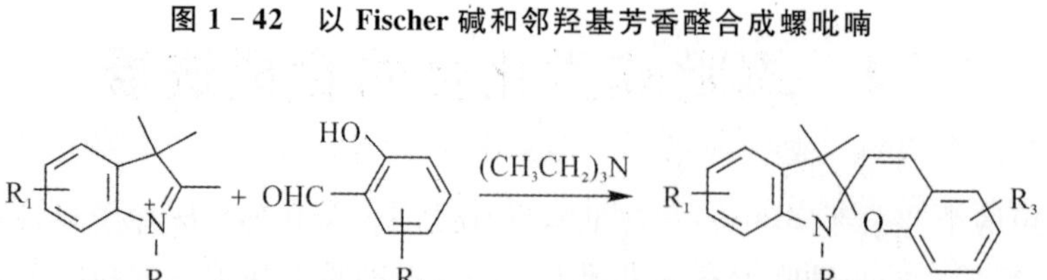

图 1-43 以吲哚碘化物和邻羟基芳香醛“一锅煮”合成螺吡喃

多年来，国内外研究者采用变更取代基的方法，对螺吡喃化合物的结构进行修饰，取得了一系列有价值的研究成果。研究表明，在吲哚啉环上引入供电子基团，或者在苯并吡喃环上引入吸电子基团，可以使螺吡喃开环体稳定性增强，其吸收光谱发生蓝移；在 1-氮原子上引入长链大位阻取代基，可以使螺吡喃开环体稳定性增强。

1.4.2　螺硫代吡喃、螺硒代吡喃的合成

螺吡喃化合物中吡喃环上的氧原子被硫原子取代得到的化合物称为螺硫代吡喃。用合成螺吡喃的通用方法，以邻巯基苯甲醛代替水杨醛与 Fischer 碱反应，可以合成螺硫代吡喃化合物 22(见图 1-44)，螺硫代吡喃也称为螺噻喃。与结构相同的螺吡喃相比，螺噻喃的最大吸收波长明显向长波方向移动，更接近半导体激光波长，在可擦除光盘介质材料的应用方面优于螺吡喃化合物。

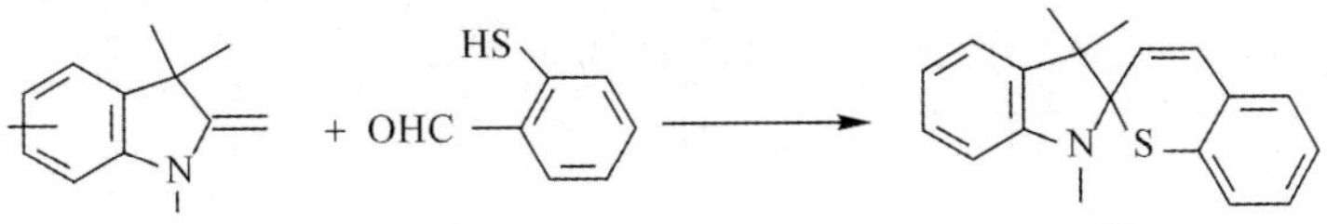

图 1-44　以邻巯基苯甲醛合成螺硫代吡喃 22

螺吡喃化合物中吡喃环上的氧原子被硒原子取代得到的化合物称为螺硒代吡喃。采用 Fischer 碱的前体季铵盐与邻巯基芳杂醛、邻硒氢基芳杂醛反应，可以合成螺硫代吡喃类化合物 23 和螺硒代吡喃类化合物 24(见图 1-45)。

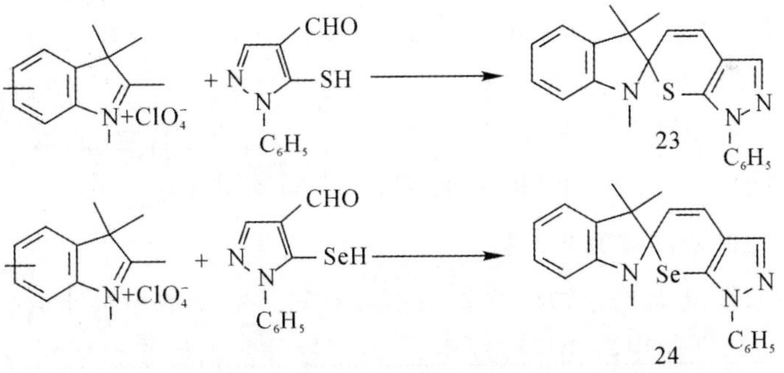

图 1-45　以吲哚高氯酸盐合成螺硫代吡喃 23 和螺硒代吡喃 24

1.4.3　双螺吡喃化合物的合成

在光致变色化合物的合成中，双光致变色体系引起了学者的极大兴趣。双光致变色体系根据两个光致变色单元之间连接基团的不同，可以分为三种形式，即分别通过共用芳环、一个共价键直接相连、一个原子或者间隔基团(桥基)连接在一起(见图 1-46)。当两个光致变色基团都含有螺吡喃结构时，便构成了双螺吡喃化合物。

图 1-46　双光致变色体系的三种形式

1. 共用芳环的双螺吡喃化合物

第一种双螺吡喃主要采用具有双官能团的原料来合成。Samsoniya 等将共用同一个苯环结构的双吲哚化合物 25 与二溴乙烷反应制得相应的季铵盐，后者用稀的碱溶液处理得到相应的 Fischer 碱 26，26 与取代的水杨醛反应，合成了对称的共用同一苯环的双螺吡喃化合物 27（见图 1-47）。

$BrCH_2CH_2Br$ / OH^-

25　　26　　27

a:$R=NO_2$;$R_1=H$
b:$R=Br$;$R_1=H$
c:$R=R_1=Br$

图 1-47　双螺吡喃化合物 27 的合成

采用类似的方法，Samsoniya 等还合成了在吲哚啉环部分通过苯环稠和的双螺吡喃化合物 30 以及 33（见图 1-48）。其以通过两个苯环稠和的双吲哚化合物 28 或 31 为原料，用硫酸二甲酯对其进行甲基化，生成相应的季铵盐，用稀的碱溶液处理得到相应的 Fischer 碱 29 或 32，Fischer 碱与取代的水杨醛反应，合成了对称的双螺吡喃化合物 30 以及 33。双螺吡喃化合物 30 以及 33 各自分子中的两个吲哚啉环部分通过苯环稠和在一起。

2. 单键直接相连的双螺吡喃化合物

第二种形式的双螺吡喃化合物也主要采用具有双官能团的原料来合成。Keum 等以 4，4′-二羟基联苯为原料，通过甲酰化反应制得 5-对羟基苯基水杨醛和 5，5′-双水杨醛 34；34 与 2 倍物质的量的 Fischer 碱一步反应可以制得对称的双螺吡喃化合物 36a～c（见图 1-49）；若将 34 与等物质的量的 Fischer 碱先进行反应，生成 6′-对羟基间甲酰基苯基螺吡喃化合物 35，35 再与不同的 Fischer 碱反应，就可以制得不对称的双螺吡喃化合物 36d～f。双螺吡喃化合物在苯并吡喃环部分的苯环上通过单键相连接。不对称的双螺吡喃化合物 36d 的酸性乙醇溶液在可见光波长范围内有两个最大吸收区间（380～400 nm 和 460～480 nm）。

Zhou Y 等以 3，3′-二甲酰基-2，2′-二羟基-1，1′-联二萘为原料，与 2 倍物质的量的 Fischer 碱反应，制得在萘并吡喃环 9 位通过单键连接的双螺吡喃 37（见图 1-50），其在酸作用下可发生酸致变色。在酸（CF_3COOH）和紫外线（365 nm）的协同作用下，37 的圆二色谱（CD 谱，Circular Dichroism spectrum）发生了明显的变化，此过程模拟了手性“AND”门，而且旋光度也随着此过程可逆连续地变化，同时实现了手性光开关信号非破坏性输出。

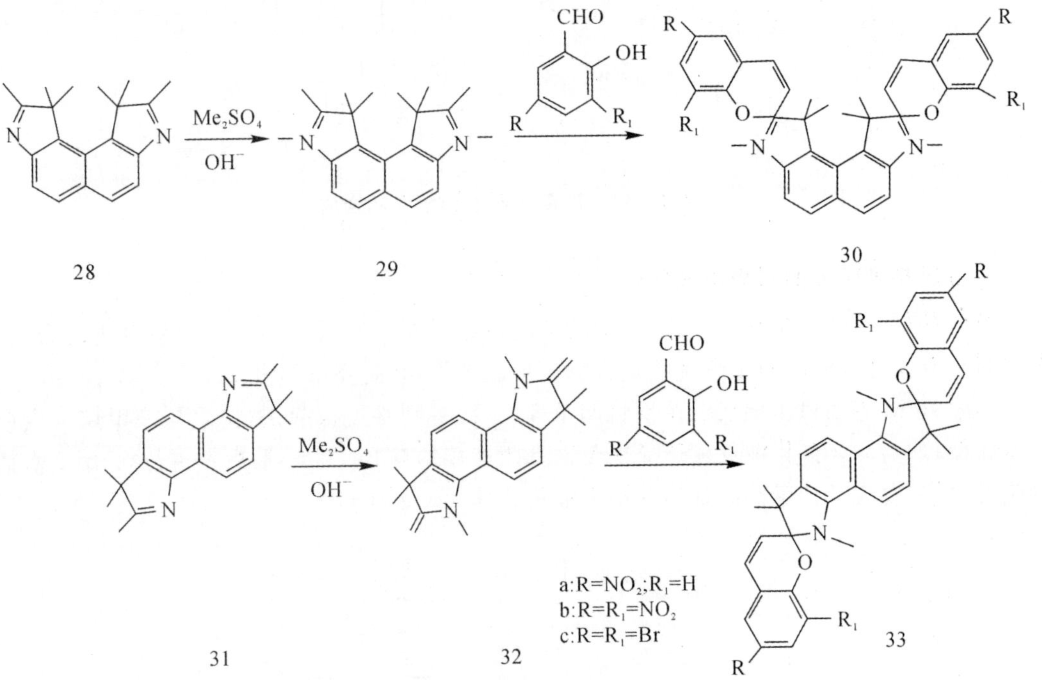

a:$R=NO_2$;$R_1=H$
b:$R=R_1=NO_2$
c:$R=R_1=Br$

图 1-48　双螺吡喃化合物 30、33 的合成

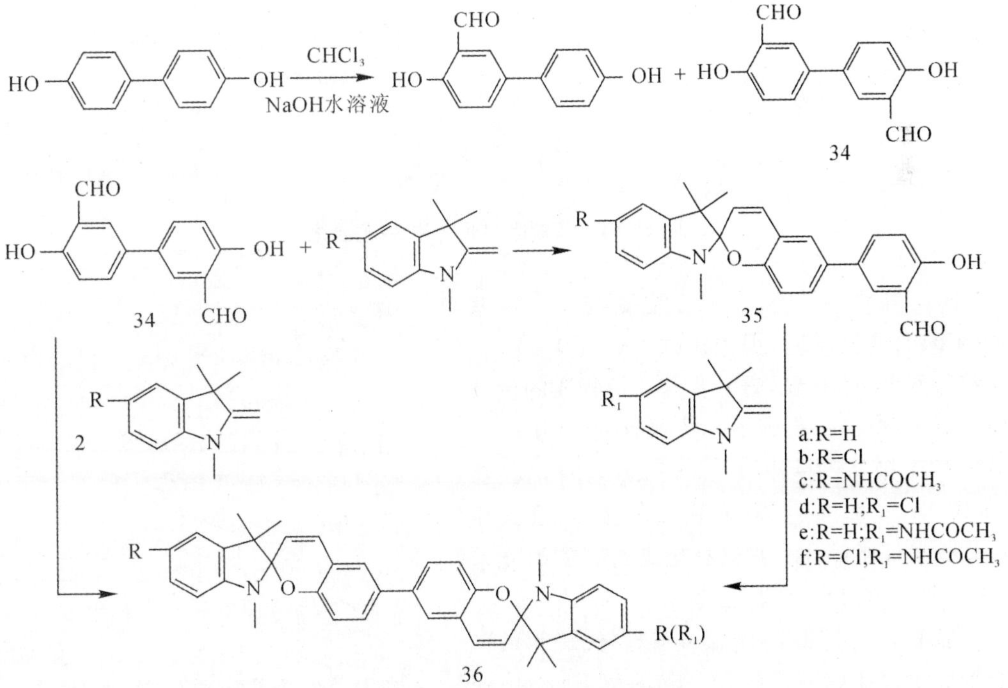

a:R=H
b:R=Cl
c:$R=NHCOCH_3$
d:R=H;R_1=Cl
e:R=H;$R_1=NHCOCH_3$
f:R=Cl;$R_1=NHCOCH_3$

图 1-49　双螺吡喃化合物 36 的合成

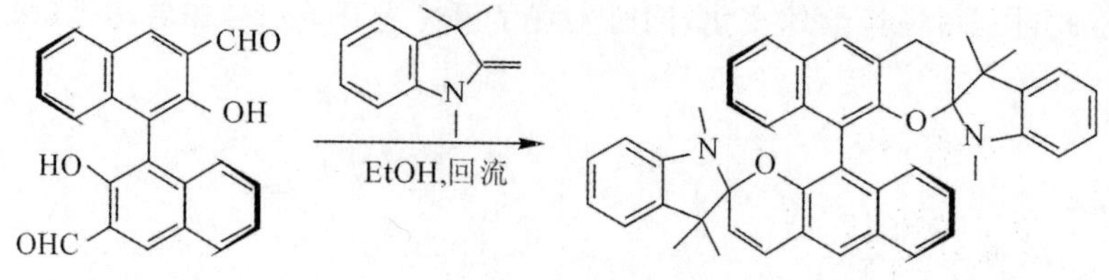

图 1-50　双螺吡喃化合物 37 的合成

3. 通过桥基相连的双螺吡喃化合物

第三种形式(通过桥基连接)的双螺吡喃既可以采用具有双官能团的原料来进行合成,也可以将具有设计官能团的单螺吡喃化合物连接起来得到,研究得较多。

Takase M 等通过二碘代二茂铁将两个 5-乙炔基吲哚连接起来,接着与碘甲烷反应形成双季铵盐,然后与氢氧化钠反应形成二茂铁基团连接的双 Fischer 碱,后者再与 5-硝基水杨醛衍生物反应,合成了二茂铁修饰的双螺吡喃化合物 38(见图 1-51)。

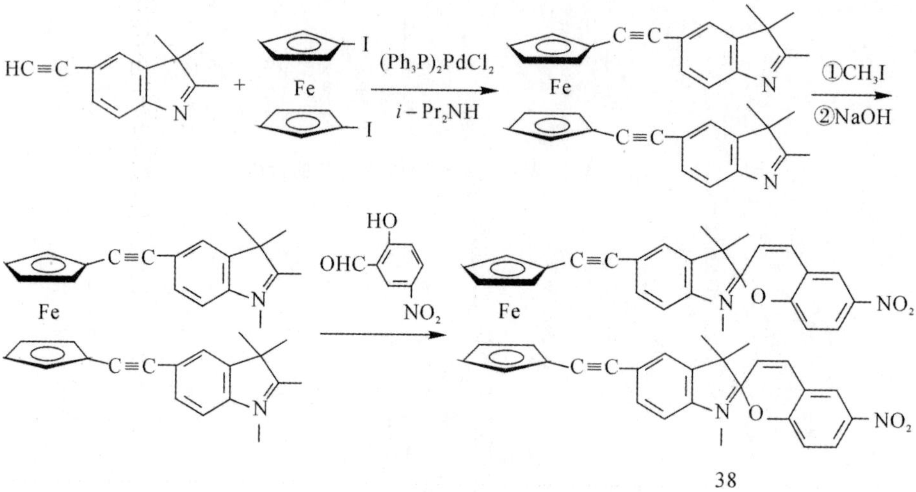

图 1-51　双螺吡喃化合物 38 的合成

Keum 等用戊(庚、壬)二酰氯与 5-氨基 Fischer 碱的酰化反应,得到了戊(庚、壬)二酰胺基连接的双 Fischer 碱,进一步与 2 倍物质的量的水杨醛衍生物反应,得到了一系列通过戊(庚、壬)二酰胺基连接在吲哚啉环上的双螺吡喃化合物 39(见图 1-52)。39 具有光致变色性质,且比相应单吲哚啉螺吡喃化合物具有更高的摩尔消光系数,并呈现出负溶剂化效应。

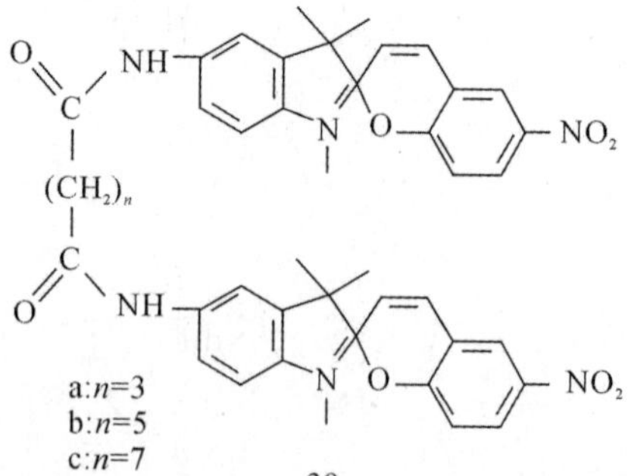

图 1-52　双螺吡喃化合物 39 的结构

按照图 1-13 路线,以 α,ω-二卤代烷制备在氮原子上通过亚烷基连接在一起的双 Fischer 碱(或其前体季铵盐),进而与 2 倍物质的量的水杨醛衍生物反应，得到通过亚烷基将两个螺吡喃结构在1-氮原子上连接在一起的双螺吡喃化合物，这是一种常见的方法。通过这一方法，Li、刘蔚、焦海冰等分别制备了通过亚丁基在1-氮原子上连接双螺吡喃化合物40(见图1-53)。焦海冰等发现，双螺吡喃化合物40b与结构类似的单螺吡喃化合物相比，熔点提高了近100℃，且提高了螺吡喃类化合物在高温方面应用的可行性。

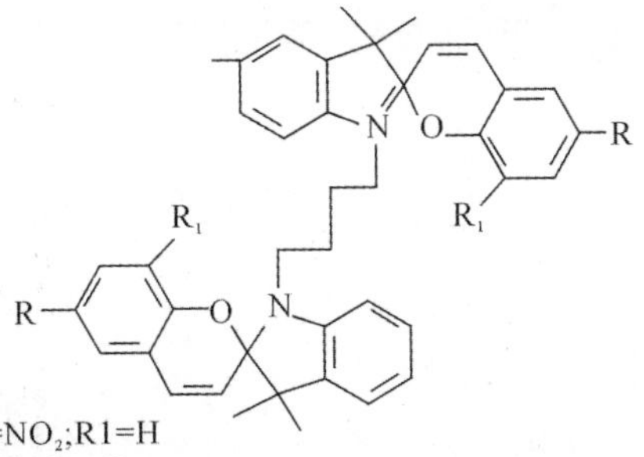

a:R=NO_2;R1=H
b:R=Br;R_1=Br
c:R=NO_2;R_1=OCH_3　40

图1-53　双螺吡喃化合物40的结构

利用通过桥基相连的双水杨醛衍生物，与2倍物质的量的Fischer碱反应，可以制得桥基连接在苯并吡喃环上的双螺吡喃化合物。通过这一方法，李仲杰、Cho、Keum等分别合成了桥基为亚甲基、亚乙炔基、硫、羰基以及偶氮苯偶氮基等的双螺吡喃化合物41～46(见图1-54)。

对双螺吡喃化合物46色度学特性(colorimetric properties)的研究表明，通过透射光谱(transmission spectra)测量计算了双螺吡喃化合物46在紫外线照射不同时间的色坐标(color coordinates)。结果显示：色相角(hue angle)在第一次紫外线照射时迅速发生变化，然后几乎保持恒定；而包括色度(chroma)和明度(lightness)在内的其他色彩属性在紫外线照射下会一直变化，持续80～240 s(时间依a,b,c,d,e,f不同)。色度和明度的数值与紫外线照射时间呈指数关系。

Shao等通过Mannich反应用二氮六环将两个5-叔丁基水杨醛连接起来，然后与Fischer碱前体季铵盐在有机碱催化下反应合成了双螺吡喃光致变色化合物47(见图1-55)，并研究了其在体内谷胱甘肽(GSH))荧光探针方面的应用。研究发现，化合物47在水溶液中与GSH亲和力很大，且具有很强的荧光性，其荧光性能不受其他氨基酸或缩氨酸的影响。荧光各向异性和共焦荧光显微术证实，其在细胞内能很好地传递和积累，所以化合物47可用于体内GSH探针或者作为检测细胞内GSH水平的标志。从荧光角度来说，在未加入GSH时化合物不显示荧光，而加入后开环体与其结合后，显示出了荧光性能。

Yagi S等通过2,3-二羟基苯甲醛与二甘醇二对甲苯磺酸酯或三甘醇二对甲苯磺酸酯(di-or triethylene glycol ditosylate)反应，得到通过桥基连接的双水杨醛衍生物48，进而与Fischer碱(或其前体季铵盐在三乙胺催化下)反应，得到了一系列在苯并吡喃环通过低聚醚连接的双螺吡喃化合物49(见图1-56)，并研究了49与碱土金属离子之间的配合作用。当$n=1$时，49对Ca^{2+}离子具有高的选择识别能力。当螺吡喃吲哚啉环的5-连接有供电子基团时，与碱土金属的配合能力增强，对碱土金属离子的识别能力提高。

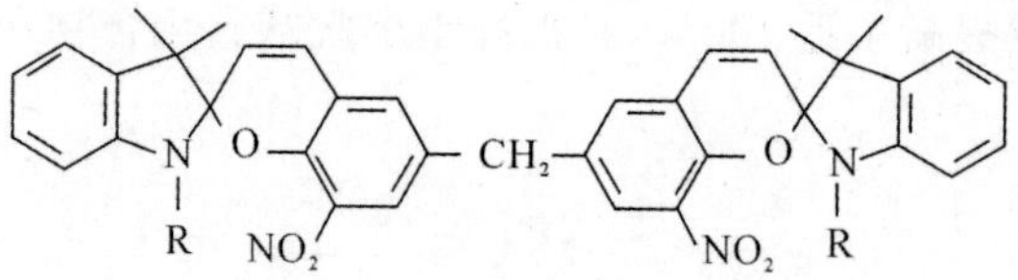

41

a:R=$n-C_{16}H_{33}$
b:R=$n-C_{18}H_{37}$

42

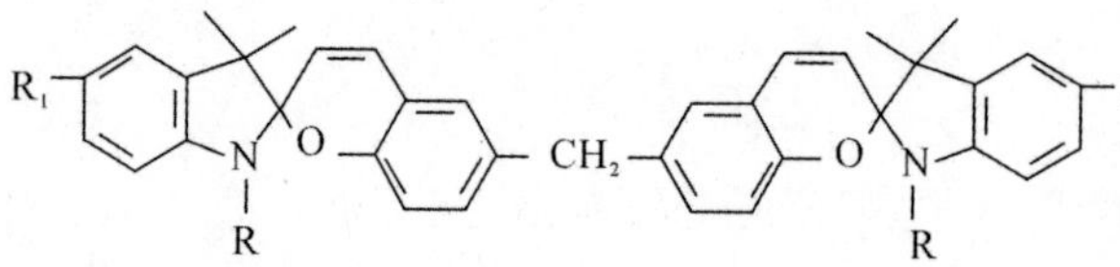

a:R=CH_3;R1=H
b:R=C_2H_5;R_1=H
c:R=C_3H_7;R_1=H
d:R=CH_2CH_2OH;R_1=H
e:R=CH_3;R_1=NO_2
f:R=C_2H_5;R_1=NO_2
g:R=CH_2CH_2OH;R_1=NO_2

43

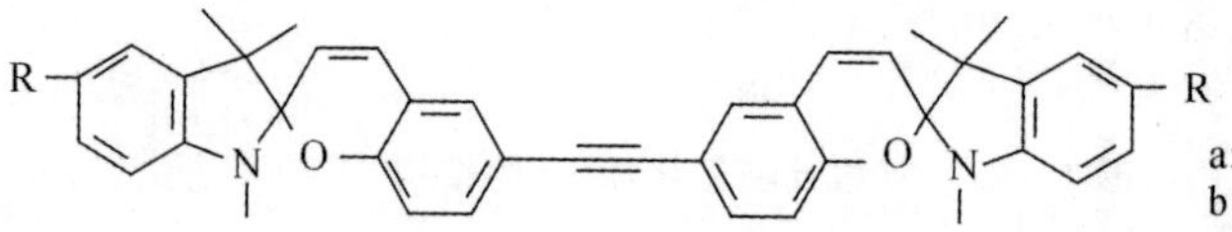

a:R=H
b:R=Cl
c:R=NHCOPh

44

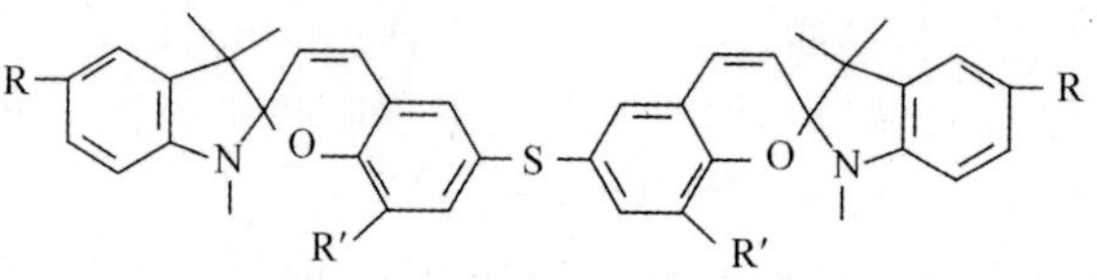

a:R=H;R_1=H
b:R=H;R_1=NO_2
c:R=Cl;R_1=NO_2
d:R=NHCOPh;R_1=NO_2

45

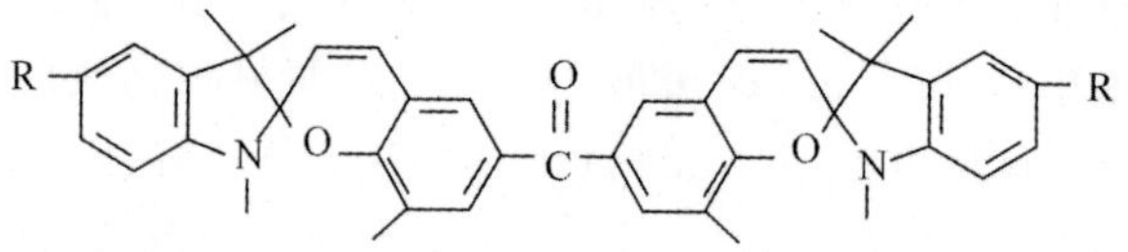

a:R=H
b:R=Cl

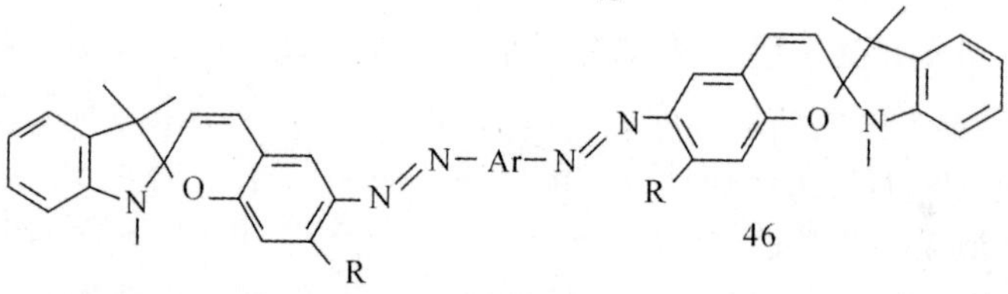

46

a:R=H;Ar=
b:R=H;Ar=
c:R=H;Ar=
d:R=$N(C_2H_5)_2$;Ar=
e:R=$N(C_2H_5)_2$;Ar=
f:R=$N(C_2H_5)_2$;Ar=

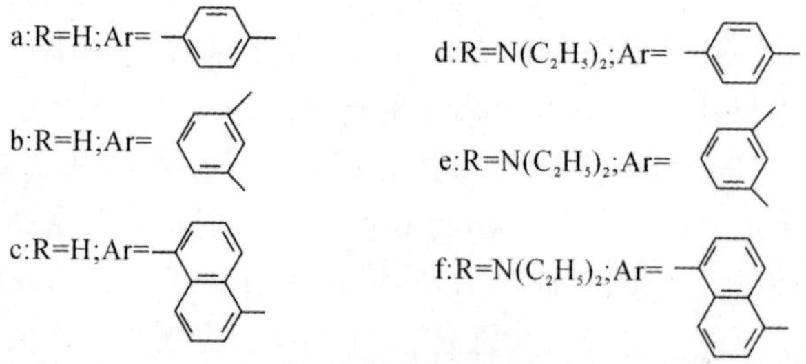

图 1-54　桥基连接的双螺吡喃 41～46

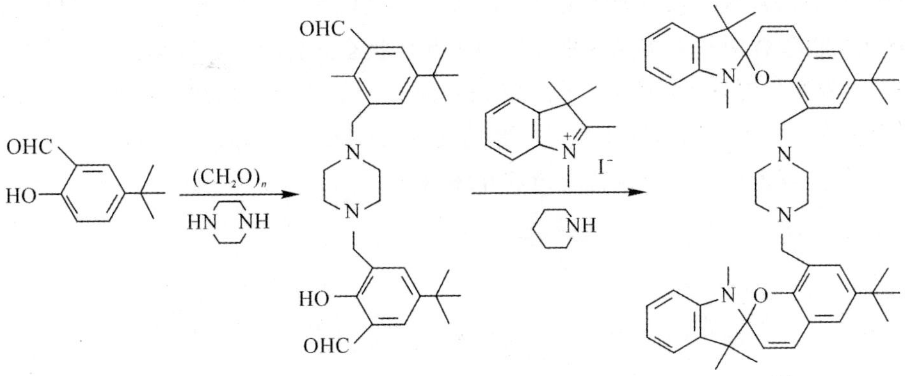

47

图 1 - 55　双螺吡喃化合物 47 的合成

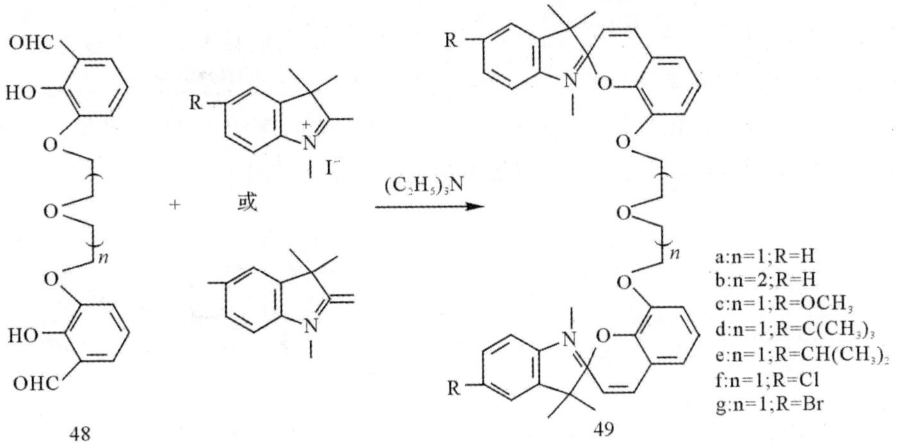

48　　49

图 1 - 56　双螺吡喃化合物 49 的合成

刘辉等在乙醇溶液中，以 2，2 -二(3 -甲酰基- 4 -羟基苯基)丙烷 50 和 Fischer 碱前体季铵盐(1，2，3，3 -四甲基吲哚啉碘化物)为反应物，以三乙胺为催化剂合成了双螺吡喃化合物 51(见图 1 - 57)。51 具有可逆的酸致变色和金属离子变色性能，当 H^+ 或者 Cu^{2+}，Fe^{3+}，Al^{3+} 等金属离子加入化合物的异丙醇溶液中，发生开环反应，溶液颜色从无色变为红色；进一步加入 OH^- 或 EDTA 二钠盐溶液后，发生闭环反应，溶液颜色变回无色。

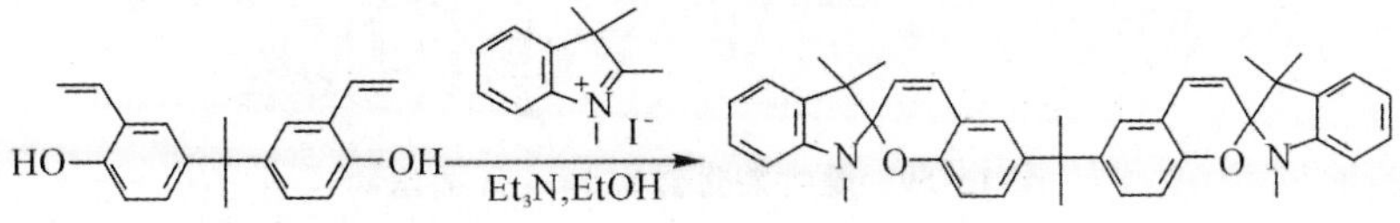

50　　51

图 1 - 57　双螺吡喃化合物 51 的合成

陈鹏等在乙醇溶液中，以含有双水杨醛结构的吖啶酮 52(acridone)和 Fischer 碱前体季铵盐(1，2，3，3 -四甲基吲哚啉碘化物)为反应物，以三乙胺为催化剂合成了以吖啶酮为母体的双螺吡喃 53(见图 1 - 58)。53 分子的关环状态在甲醇和二氯甲烷溶液中显示出极强的对酸稳定性，在乙腈或乙腈/水混合溶液中则显示出酸致变色性能。但是通过对53变色过程的光谱研究发现在变色过程中并未出现由单开环到双开环状态的转变。通过理论计算模拟分析双开关分子53光致变色过程，表明该分子由双关环形式到单开环形式需要吸收7.2 kcal/mol的能量，大于由单开环形式到双开环形式需要的能量（$\Delta G_2=3.5$ kcal/mol），因此53在外界刺激条件下更容易由双关环形式直接转变为双开环形式。

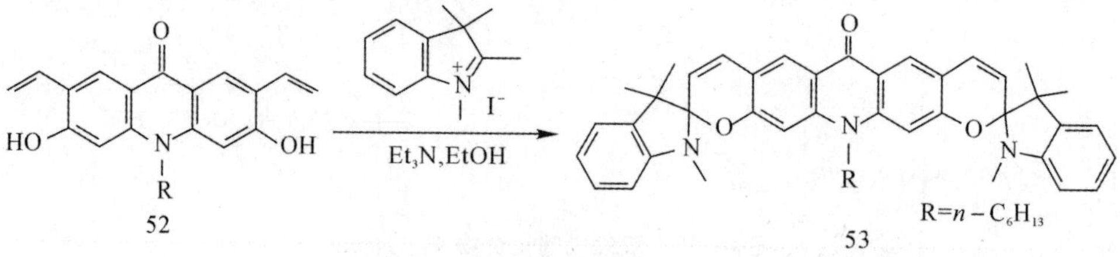

O
HO　N　OH
R
52
I^-
Et_3N,EtOH
O
N
R
$R=n-C_6H_{13}$
53

图1-58　双螺吡喃化合物53的合成

单螺吡喃合成以后，利用其分子结构上的活性基团，借助连接基团或直接缩合连接起来，是制备双螺吡喃化合物简单易行的方法。Shen等利用N-羟乙基螺吡喃54的醚化反应，合成了醚类双螺吡喃光致变色化合物55（见图1-59）。刘瑞蓝等利用2,4-二异氰酸甲苯酯与54结构中的羟基反应，将两者相连得到了双螺吡喃化合物56（见图1-59）。

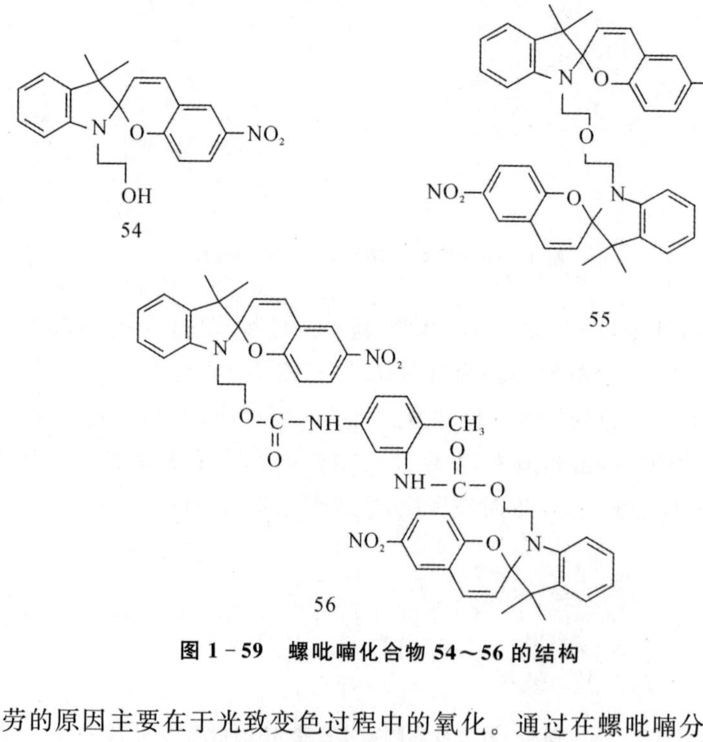

N　O　NO_2
OH
54
NO_2
O
NO_2
55
NO_2
O—C—NH—　CH_3
NH—C—O
NO_2
56

图1-59　螺吡喃化合物54～56的结构

螺吡喃疲劳的原因主要在于光致变色过程中的氧化。通过在螺吡喃分子结构中直接键合抗氧基团等方式，可以有效提高其抗疲劳性能。

Li等利用N-羧乙基螺吡喃57与双酚A的酯化反应，制备了键合抗氧剂的双螺吡喃化合物58（见图1-60）。研究发现键合了抗氧剂的螺吡喃58要比相应的单螺吡喃57与抗氧剂

(双酚 A)的混合物(1∶1)显示更高的抗疲劳性能,这说明与螺吡喃相连的抗氧剂在抑制光降解过程中有增效作用。Zhou,Filley 等利用 N-羧乙基螺吡喃 57 与双官能团化合物的酰化反应,分别制备了双螺吡喃化合物 59 和 60(见图 1-60)。

有金属离子存在时,化合物 60 的开环体部花菁结构在丙酮中的吸收波发生明显的蓝移,且产生明显的荧光。与结构类似的单螺吡喃化合物相比,60 对钙、镁离子的螯合作用更强,络合常数约为相应单螺吡喃化合物的 8 倍。

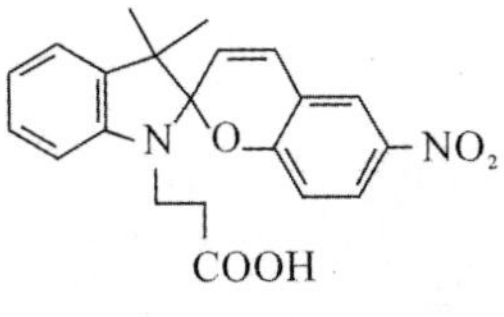

57

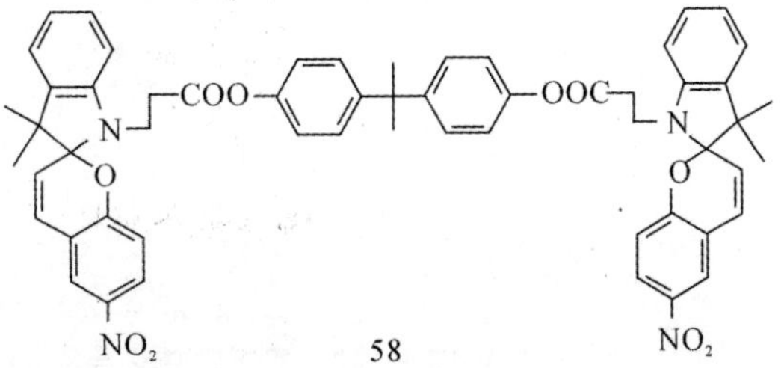

58

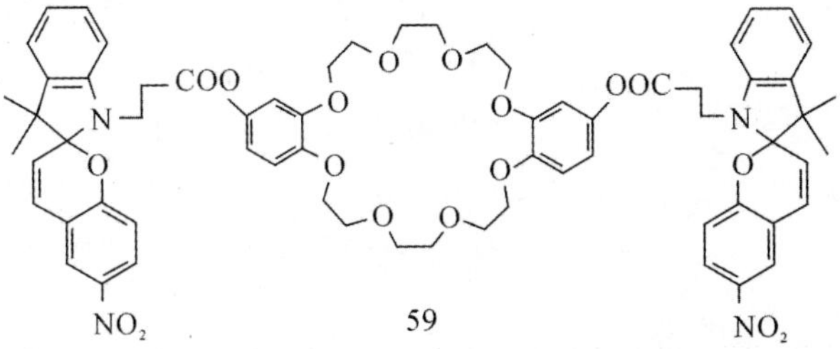

59

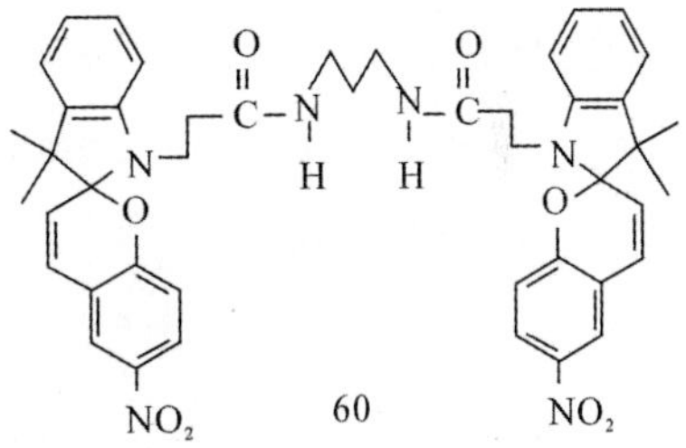

60

图 1-60　螺吡喃化合物 57～60 的结构

Li 等利用 N-羧乙基螺吡喃 57 与 N-羟甲基螺萘并吡喃 61 之间的酯化反应,合成了桥基及其两边都不对称的双螺吡喃化合物 62(见图 1-61)。

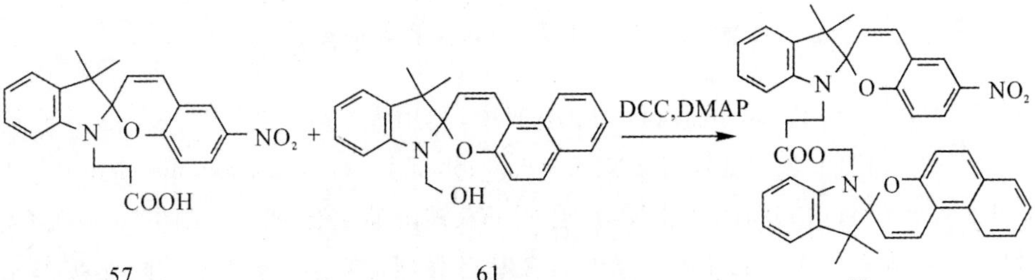

57　61　62

图 1-61　双螺吡喃化合物 62 的合成

Wen 等以二(ω-溴十二烷基)二硫醚为原料,与 5-羟基-6′-硝基螺吡喃 63 进行醚化反应,制得通过二硫键连接的双螺吡喃化合物 64(见图 1-62)。64 在金电极表面自组装,在 Zn^{2+} 的存在下,通过紫外线/可见光照射能够发生可逆的开/关环反应。

Guo 等将荧光素(fluorescein)与螺吡喃 63 通过烷基链连接,合成了含两个螺吡喃单元和一个荧光素单元的染料分子 65(见图 1-63)。化合物 65 在 550 nm 处产生荧光发射峰,紫外线照射后，荧光发射峰强度降低。再用可见光照射，或加入氢离子，荧光强度恢复为紫外线照射之前的数值。因此，65 能接收三种输入信号(紫外线、可见光和质子)，把荧光强度的改变作为三种输入信号对应的输出信号，65 的荧光具有可调控性，符合非破坏性读出要求，可以作为非破坏性数据的读取存储介质材料，还可用来研究复杂逻辑电路。

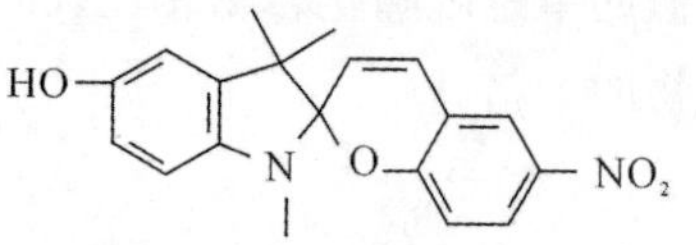

63

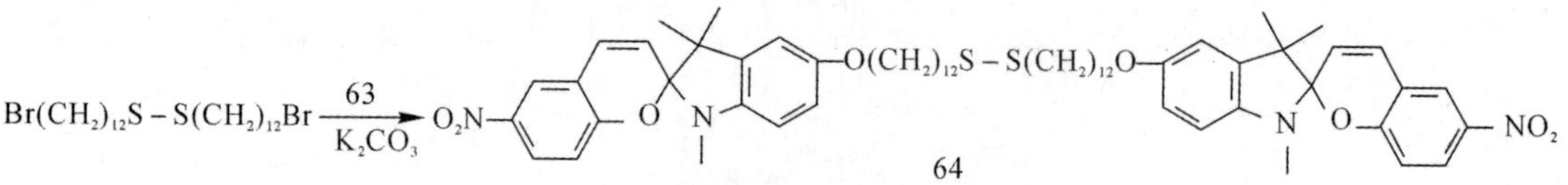

64

图 1-62　双螺吡喃化合物 64 的合成

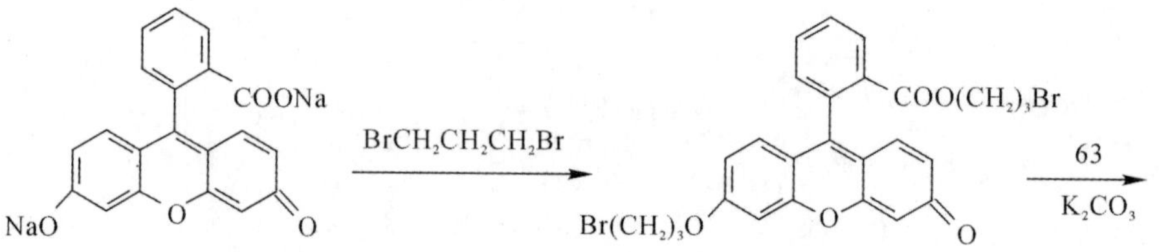

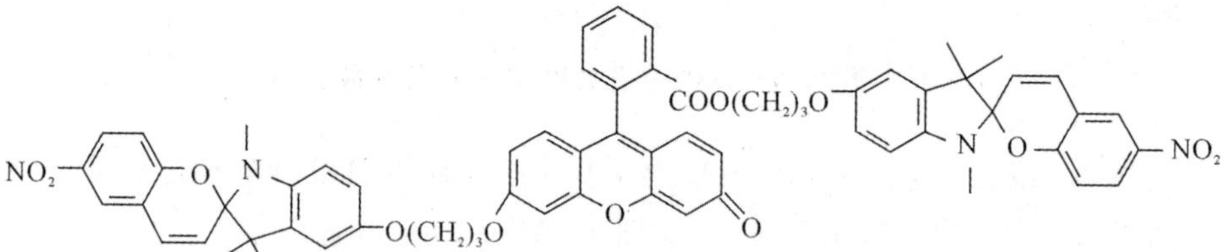

65

图 1-63　双螺吡喃染料分子 65 的合成

Guo 等在 N,N-二甲基甲酰胺(DMF)溶液中，利用螺吡喃 63 与 N,N′-二环己基-1,7-二溴-3,4,9,10-苝四甲酰二亚胺 66(N,N′-dicyclohexyl-1,7-dibromoperylene-3,4,9,10-tetra-carboxylic diimide)之间的醚化反应，合成了双螺吡喃化合物 67(见图 1-64)，67 结构中螺吡喃和苝酰亚胺单元的光谱和电化学性质在基态强烈地耦合，导致了苝酰亚胺单元的荧光几乎被淬灭。他们发现 67 与紫外线、铁离子和质子协同作用下，利用 480 nm 波长的可见光激发，可使苝酰亚胺单元再发射出荧光。这种三因素的相互协同作用正好符合三输入单元的逻辑门“和”。这一发现为设计和构建复杂的由特殊光化学和光物理性质的有机化合物构成的具有多功能的光电器件提供了新的思路。

Liu 等以 6-硝基-8′-羟甲基螺吡喃 68 为原料，合成了一种含有两个螺吡喃单元的环芳烃衍生物 69(见图 1-65)，69 的乙腈溶液是紫红色的，在 555 nm 处有吸收，即开环体能稳定存在。加入碱金属离子、碱土金属离子或过渡金属离子后，仍为紫红色。但是加入镧系金属离子(La^{3+},Pr^{3+} 或 Eu^{3+})后,溶液变为黄色,69 能够识别镧系元素的金属离子,即与金属离子形成络合物。在暗处或紫外线照射下,69 与 Eu^{3+} 形成的络合物的螺吡喃基团以开环体形式存在,显示的是 Eu^{3+} 本身特征荧光,只是荧光峰由尖而窄变为宽峰,并且强度也有所增大。当用可见光照射时,螺吡喃基团以闭环体形式存在,其荧光吸收峰强度明显降低。即通过紫外线和可见光交替变化照射 69,可以控制 69 与 Eu^{3+} 形成络合物中配体向金属离子的电荷转移和能量转移,并由此引起 Eu^{3+} 荧光改变,这一性质可用于分子逻辑电路的设计。

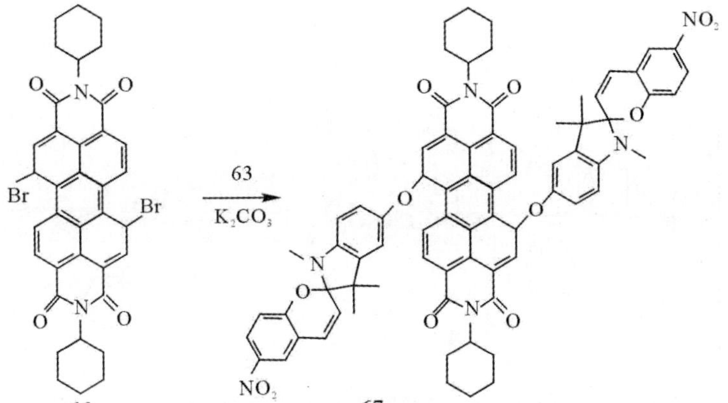

图 1-64　双螺吡喃化合物 67 的合成

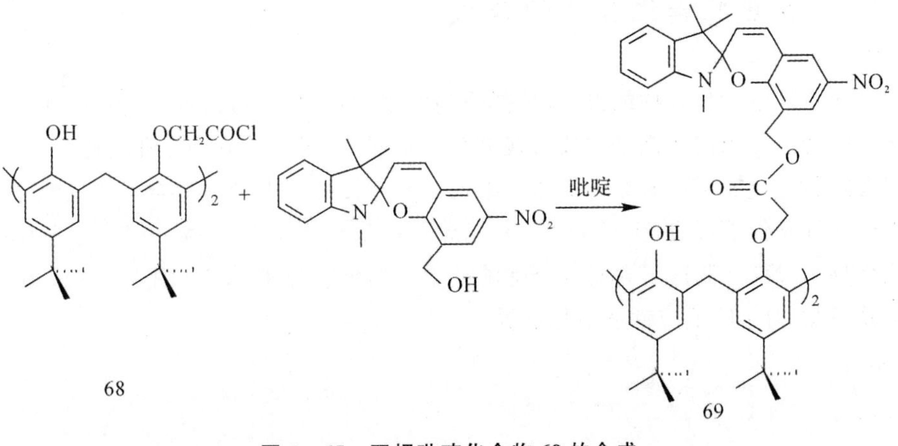

图 1-65　双螺吡喃化合物 69 的合成

Choi 等以丙酮为溶剂,在碳酸钾和冠醚(18-冠-6)存在下,通过 1-(5-溴戊基)-6′-硝基螺吡喃 70 和 1,2-双[2-甲基-5-(4-羟基苯)噻吩-3-基]全氟环戊烯 71{1,2-bis[2-methyl-5-(4-hydroxyphenyl)-3-thienyl]per-fluorocyclopentene}反应,得到了同时拥有二芳基乙烯和两个螺吡喃光致变色基团的化合物 72(见图 1-66)。由于二芳基乙烯,特别是二噻吩乙烯,也是一类具有良好的热稳定性和优良的抗疲劳性的光致变色化合物,因此化合物 72 其实是一种双光致变色体系,其既可以发生螺吡喃的光致变色反应(通过化学键的异裂实现开环-关环反应),也可以发生二芳基乙烯的光致变色反应(通过周环反应实现成环-开环反应)。

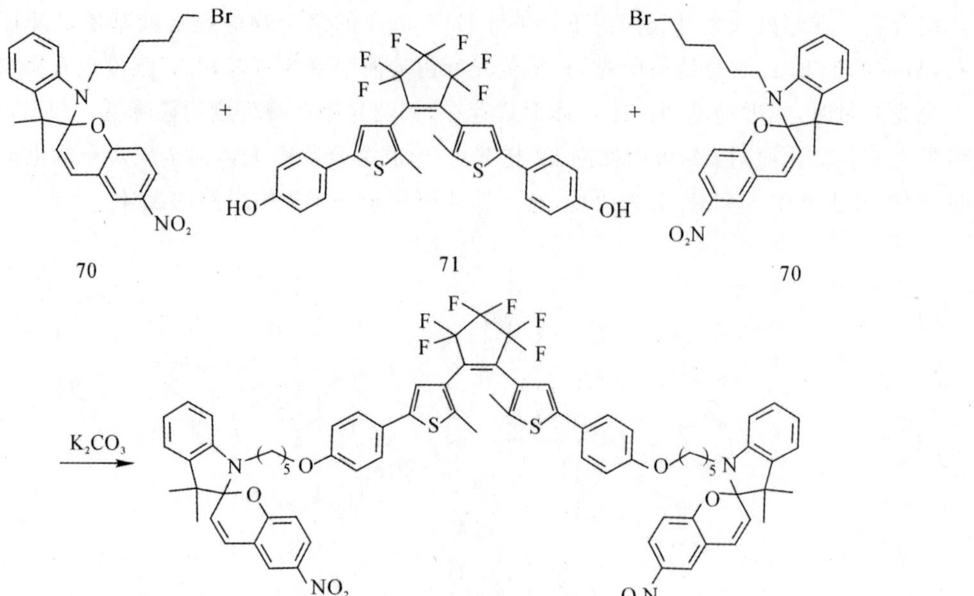

70 + 71 + 70 $\xrightarrow{K_2CO_3}$ 72

图 1-66 双螺吡喃化合物 72 的合成

1.4.4 多螺吡喃化合物的合成

参考合成双螺吡喃化合物的方法，选择适当的多官能团原料，或者将具有设计官能团的单螺吡喃化合物通过适当的连接基团或直接缩合连接起来，可以合成多螺吡喃化合物。

周清清等首先合成了在氮原子上通过聚乙二醇连接的双螺吡喃化合物 73，然后与炔丙基溴在无水碳酸钾条件下反应，生成了炔丙氧基取代的双螺吡喃化合物 74，74 与连有叠氮基的螺吡喃化合物 75 反应，制得了含有 3 个螺吡喃单元的环状分子 76（见图 1-67），76 具有更大的摩尔消光系数，且 pH 响应性能更加优异。

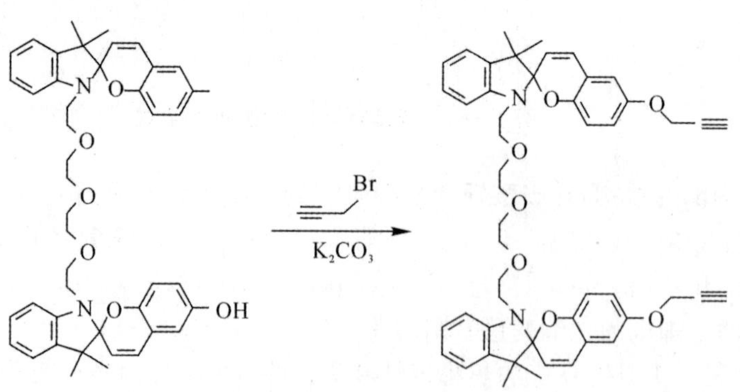

73 $\xrightarrow[K_2CO_3]{\text{propargyl-Br}}$ 74

图 1-67 环状分子 76 的合成

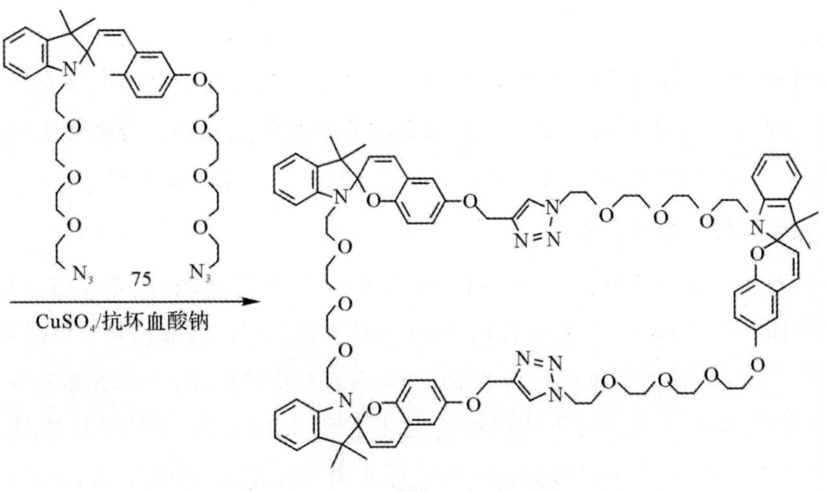

N_3 75 N_3

$CuSO_4$/抗坏血酸钠

76

续图 1-67　环状分子 76 的合成

Laptev 等以 5-甲酰基(醛基)螺吡喃衍生物 77 和吡咯为反应物，$BF_3 \cdot Et_2O$ 为催化剂，在氩气保护下于三氯甲烷溶液中回流，然后加入氧化剂四氯代苯对醌(p-chloranil)，搅拌加热，层析得到连接有四个螺吡喃基团的卟啉化合物 78(见图 1-68)。通过在氯仿溶液中加热卟啉化合物 78 和醋酸锌得到了配合物 79a，在 DMF 溶液中加热 78 和氯化铜得到了配合物 79b。

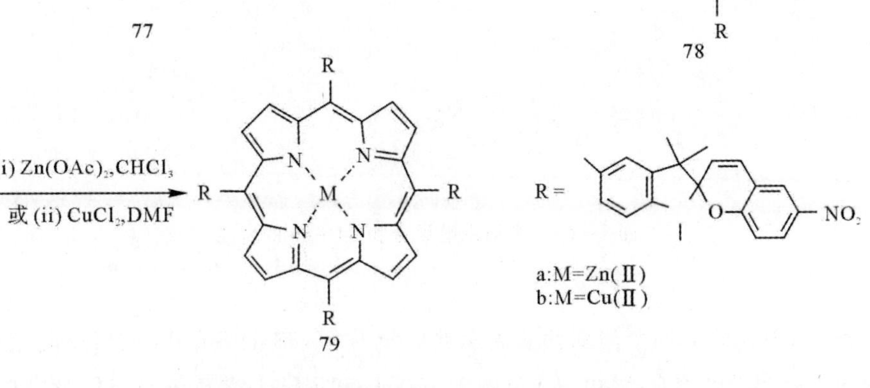

77　78　$BF_3 \cdot Et_2O$

(i) $Zn(OAc)_2$, $CHCl_3$ 或 (ii) $CuCl_2$, DMF

79

a:M=Zn(Ⅱ)
b:M=Cu(Ⅱ)

图 1-68　多螺吡喃化合物 78,79 的合成

1.4.5 螺吡喃聚合物的合成

螺吡喃小分子在实际应用中受到限制，而键合光致变色螺吡喃基团的聚合物在器件化方面优势明显，因此合成含有螺吡喃基团的聚合物成为研究焦点之一。含螺吡喃基团的聚合物有两种类型：一类是螺吡喃基团在聚合物的主链上；另一类是螺吡喃基团在聚合物的侧链上。

1. 主链螺吡喃聚合物的合成

螺吡喃基团在主链上的聚合物制备相对较为困难，需要螺吡喃（或者其前体化合物）具有两个活性官能团。Kadokawa 等利用双 Fischer 碱衍生物 80 与双（邻羟基苯甲醛）衍生物 81～83 缩合，合成了首尾相连的螺吡喃聚合物 84～86（见图 1-69）。84～86 在紫外线照下都能够开环，但是只有 86 在可见光照射下能够可逆闭环返回。由于 84，85 的开环体具有 π 共轭结构，导致其开环体较 86 要稳定，特别是 84 仅通过共用苯环相连，刚性更强，导致 84 的开环体稳定性非常强，在可见光照射下无法可逆返回。

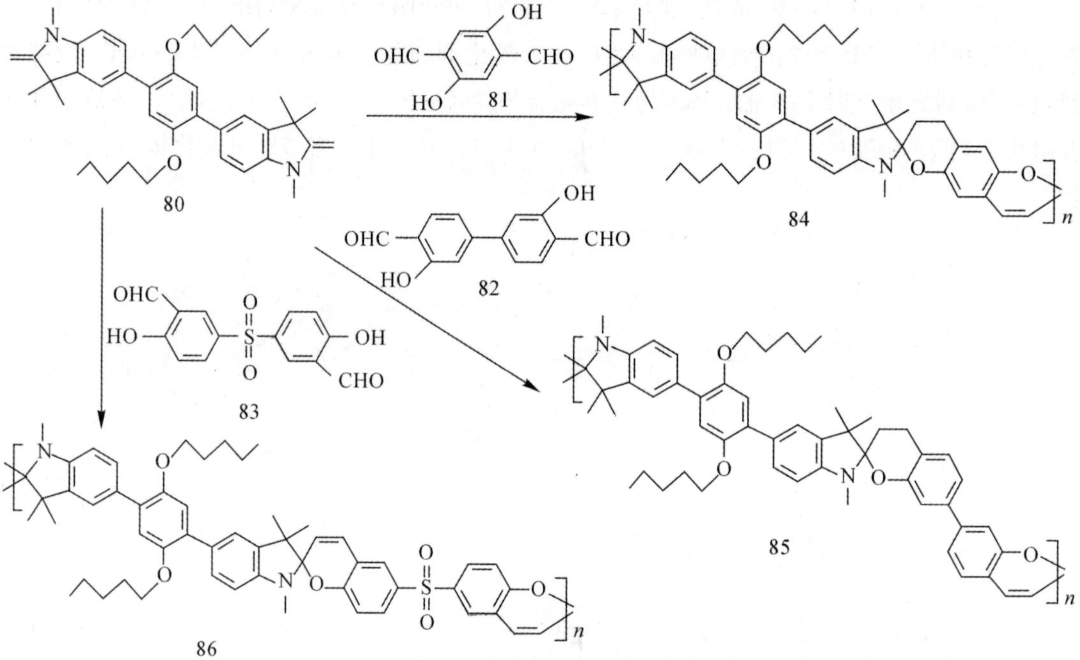

OHC CHO OH HO 81 80 84 n OHC CHO OH HO 82 OHC HO O S O OH CHO 83 85 n 86 n

图 1-69 主链螺吡喃聚合物 84～86 的合成

Sommer 等利用含有两个溴取代基的螺吡喃分子 87，88 的 Suzuki 缩聚反应，合成了具有共轭结构的主链螺吡喃聚合物 89，90（见图 1-70）。其主链上交替分布着螺吡喃单元和芴单元，在超声波作用下能够发生光致变色异构化反应生成开环体结构。

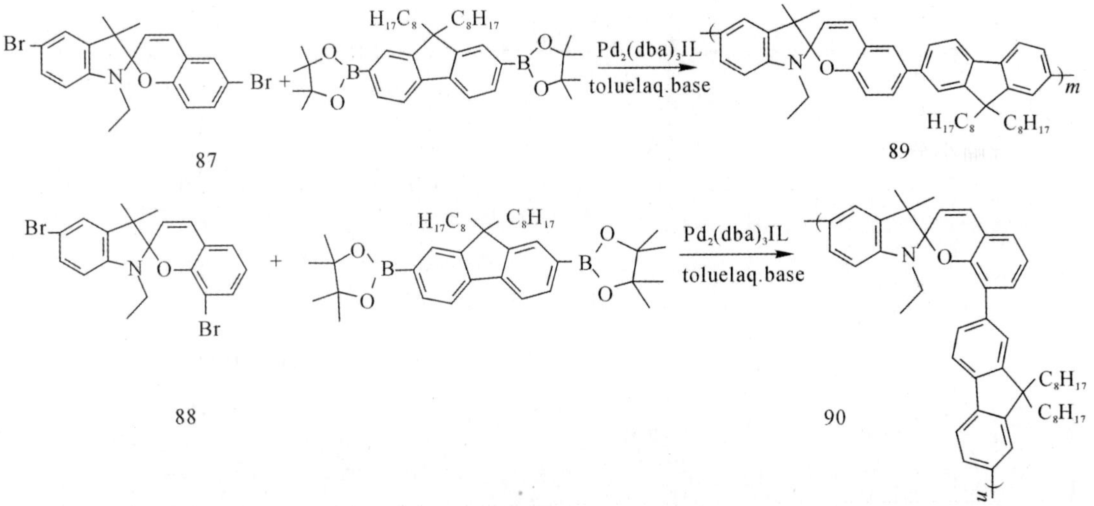

图 1-70　主链螺吡喃聚合物 89,90 的合成

2. 侧链螺吡喃聚合物的合成

螺吡喃基团作为侧基连接在聚合物链上的螺吡喃聚合物可通过以下两种方式制备：一种是利用带有活性基团(如双键等)的螺吡喃单体进行均聚反应或与其他单体共聚来制备，这种方式简单易行，研究得较多。这些研究一般都是将含有双键的螺吡喃衍生物(含有螺吡喃基团的丙烯酸酯或者丙烯酰胺)与其他单体进行共聚，有二元共聚的，也有三元共聚的。其他单体的引入，有些是为了提高共聚物的机械性能(如成膜性能等)，有些是为了赋予共聚物更多的特殊功能(如离子螯合功能、感温性能及光致聚合等)。

Kimura 等在甲苯溶液中用偶氮二异丁腈引发螺吡喃甲基丙烯酸酯 91 与冠醚甲基丙烯酸酯自由基共聚，合成了螺吡喃聚合物 92；同样条件下引发冠醚化螺吡喃甲基丙烯酸酯单体 93 和甲基丙烯酸酯单体自由基共聚，合成了冠醚化螺吡喃甲基丙烯酸酯共聚物 94(见图 1-71)。单体 93 的均聚物无法制备，可能是由于碳链上连接有冠醚化螺吡喃时空间位阻大的缘故。与冠醚和螺吡喃分别独立键合在甲基丙烯酸酯侧链的共聚物 92 相比，冠醚化螺吡喃甲基丙烯酸酯共聚物 94 中金属离子的配位能力显著影响到螺吡喃基团的光致变色行为，这主要是由于酚氧阴离子与冠醚环中金属离子之间产生分子内相互作用，使得冠醚化螺吡喃的部花菁(开环体)两性离子与金属离子有更强的键合力。当可见光照射部花菁使其异构化为螺吡喃闭环体结构时，部花菁结构中的酚氧阴离子与金属离子之间的相互作用消失。

聚 N-异丙基丙烯酰胺(PNIPAAm)是研究最广泛的温敏性高分子，其临界溶液温度(LCST)约为 32℃，并可以通过与亲水或疏水单体共聚来调节，因此，PNIPAAm 被广泛应用于构建双亲水嵌段共聚物，以赋予共聚物温度响应性。Shiraishi 等以叔丁醇为溶剂，用偶氮二异丁腈引发螺吡喃丙烯酸酯 95 与 N-异丙基丙烯酰胺自由基共聚的形式合成了螺吡喃聚合物 96(见图 1-72)。螺吡喃聚合物 96 的水溶液在紫外线照射下，在较宽的温度范围内(10～34℃)，颜色对温度具有线性和可逆的关系，可望用于以颜色显示温度的传感器。

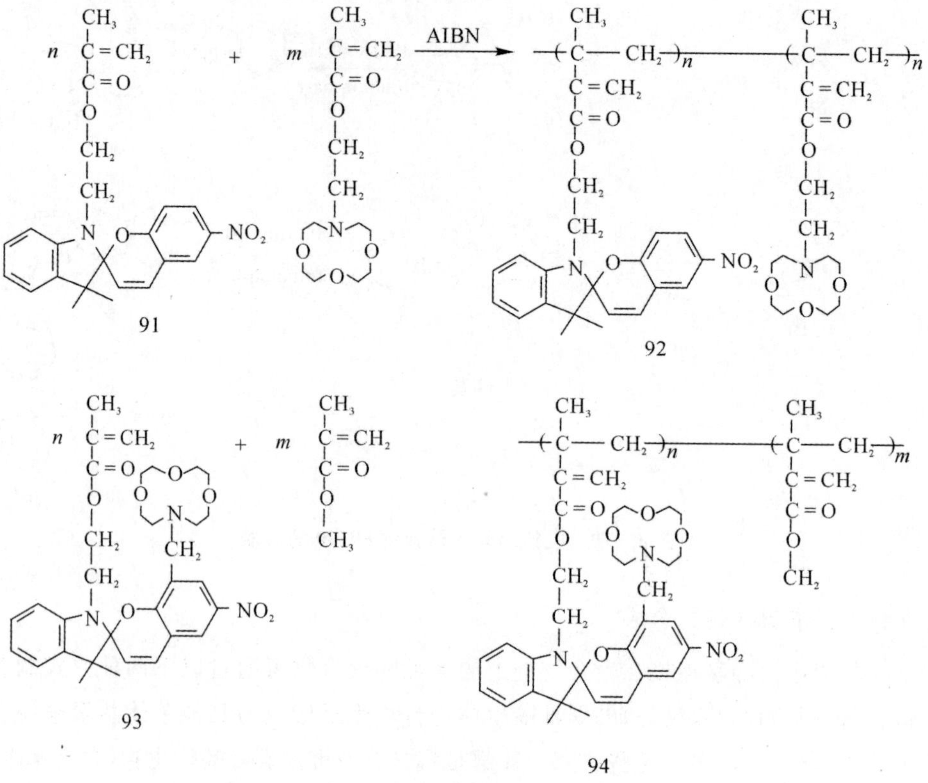

图 1－71　螺吡喃聚合物 92～94 的合成

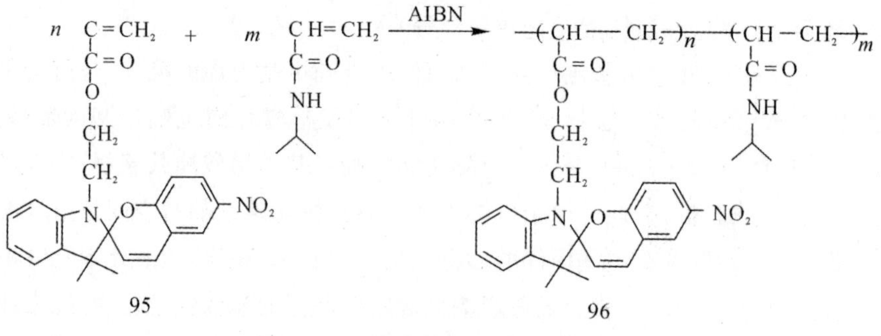

图 1－72　螺吡喃聚合物 96 的合成

查耳酮及其衍生物是重要的有机非线性光学材料，广泛用于功能染料等领域。申凯华等以 DMF 为溶剂，用偶氮二异丁腈引发含有螺吡喃丙烯酸酯与含有查尔酮结构的丙烯酸酯自由基共聚，合成了一种支链含有螺吡喃和查尔酮双光功能基团的复合高分子材料 97（见图 1－73）。利用紫外-可见光谱对复合高分子材料的光敏性进行研究发现，在紫外线的照射下，除光致变色过程外，查尔酮单体之间光致聚合作用导致了环化聚合的发生，相对减小了螺吡喃结构周围的自由空间，使其显色体的热褪色过程变得相对困难，影响了其高分子侧链螺吡喃结构的光致变色过程。研究的意义在于，可以通过分子设计，在含有螺吡喃结构的高分子母体上接枝查尔酮单体，可以控制螺吡喃染料显色体的热稳定过程，改善显色体的热稳定性。

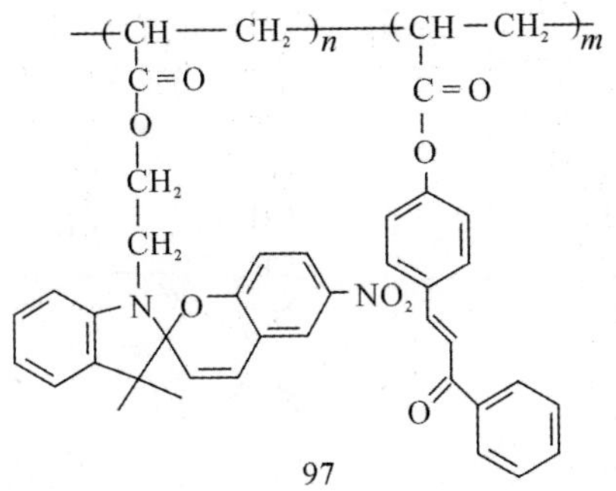

图 1-73　含有螺吡喃基团的高分子 97 结构式

Edahiro 等以四氢呋喃(THF)为溶剂，采用偶氮二异丁腈(Azobis isobutyronitrile，AIBN)引发含有螺吡喃结构的丙烯酰胺单体 98 与N-异丙基丙烯酰胺自由基共聚，合成了螺吡喃聚合物 99(见图 1-74)。研究发现，在 19℃，当紫外线照射时，聚合物 99 的薄膜在水溶液中能够迅速吸收大量水分子，并且黏度增加，这是由于聚合物 99 的结构从疏水性转化为亲水性。在 25～35℃之间，并没有出现紫外线照射下的水合作用。这说明，聚合物 99 的光异构化反应只有在 19℃时聚(N-异丙基丙烯酰胺)充分水合的条件下，才能引发水合作用。

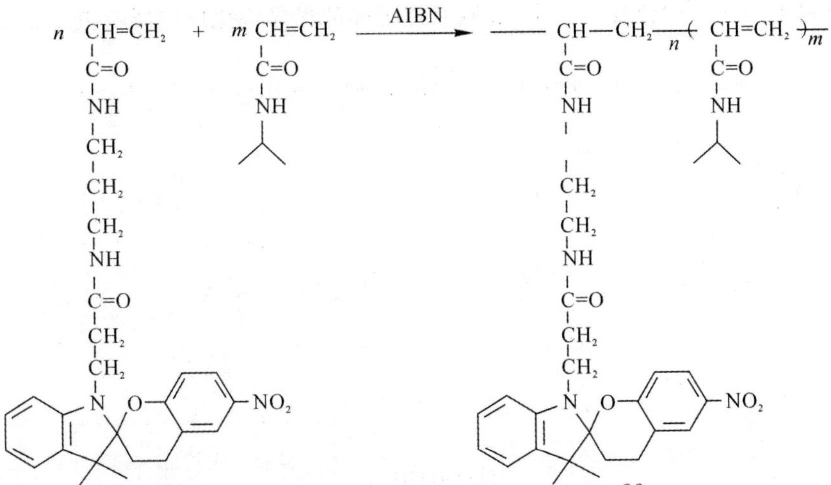

图 1-74　螺吡喃聚合物 99 的合成

偶氮苯是一类通过顺反异构方式实现光致变色的染料，其光致变色机理是由于含有—N=N—，形成顺反异构结构所引起的。光和热的作用可使顺式和反式偶氮苯之间发生转化，反式结构一般比顺式结构稳定。Angiolina L 等以 THF 为溶剂，采用 AIBN 引发螺吡喃甲基丙烯酸酯、甲基丙烯酸甲酯、(S)-3-羟基-N-(2-吡啶偶氮苯基)四氢吡咯的甲基丙烯酸酯三者以不同比例共聚，合成了具有手性和光学活性的聚合物 100(见图 1-75)，并对聚合物 100 的结构进行了表征，研究了聚合物 100 的热稳定性、光学活性、手性和光诱导性质。

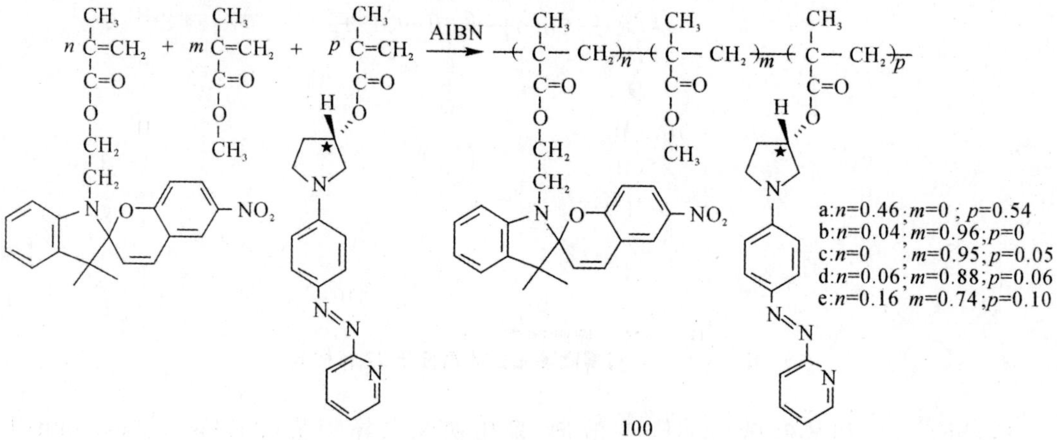

图 1-75 螺吡喃聚合物 100 的合成

Imai 以氯仿为溶剂，AIBN 为引发剂引发 5-(N-丙烯酰)氨甲基-6′-硝基螺吡喃 101 与 N,N-二甲基丙烯酰胺自由基共聚，得到螺吡喃聚合物 102，将其与四甲氧基硅烷通过溶胶-凝胶法制得杂化材料(见图 1-76)，采用热重分析和红外光谱表征了杂化材料的结构，螺吡喃基团在杂化材料中的光异构化反应正常，硅胶对螺吡喃的光异构化反应影响很小。

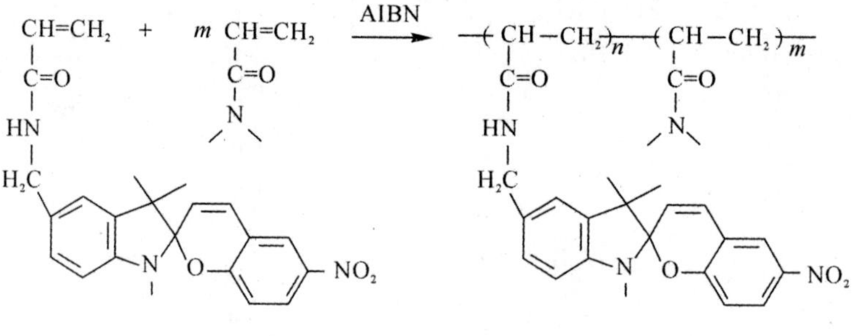

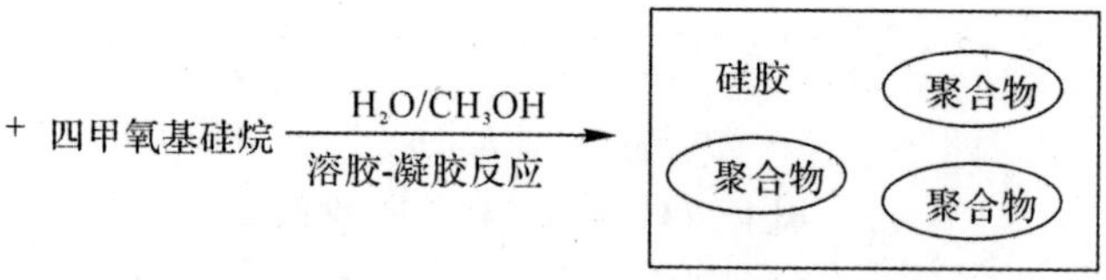

图 1-76 螺吡喃聚合物 102 的合成及杂化材料的制备

Kojima 以苯为溶剂、AIBN 为引发剂引发 N-(2-甲基丙烯酰氧乙基)-6′-硝基螺吡喃和 N-正十二烷基甲基丙烯酰胺自由基共聚，合成了光响应的螺吡喃聚合物 103(见图 1-77)，并制成蜂巢状薄膜(honeycomb films)。通过光响应可以使聚合物 103 产生极性，而导致溶解性发生改变。通过紫外线照射形成部花菁(开环体)的部分能够抵抗氯仿整齐而保持原来的蜂巢状，但是未经紫外线照射的螺吡喃闭环体部分在氯仿蒸汽中却发生了溶解。

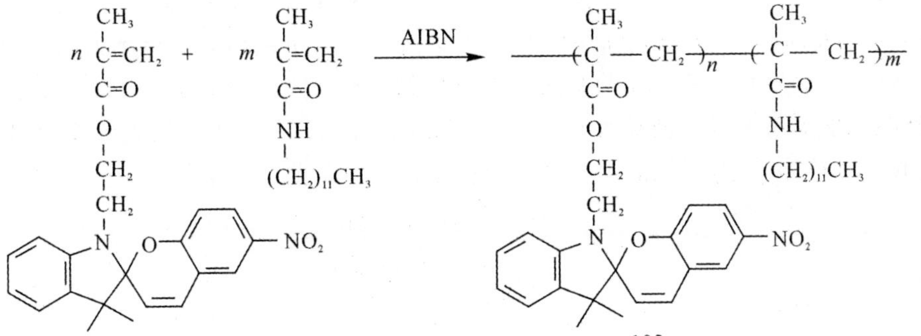

103

图 1－77　螺吡喃聚合物 103 的合成

聚 N－异丙基丙烯酰胺是一种温敏性聚合物。Kameda 以 THF 为溶剂，AIBN 为引发剂引发 6′-丙烯酰氧基螺吡喃单体与 N－异丙基丙烯酰胺自由基共聚，得到螺吡喃共聚物 104（见图 1－78），目的在于研究水溶液中温敏性聚合物周围环境的介电性。紫外-可见光谱研究发现，螺吡喃基团的异构化反应对基团周围环境的极性很敏感。通过对共聚物 104 水溶液在不同温度的测试发现，在甚至远低于临界溶解温度的很宽温度范围内，温敏性聚合物周围的电性都在持续变化，这表明在转变为热致相分离的初步阶段，聚合物附近结合力很弱的水分子不断地减少。

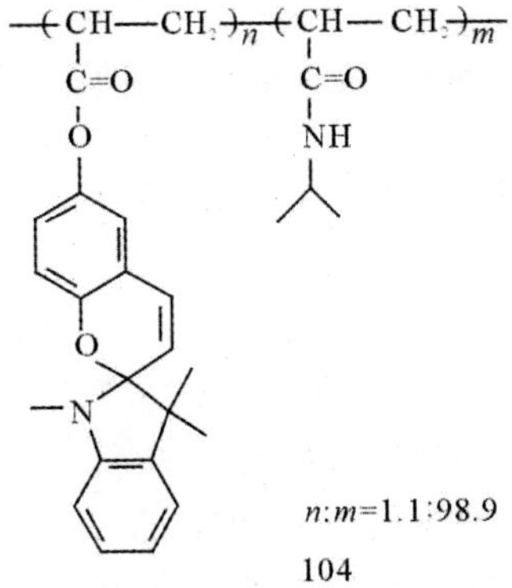

$n:m=1.1:98.9$

104

低极性环境

极性环境

$-H^+$

$+H^+$

SP

MC

质子化的MC

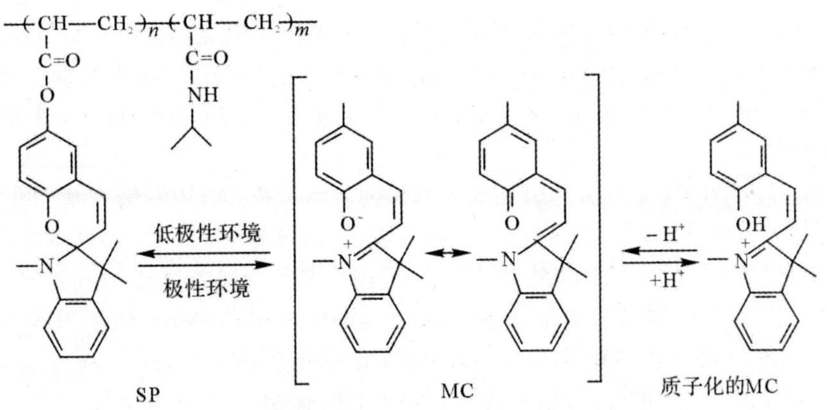

图 1－78　周围环境介质对螺吡喃共聚物 104 的影响

Mistry 等合成了 5-丙烯酰胺基-6′-硝基-8′-甲氧基螺吡喃单体 105。其以 DMF 为溶剂，AIBN 为引发剂，制备了螺吡喃均聚物 106，以及 105 与甲基丙烯酸甲酯的共聚物 107、105 与甲基丙烯酸的共聚物 108、105 与苯乙烯的共聚物 109（见图 1-79）。均聚物 106 的氯仿溶液在紫外线照射下最大吸收波长为 603 nm。对共聚物 107，108，109 膜光致变色过程研究发现，随着螺吡喃单体质量的增加，共聚物的热稳定性在一定范围内增强。

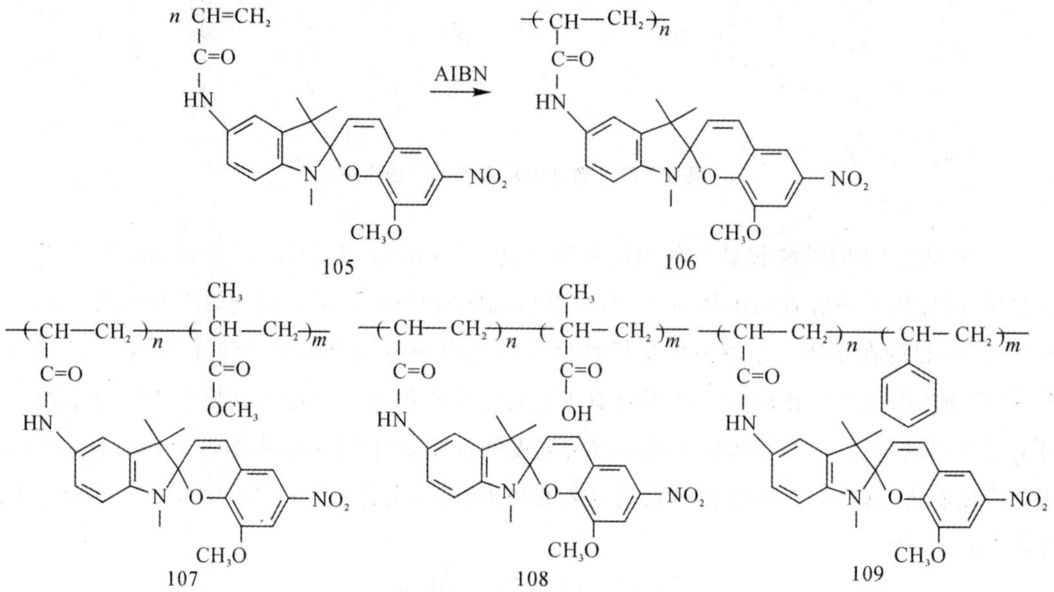

图 1-79　螺吡喃化合物 105～109 的结构式

如图 1-80 所示，Angiolina 等以二氯甲烷为溶剂，在阻聚剂 2,6-二叔丁基对甲酚存在下，以 N，N′-二异丙基碳二亚胺、4-二甲氨基吡啶对甲苯磺酸盐（4-dimethylaminopyridinium 4-toluensulfonate）为缩合反应催化剂（典型的酯化反应催化剂组合），以甲基丙烯酸-L-乳酸酯 110b，c 为手性酸，以 N-羟乙基-6′-硝基螺吡喃为醇，合成了具有手性的螺吡喃单体 111b，c（以 L-乳酸为基础）。接着以 THF 为溶剂，以 AIBN 为热引发剂，引发旋光性螺吡喃单体 111b，c 发生自由基均聚，制得了具有旋光活性的均聚物 112b，c（其中 112a 由于没有引入手性原子，不具有旋光性）。112b，c 具有良好的热稳定性，玻璃化温度在 100～130℃范围内，分解温度在 270℃附近。旋光性研究显示 112b 和 112c 的比旋光度数值（$-22\ deg\cdot dm^{-1}\cdot g^{-1}\cdot cm^{3}$，$-41\ deg\cdot dm^{-1}\cdot g^{-1}\cdot cm^{3}$）高于相应的单体 111b 和 111c（$-4\ deg\cdot dm^{-1}\cdot g^{-1}\cdot cm^{3}$，$-31\ deg\cdot dm^{-1}\cdot g^{-1}\cdot cm^{3}$），这可能是由于聚合物中的不对称程度在增加。

Arsenov 等以 AIBN 为自由基引发剂分别研究了 N-甲基丙烯酰氧乙基-6′-硝基螺吡喃单体分别与多种乙烯基单体的共聚反应，包括与苯乙烯（苯为溶剂）、2-乙烯基萘（苯为溶剂）、9-乙烯基蒽（苯为溶剂）、4-乙烯基吡啶（①温室，硝基甲烷为溶剂或无溶剂；②150℃，无溶剂且无引发剂）、1-甲基丙烯酰氧甲基邻碳硼烷（1-methacryloyloxymethyl-o-carborane，苯为溶剂）、单甲基丙烯酸乙二醇酯（the monomethacrylic ester of ethylene glycol，乙醇为溶剂）、丙烯腈（DMF 为溶剂）、2-甲氧基-5-甲基丙烯酰氧基苯甲醛（2-methoxy-5-methacryloyloxybenzaldehyde，苯为溶剂）、N-乙烯基咔唑（N-vinylcarbazole，苯为溶剂）。对聚合反应的研究显示，随着初始反应原料中螺吡喃含量增大，聚合物数均相对分子质量 M_n 在减小。在基本相同的单体比例条件下，N-甲基丙烯酰氧乙基-6′-硝基螺吡喃单体与N-乙烯基咔唑(苯为溶剂)的聚合反应即使进行较长时间(35 h)，转化率仍然很低(2.4%)，与其他共聚比较明显被抑制。

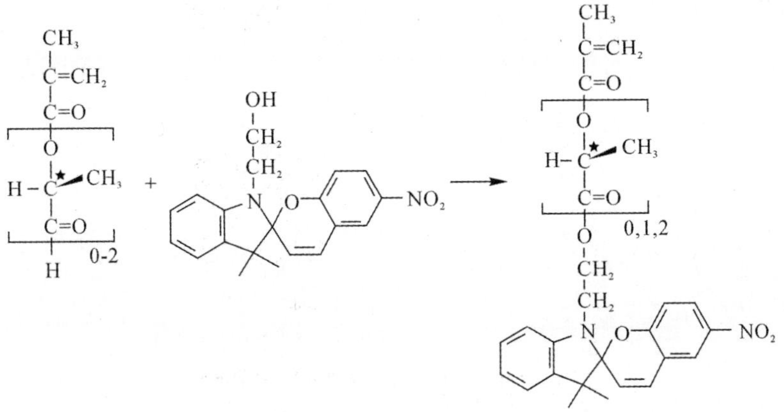

110　　111

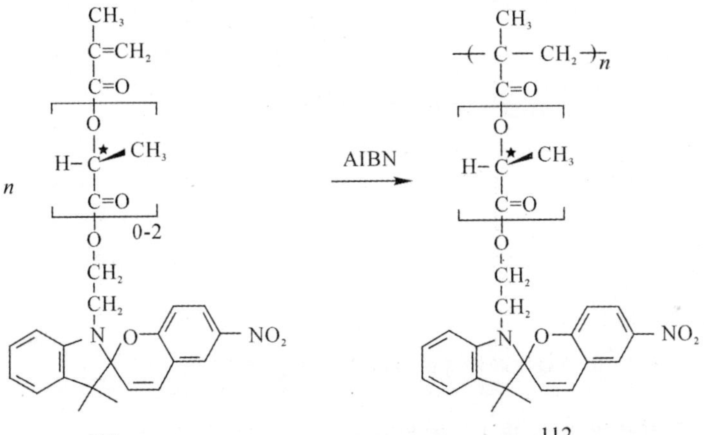

111　　112

图 1-80　螺吡喃单体 111 和螺吡喃聚合物 112 的合成

Ivanov 等以二氧六环为溶剂、AIBN 为引发剂引发自由基共聚制得了 N-甲基丙烯酰氧乙基螺吡喃单体(物质的量分数 1.9%)与 N-异丙基丙烯酰胺的共聚产物 113(见图 1-81)。共聚物 113 的平均相对分子质量为 21 000。共聚物 113 的水溶液在 30～50℃温度范围内出现相转变。用紫外线照射共聚物 113 的水溶液时，螺吡喃光致变色基团异构化为开环体(部花菁)形式，且共聚物 113 的浊点(cloud point)下降大约 10℃，接着将其置于日光下 20 天，共聚物 113 逐渐返回无色的螺吡喃闭环体，这一消色过程的速度大约是相应的螺吡喃单体的 1/100。

另一种方式是借助已有的高分子骨架，利用带有活性基团(如羧基、双键等)的螺吡喃单体与高分子骨架上的活性基团(如氨基、羟基等)进行接枝反应制备螺吡喃聚合物，这种方式的优点是可以充分利用已有的高分子骨架。

常艳红等通过含有羧基的螺吡喃与羟丙级纤维素之间的酯化反应(见图 1－82),合成了螺吡喃修饰的羟丙基纤维素 SP－HPC。由于螺吡喃基团在紫外线/黑暗下能够发生可逆的开环与闭环反应,SP－HPC 在 THF 溶液中呈现良好的可逆光响应性,SP－HPC 在水溶液中自组装为球形胶束,随着取代度的增加,胶束粒径逐渐增大,且具有光响应特性。

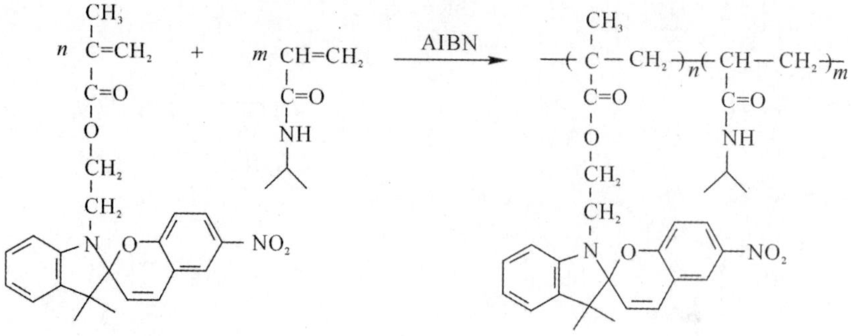

图 1－81　螺吡喃共聚物 113 的合成

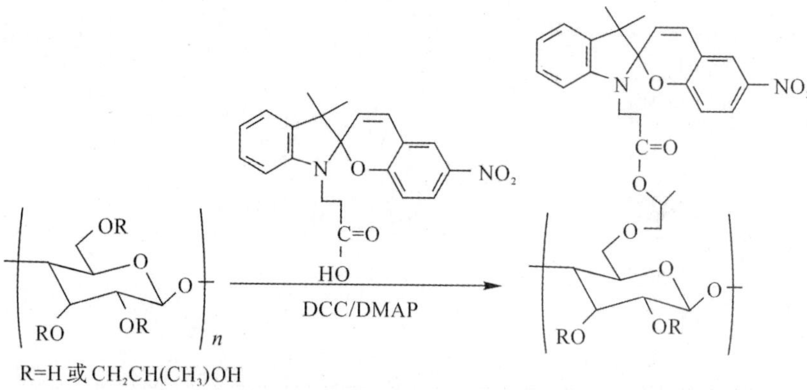

图 1－82　螺吡喃修饰的羟丙基纤维素 SP－HPC 的合成

Bertoldo 将 N－炔丙基螺吡喃小分子连接到叠氮基(N_3—)修饰的 N－邻苯二甲酰基壳聚糖上(见图 1－83),得到了螺吡喃功能化的 N－邻苯二甲酰基壳聚糖(SP－f－CT)。

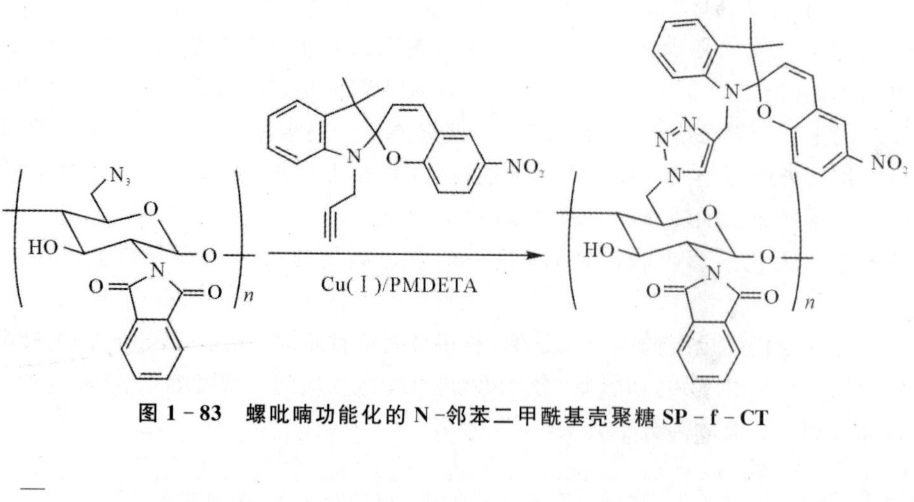

图 1－83　螺吡喃功能化的 N－邻苯二甲酰基壳聚糖 SP－f－CT

高分子骨架可以是天然高分子或其衍生物，也可以是制备的高聚物。谭春斌等将聚甲基丙烯酸甲酯进行部分水解，制得了不同水解率(3%，5%，9.4%，13.6%，16.5%)的水解产物，利用 N-溴丁基螺吡喃分子中溴原子的反应活性，将螺吡喃光致变色基团接枝到到部分水解的聚甲基丙烯酸甲酯侧链上(见图 1-84)，得到了以螺吡喃为接枝组分的光致变色高分子材料(PMMA-g-SP)，且接枝组分并不影响聚甲基丙烯酸甲酯的机械性能。

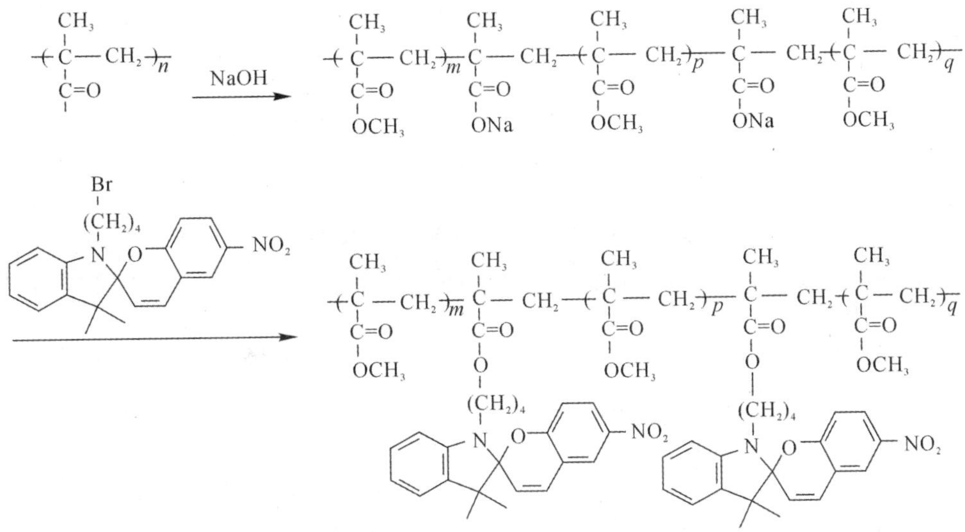

图 1-84　接枝螺吡喃基团的聚甲基丙烯酸甲酯 PMMA-g-SP

传统自由基溶液聚合由于存在链转移和链终止反应，不能较好地控制相对分子质量及大分子结构。而可控活性自由基聚合是一种合成具有设计微观结构和窄相对分子质量分布聚合物的方法。可控活性自由基聚合法主要包括氮氧自由基聚合(NMRP)、原子转移自由基聚合(ATRP)和可逆加成-断裂链转移(RAFT)自由基聚合等。

原子转移自由基聚合(ATRP)作为可控活性自由基聚合的一种，广泛应用于制备无规、嵌段、梯度、接枝和星型共聚物等。

聂慧等以二氯甲烷为溶剂，在三乙胺催化下，用 6′-羟基螺吡喃与 2-溴代异丁酰溴在冰水浴条件下反应，制得 ATRP 引发剂 114。然后在封管中依次加入单体 N-异丙基丙烯酰胺(NIPAM)、ATRP 引发剂 114、配体 2′，2″，2″-三氨基三乙基胺(Me_6TREN)、催化剂氯化亚铜以及溶剂(异丙醇与 DMSO 的混合溶液)，反应制得含螺吡喃端基红色荧光官能团的热敏聚合物 115(见图 1-85)。115 表现出良好的光致变色性、生物相容性，可以通过细胞内吞作用进入活细胞内对活细胞进行染色。

Achilleos 等将引发剂 2-溴异丁酸乙酯、单体 6′-甲基丙烯酰氧基螺吡喃和共聚单体甲基丙烯酸-2-(N-二甲氨基)乙酯(DMAEMA)加入四氢呋喃溶液中，在氮气保护下反应，随后加入配体 N，N，N′，N″，N″-五甲基二乙烯三胺(PMDETA)和催化剂溴化亚铜，持续搅拌聚合反应得到共聚物 116a(见图 1-86)。同样的方法，以甲基丙烯酸甲酯(MMA)为共聚单体则得到共聚物 116b。紫外可见光谱研究发现，光致变色基团的稳定异构体受到共聚单体的影响，并导致产生“正向”和“逆向”光致变色行为。以极性 DMAEMA 为单体的共聚物 116a 出现“逆向”光致变色行为，并形成稳定的平面偶极离子异构体；而以极性较弱的 MMA 为单体的共聚物 116b,则表现为"正向"光致变色行为。

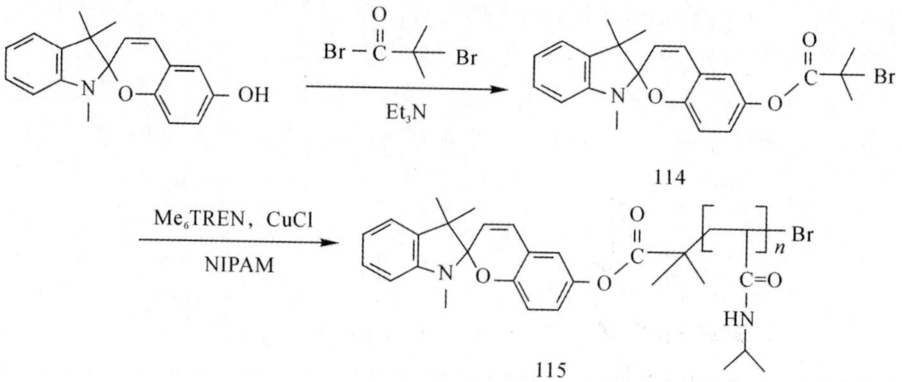

Br—C(=O)—C(CH3)2—Br / Et_3N

OH　　N　　O　　O　　C　　Br

114

Me_6TREN, CuCl

NIPAM

C=O　　HN　　Br　　n

115

图 1-85 含螺吡喃端基聚合物 115 的合成

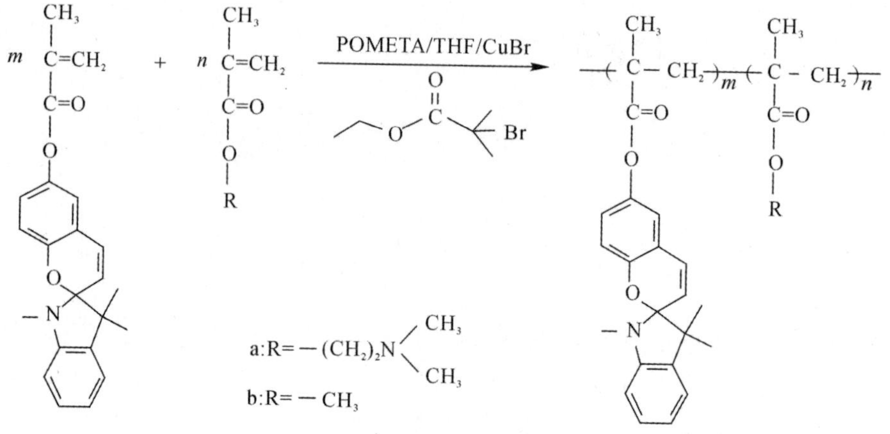

CH_3　　m C=CH_2　　C=O　　O　　+　　CH_3　　n C=CH_2　　C=O　　O　　R

POMETA/THF/CuBr

O　　C　　O　　Br

CH_3　　CH_3　　—(C—CH_2)$_m$—(C—CH_2)$_n$—　　C=O　　C=O　　O　　O　　R

a:R=—$(CH_2)_2N(CH_3)_2$

b:R=—CH_3

116

图 1-86 螺吡喃共聚物 116 的合成

苏俊华等以氯化亚铜/2′,2″,2″-三氨基三乙基胺(Me_6 TREN)为催化体系,氯苯为溶剂,2-溴代异丁酰溴封端的 PEO 为大分子引发剂,采用 ATRP 法合成了由聚氧化乙烯和聚酯化羧基螺吡喃组成的两亲性 PEO-b-PSPMA 嵌段共聚物 117(见图 1-87)。研究表明,选择适当的反应物配比和反应时间能够合成相对分子质量适中、窄相对分子质量分布的 PEO-b-PSPMA 嵌段共聚物 117,其在水溶液自组装成的球状胶束具有可逆的光致变色性能。

Cui 等在希丁克管(Schlenk tube)中加入物质的量比为 1∶20 的 N-丙烯酰氧乙基螺吡喃单体和甲基丙烯酸叔丁酯以及 2-溴异丁酸乙酯和溶剂 DMF,通氮驱氧 1h,然后加入配体 1,1,4,7,10,10-六甲基三乙烯四胺(HMTETA),油浴 60℃反应 9 h,后处理得到共聚物 118。将 118 在三氟乙酸的二氯甲烷溶液中水解,得到两亲性聚合物 119(见图 1-88)。实验发现,共聚单体的极性能够影响螺吡喃基团的光致变色行为,两亲性聚合物 119 在含水溶液中具有良好的可逆光致变色行为。加入强酸可以促进螺吡喃从闭环体异构化为开环体部花菁,加入强碱则相反。聚合物 119 与 Cu^{2+},Mn^{2+},Hg^{2+} 离子螯合时最大吸收波长几乎不变,但当与 Co^{2+} 螯合时,最大吸收波长从 551 nm 移动到 526 nm,溶液颜色明显从紫色(purple)变为酒红色(claret-red),可用于识别 Co^{2+}。

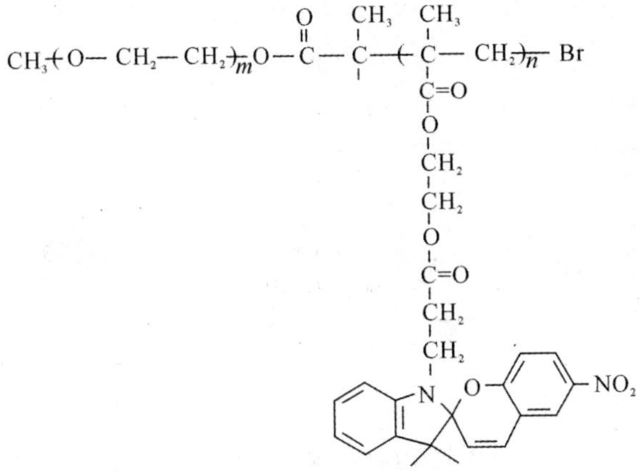

117

图 1－87　螺吡喃共聚物 117 的结构式

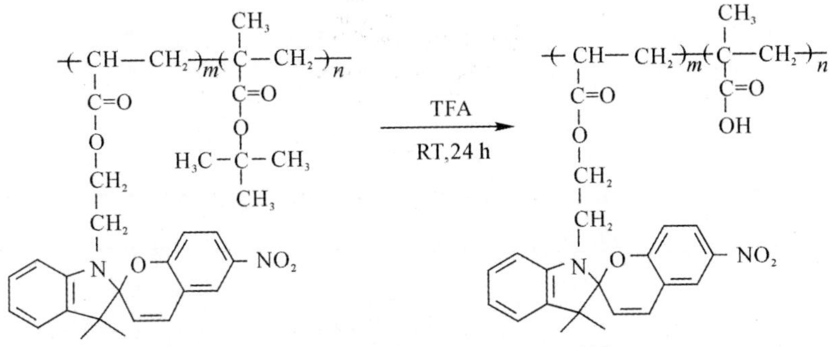

118　TFA RT,24 h　119

图 1－88　聚合物 119 的合成

与原子转移自由基聚合(ATRP)比较，可逆加成-断裂链转移(RAFT)自由基聚合是一种相对简单、条件最温和的合成方法，且聚合反应过程中不会出现金属或金属盐类，产物不需要进一步提纯。

Yu 等在 DCC/DMAP 催化体系下，用聚乙二醇(M_n＝5 000)与 S－十二烷基－S－(α，α－二甲基羧乙基)三硫代碳酸酯[1－Dodecyl－S－(α，α′－dimethyl－α″－acetic acid) trithio－carbonate，DBATC]进行酯化反应，得到大分子 RAFT 试剂 PEG－CTA。将其与 N－甲基丙烯酰氧乙基－6′-硝基螺吡喃、偶氮二异丁腈以及溶剂 THF 加入聚合用试管，通氮，75℃油浴条件下聚合，后处理得到两亲的光致变色共聚物 120(见图 1－89)。共聚物 120 在水溶液中自组装成胶束，当用紫外线照射和可见光照射时，显示出可逆的溶解和重聚集特征。

Adelmann 等在希丁克瓶(Schlenk flask)中依次加入甲基丙烯酸－2－(三甲基硅氧基)乙酯(HEMA－TMS)、甲基丙烯酸正丁酯(BMA)、二硫代苯甲酸－2－苯基异丙酯[2－phenyl－propan－2－yl dithiobenzoate (cumyl dithiobenzoate，CDB])的苯甲醚溶液和偶氮二异丁腈(AIBN)的苯甲醚溶液，通过三次冷冻泵解冻(freeze－pump－thaw)循环脱气后，将希丁克瓶置于 60℃油浴条件下聚合，定时通过 GPC 检测相对分子质量。反应 20 h 后，通过流动的冷氮气终止聚合反应，后处理制得 BMA 与 HEMA－TMS 的共聚物。将其溶解于 THF 中甲酸分解，得到 BMA 与 HEMA 的共聚物。在二氯甲烷溶液中，通过二环己基碳二亚胺(DCC)和 1-(4-吡啶基)吡咯烷(4-pyrrolidino pyridine)催化，BMA 与 HEMA 的共聚物中的羟基和 N-羧乙基-6′-硝基螺吡喃(溶于 THF 中)进行酯化反应，得到连有螺吡喃侧基的高相对分子质量线性聚合物 121(见图 1-90)。

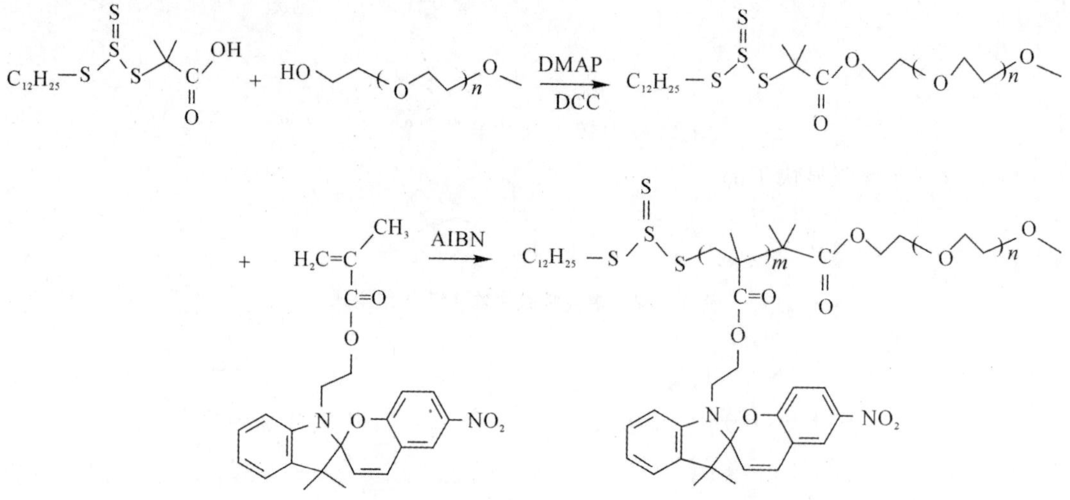

图 1-89 光致变色聚合物 120 的合成

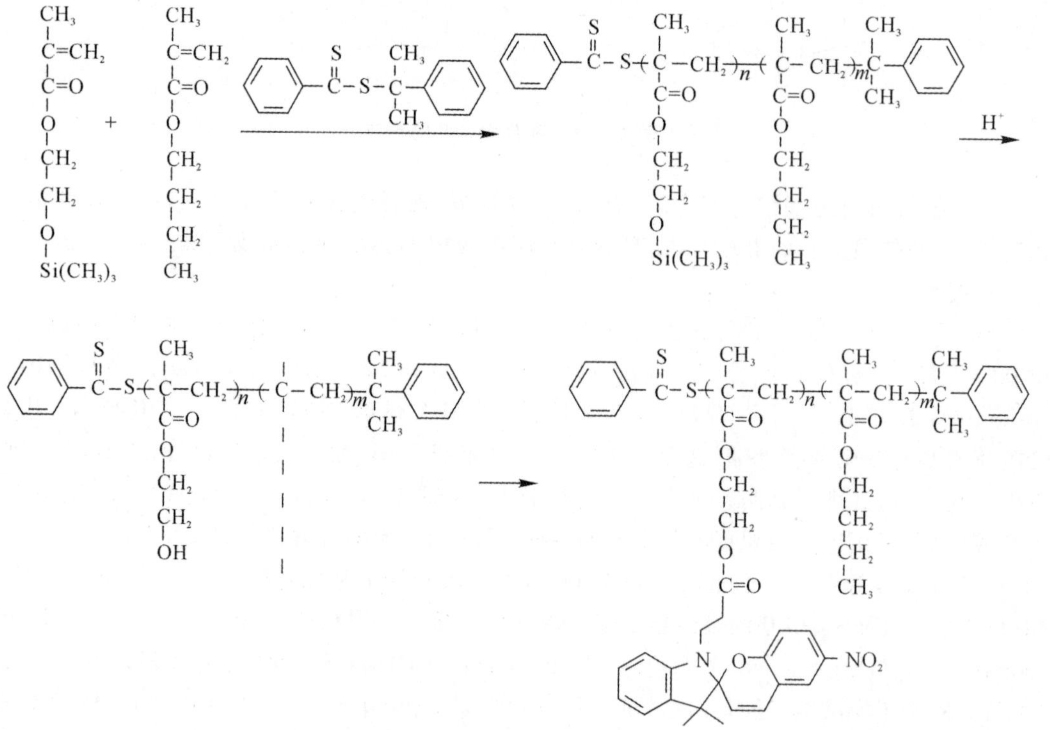

图 1-90 螺吡喃聚合物 121 的合成

1.4.6　水溶性螺吡喃的合成

绝大部分螺吡喃类化合物是脂溶性的，这限制了其在特定场合的应用，合成具有水溶性的螺吡喃化合物能够扩展其应用领域。水溶性的螺吡喃化合物可以通过在螺吡喃结构上引入亲水性基团(季铵盐、磺酸基等)或者将螺吡喃单体引入水溶性高分子来制备。

Kohl 等合成了含哌啶单元的螺吡喃化合物 122，将其季铵盐化得到了水溶性的螺吡喃分子 123(见图 1-91)。通过研究水溶液中螺吡喃化合物 123 的可逆光致变色过程，揭示了螺吡喃 123 的开环速率明显快于部花菁分子的闭环速率。

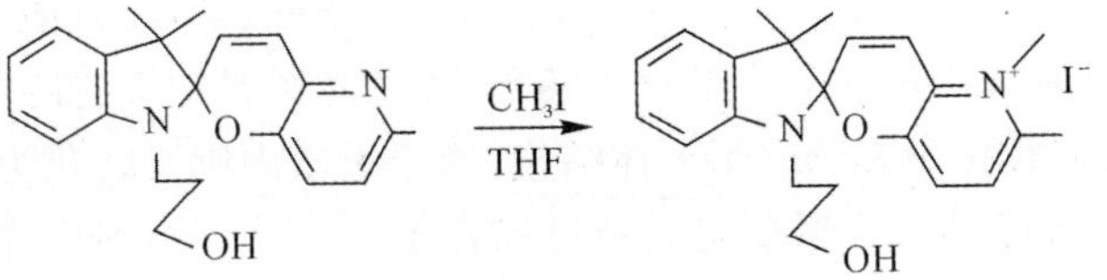
N
N
O
OH
CH3I
THF
N+
I-
N
O
OH

122　　　123

图 1-91　季铵盐型水溶性螺吡喃 123 的合成

Barachevsky 等合成了含有吡啶基团的水溶性阳离子螺吡喃化合物 124(见图 1-92)，其显示出逆光致变色行为。

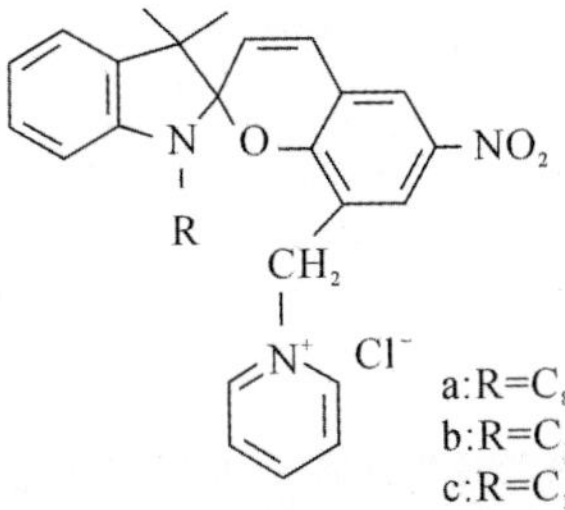
N
O
NO2
R
CH2
N+
Cl-
a:R=C8H17
b:R=C12H25
c:R=C18H37

124

图 1-92　含有吡啶基团的水溶性螺吡喃 124 的结构式

Hammarson 等合成了 6 个水溶性的季铵盐型阳离子螺吡喃衍生物 125a～f(见图 1-93)，研究了它们在 pH 为 0～10 之间的水溶液中的光致变色行为，以及 125b 在水溶液中对活细胞的光致细胞毒性和 125f 与 DNA 结合状态受到紫外线和质子的双重控制行为。何炜、徐艳玲也进行了水溶性季铵盐型阳离子螺吡喃衍生物的合成与表征。

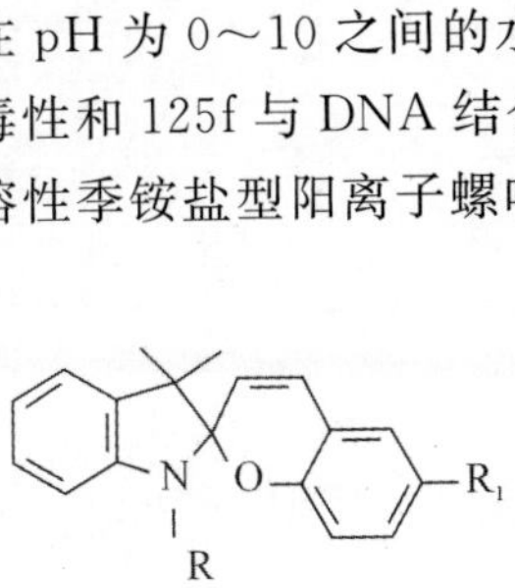
N
O
R1
R

125

a: $R=CH_2CH_2CH_2\overset{+}{N}(CH_3)_3$; $R_1=NO_2$
b: $R=CH_2CH_2CH_2\overset{+}{N}H(CH_3)_2$; $R_2=NO_2$
c: $R=CH_2CH_2CH_2CH_2CH_2\overset{+}{N}(CH_3)_3$; $R_1=NO_2$
d: $R=CH_2CH_2CH_2CH_2CH_2\overset{+}{N}H(CH_3)_2$; $R_1=NO_2$
e: $R=CH_2CH_2CH_2\overset{+}{N}(CH_3)_3$; $R_1=CHO$
f: $R=CH_2CH_2CH_2\overset{+}{N}(CH_3)_3$; $R_1=CN$

图 1-93　季铵盐型阳离子螺吡喃衍生物 125 的结构式

Sunamoto 等以 2-亚甲基吲哚啉衍生物(Fischer 碱)与水杨醛-3-磺酸为原料合成了螺

吡喃-6′-磺酸126(见图1-94),126及其开环体可溶于水,难溶于乙醇、二甲基砜,不溶于非极性溶剂。126在极性溶剂中显示出逆光致变色行为。

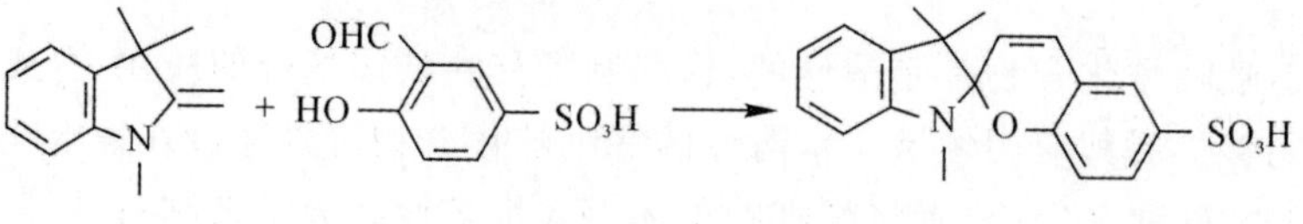

图1-94 螺吡喃-6′-磺酸126的合成

Gao等用发烟硫酸(oleum)磺化2-亚甲基吲哚啉衍生物(Fischer碱),得到6位连接磺酸钾的Fischer碱,进而与水杨醛衍生物反应得到6-螺吡喃磺酸盐,将其酸化制备得到显示逆向光致变色特性的6-螺吡喃磺酸127(见图1-95)。可见光照射127的溶液使其快速从对热稳定的开环体部花菁结构转化为无色的闭环体结构,置于黑暗中则又转化为有色的开环体结构。127的开环体很稳定,可能是由于螺吡喃C—O键断裂开环以后形成的偶极离子开环体发生了分子内质子(H^+离子)转移,质子从磺酸基转移到酚氧负离子从而稳定了开环体部花菁(偶极离子)结构。

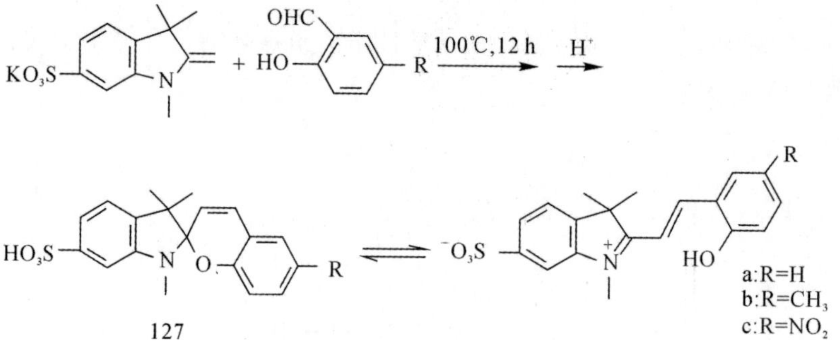

a:R=H
b:R=CH_3
c:R=NO_2

图1-95 逆光致变色化合物6-螺吡喃磺酸127的合成

Sugahara等以5位含有磺酸盐基团的2-亚甲基吲哚啉衍生物(Fischer碱)与5-硝基-2-羟基苯甲醛为原料合成了5-螺吡喃磺酸盐,将其酸化得到5-螺吡喃磺酸128(见图1-96),128显示出逆光致变色行为。

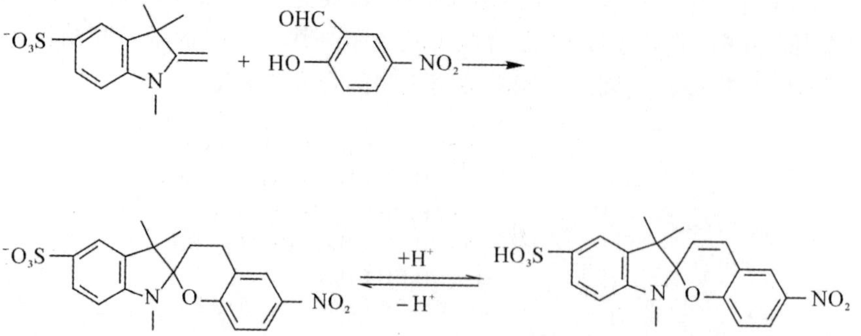

图1-96 逆光致变色化合物5-螺吡喃磺酸128的合成

胡世荣等对 1,3,3 -三甲基- 6′-硝基吲哚啉螺苯并吡喃用发烟硫酸进行磺化，合成了 5 -螺吡喃磺酸 128(见图 1 - 97)，将 128 溶于水制成完全以水为溶剂的光致变色墨水。在紫外线照或阳光的照射下，字体立即由黄色变为无色，离开紫外线或阳光的照射后，字体又变为黄色。

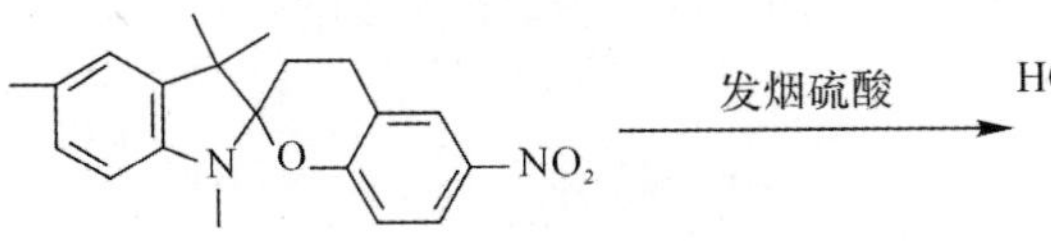

发烟硫酸

HO_3S NO_2 NO_2 128

图 1 - 97　螺吡喃磺酸 128 的合成

Stafforst 等采用 Fmoc 固相多肽合成(Fmoc solid phase peptide synthesis)方法合成了连有螺吡喃基团的水溶性多肽 129(见图 1 - 98)。含有硝基的 129a 在水溶液中发生光致变色异构时，开环体部花菁形式以极快的速度发生水解(水解产物为 Fischer 碱衍生物和水杨醛衍生物)，制约了其在生命科学领域的应用；而将硝基替换为羧基得到的 129b，光致变色过程开环反应速率提高了 2 个数量级，使其在生命科学领域实用性增强。

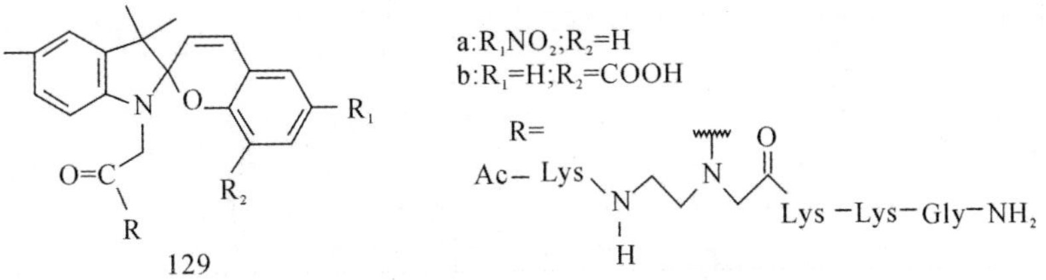

a:R_1NO_2;R_2=H
b:R_1=H;R_2=COOH
R=
Ac− Lys − N(H) − ... − N − ... − C(=O) − Lys −Lys− Gly− NH_2

R_1 R_2 O=C R 129

图 1 - 98　连有螺吡喃基团的水溶性多肽 129

1.4.7　现代合成技术在螺吡喃合成中的应用

微波、超声波在有机合成中的应用已引起广泛重视，尤其在加速和控制有机合成反应速度、开拓新的反应通道、提高反应产率、简化后处理过程等方面显示出优越性。微波、超声波在光致变色螺吡喃合成中也显示出无可比拟的优势。

宁婷婷等和叶楚平等以 Fischer 碱和水杨醛衍生物为原料，通过微波辐射合成了吲哚啉螺苯并吡喃化合物 54 和苯并噻唑螺萘并吡喃化合物 130(见图 1 - 99)，该反应速度快，仅需数分钟，后处理容易，无污染，产率高。

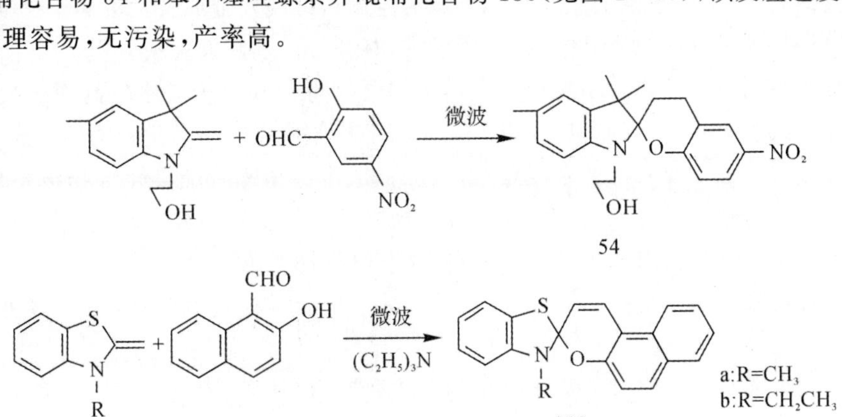

HO + OHC NO_2 微波 NO_2 OH OH 54

CHO OH + 微波 $(C_2H_5)_3N$ S N R 130

a:R=CH_3
b:R=CH_2CH_3

图 1 - 99　螺吡喃化合物 54,130 的微波法合成

Silvia 等以 Fischer 碱和水杨醛衍生物为原料，采用超声方法在室温下合成了一系列螺吡喃化合物 131(见图 1-100)，反应时间仅需 10～20 min，不但大大加快了反应速率，而且获得了比传统方法更高的产率。Gonzalez E A 等以 Fischer 碱的前体季铵盐和水杨醛衍生物为原料，在有机碱存在下，采用超声方法通过"一锅煮"的方式，合成了双螺吡喃化合物 132，合成速率快且产率较高。

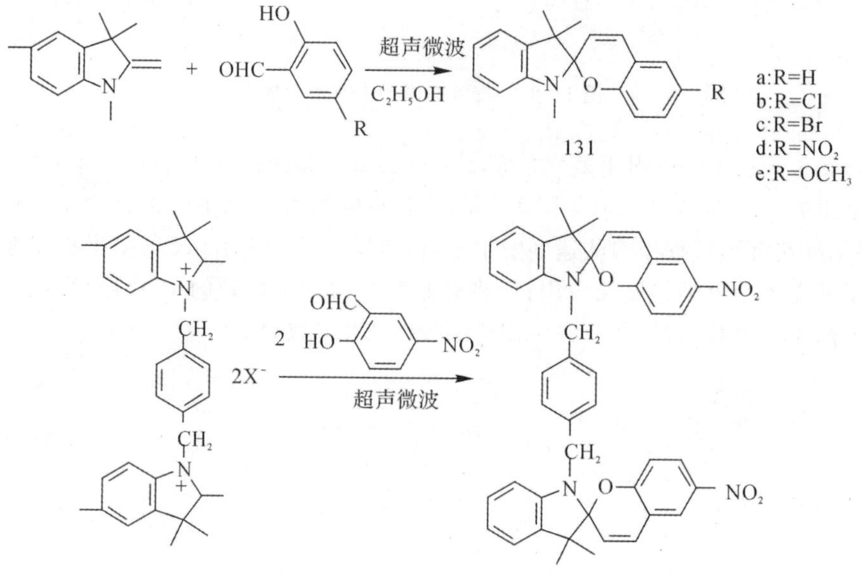

图 1-100 螺吡喃 131 和双螺吡喃 132 的超声波法合成

1.4.8 结语

当前，对于小分子螺吡喃类光致变色化合物的合成研究，主要侧重于对螺吡喃基本结构的化学修饰，都是"添砖加瓦"，并且修饰幅度不是很大。对于双螺吡喃化合物的研究较多，但是陷于套路，也缺乏创新的合成方式。水溶性螺吡喃化合物的合成取得了一些进展，有力地支撑了螺吡喃化合物在以水为基础的生命科学领域的应用。将现代合成技术应用于螺吡喃化合物的合成，有效地提高了合成效率，降低了生产成本，有利于促进其大规模应用。

目前，真正限制螺吡喃化合物大规模实用的主要障碍是其生产成本较高而抗疲劳性能较差。为了解决(或缓解)这一问题，应在以下几方面不断加强螺吡喃类化合物的合成研究：

(1)积极寻求其他方便简洁的合成路线，以降低成本。从螺吡喃类化合物被发现到现在，其基本框架的合成路线基本没有什么改变，应积极寻求更加便捷的合成路线。

(2)重视将抗氧化基团引入到螺吡喃结构中的合成研究，以有效地增强其抗疲劳性。

(3)重视含螺吡喃的双功能、多功能光致变色体系的合成研究，特别是关注多种功能之间的互相影响。

(4)进一步加强水溶性螺吡喃类化合物的合成研究，以便于特定场合应用，特别是在生命科学领域的应用，如氨基酸检测、核酸检测、蛋白质和寡肽检测等。

(5)重视现代合成技术在螺吡喃类化合物合成中的应用,不断提高合成效率,降低生产成本。

1.5　螺环类光致变色化合物开环体热稳定性研究进展

螺环类光致变色化合物(螺吡喃、螺噁嗪等)能在无色的闭环体和呈色的开环体之间可逆循环,可用于光信息存储等领域。然而,螺环类光致变色化合物开环体的热稳定性尚达不到商品化要求是目前限制其工业应用的一个主要障碍。要将螺环类光致变色化合物应用于光信息存储材料领域,其开环体热稳定性不高将导致室温条件下存储信息丢失。

Türker 等利用量子化学方法计算表明:螺噁嗪类化合物闭环体要比开环体稳定。事实如此,螺噁嗪 1(结构式见图 1-11)开环体即使在室温下也会迅速消色关环成闭环体。伴随着温度下降,其热消色速率明显减小;当温度低于-60℃时,热消色完全停止。由于螺噁嗪 1 的开环体以醌式结构占优势,其热消色速率常数随着溶剂极性增强而增大。

提高螺噁嗪开环体的热稳定性是实用化的一个重要前提,常用的方法如下。

1.5.1　对分子结构进行修饰

取代基的吸、供电子性对吲哚啉螺萘并噁嗪的热稳定性有着明显影响。当吲哚啉环(5位)上氢被供电子基取代时,开环体热稳定性增加;而被吸电子基取代时,开环体的热稳定性降低。当吲哚啉环(1 位)氮原子上取代基的空间位阻增大时,热消色速率减慢。当萘并噁嗪环(6′位)连有供电子基时,热消色速率增大;而连接有吸电子基时,热消色速率减慢。

Yamaguehi 等在 5′位引入哌啶甲基,发现在丙酮和水的酸性溶剂中,螺噁嗪 133(见图 1-101)热消色速率明显减慢。这是由于质子化的哌啶氮原子与开环体醌式结构中的氧原子通过氢键形成了六元环结构,从而稳定了其开环体。

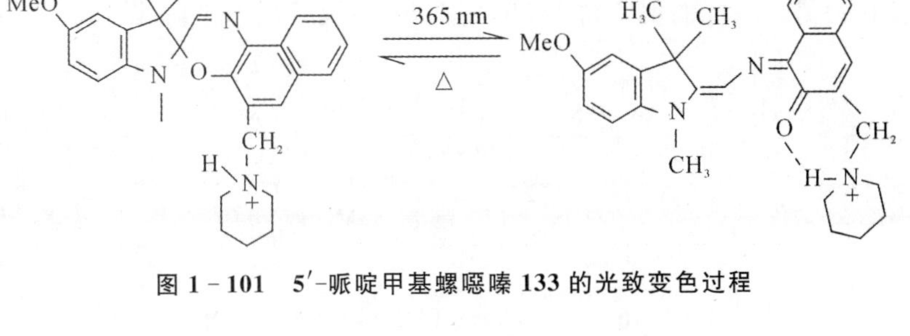

图 1-101　5′-哌啶甲基螺噁嗪 133 的光致变色过程

1.5.2　形成双光致变色体系

李仲杰等、Li 等、Favaro 等、张大全等、刘蔚等分别合成了通过亚丁基、酰胺基、酯基等非共轭链连接的双光致变色化合物。Li 等认为，通过非共轭链连接的双螺环化合物(包括双螺噁嗪相连接以及螺噁嗪与螺吡喃相连两种)，其开环体比单螺环化合物显示出更长的寿命，可能是由于分子内或分子间相互作用形成了聚集体。

对通过共轭链乙烯双键连接的双光致变色化合物，Ortica 等发现，经过纯化的 Z 异构体 7(见图 1-23)在室温下紫外线照射后开环体的热可逆性消失，出现奇特的双稳态。异构体 7 的开环体通过可见光的漂白不能可逆返回到 7，而是优先发生降解，已不属于经典的光致变色化合物。这是由于 7 开环过程中，同时在中心双键发生光反应导致环化，生成稳定的二氢菲结构 8，在可见光照射下优先发生降解而非可逆返回 7。对于 Z,E 异构体的混合物，其成色和消色反应均发生在数秒内，与普通单螺噁嗪基本一致。

1.5.3 二价金属的螯合作用

Tamaki 等首先报道了用二价金属离子螯合螺噁嗪开环体可以明显延缓其开环体在黑暗中的热消色速率。Cu(Ⅱ)，Ca(Ⅱ)，Pb(Ⅱ)等可在水溶剂中用紫外线照射下与螺噁嗪 134a，b 的开环体螯合(图 1-102)，而在黑暗中，则不能与 134a，b 形成螯合物。

由于螺噁嗪类化合物 1 不能与 $Ni(NO_3)_2$ 螯合，而螺噁嗪 134c 可以螯合，Tamaki 认为，参加螯合的是 5′位的甲氧基而不是亚氨基氮原子。

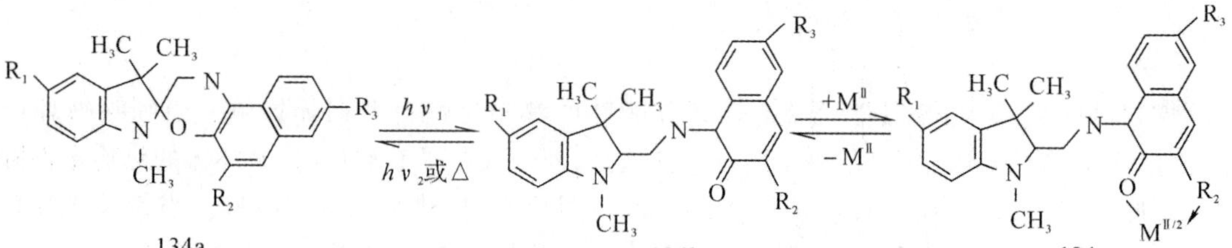

图 1-102 二价金属离子对螺噁嗪 134 开环体的螯合作用

Zhou 等研究发现，螯合物开环体的热消色速率常数与螯合金属离子的浓度成反比。对于 $Cu(NO_3)_2$，$CuCl_2$ 等，可以与螺噁嗪 135 先形成一个不稳定的螯合物 135a(见图 1-103)，然后 135a 会慢慢转化为另一稳定的螯合物 135b，而 135b 不被可见光漂白。

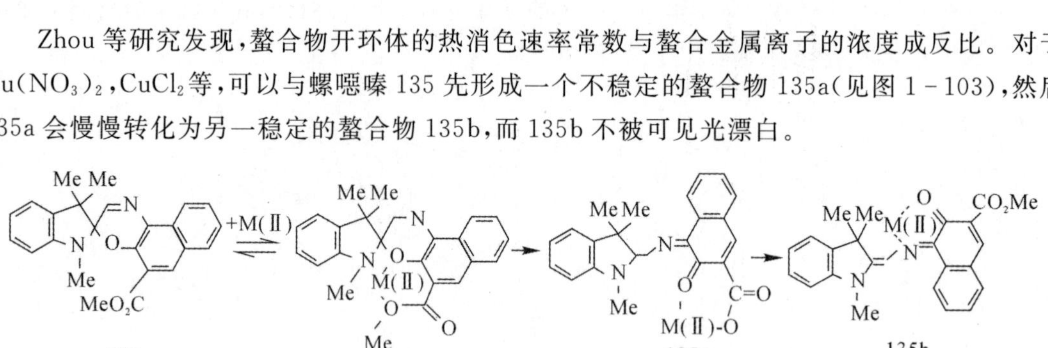

图 1-103 Cu(Ⅱ)对螺噁嗪 135 的螯合作用

无论是黑暗中，还是紫外线照下，$Cu(NO_3)_2$，$CuCl_2$ 等都可以与螺噁嗪类化合物 1 以 135b 的方式螯合形成稳定的螯合物，说明亚氨基氮原子作了第二配位基团。这一结论与 Tamaki 等的结论不同，是由于两者所使用的二价金属离子配位能力不同的缘故。

事实上，保存在薄玻璃小槽中的螯合了金属离子的光致变色凝胶，紫外线照射后，经光学掩盖，其开环体可在黑暗中保存数月；而加入 3-羟基-2-萘酸锌盐（二价金属离子的螯合作用）后，螺噁嗪的开环体在两天内不褪色，主要原因是螯合剂增加了其开环体的热稳定性。

1.5.4　聚合物的空间位阻

将光致变色螺噁嗪基团或化合物引入高分子体系，由于光异构化过程所需的自由体积在聚合物中受到限制，其光异构化过程被抑制，可以明显减缓螺噁嗪开环体热消色返回闭环体的速率。含螺噁嗪的高聚物可分两类：①主客体掺杂体系；②主链或侧链上共价连接螺噁嗪的高聚物。

对于主客体掺杂体系，刘平等的实验表明：成色体的热稳定性与高分子介质的极性和刚性有关。高分子介质的极性愈强，刚性愈大（高分子间的自由空间愈小），成色体的热消色速率越慢，热稳定性越高。反之则越差。

Yitzchaik S 等研究了含螺噁嗪支链的液晶聚丙烯酸酯 12（见图 1-28）和液晶聚硅氧烷 13（见图 1-29）。室温下，聚合物 12 的热消色速率随着螺噁嗪基团在共聚物中含量的增加而下降，原因是周围大量的光致变色基团对热环合反应造成了空间位阻。研究发现，介晶结构对聚合物 12 中螺噁嗪基团的热消色无明显影响。在室温下，液晶聚硅氧烷 13 显现相当快的消色，是因为其玻璃化温度非常低（低于室温）且开环体未形成聚集体。

Zelichenok 等合成了无定形的带螺噁嗪支链的聚硅氧烷聚合物（见图 1-30），随着聚合物中螺噁嗪基团含量的增加，消色速率下降，最慢的消色速率出现在螺噁嗪含量最高的聚合物当中。热消色速率与聚合物的玻璃化温度无直接关系。在高浓度时，消色的延迟是由于聚合物中大量邻近螺噁嗪基团的空间位阻而造成的。Nako 等研究了带有螺噁嗪支链的聚苯基硅氧烷树脂和聚甲基硅氧烷树脂的热稳定性，前者比后者稳定同样是由于大量邻近基团位阻造成的。

1.5.5　引入纳米复合材料

Mennig 等将螺噁嗪染料溶解在溶胶中制成有机-无机纳米复合材料涂层，使用了双环氧化物作为间隔，为螺噁嗪提供了充分空间。涂层热消色半衰期与螺噁嗪在乙醇中无明显不同。说明该纳米复合材料不在空间上阻碍光致变色的开、关环反应。

Wirnsberger 等制备了组分为 SiO_2/PEO/螺噁嗪的纳米复合材料，显示在材料的老化过程中（2～21 d），热消色速率常数在增加，说明老化时随着水解缩合反应的发生，SiO_2表面羟基在减少，提供给螺噁嗪开环体形成氢键的机会在减少，开环体热稳定性在减弱。

侯立松等将螺噁嗪化合物 1 用溶胶-凝胶法引入有机改性陶瓷（Ormocer），虽然提高了其抗疲劳性能但其自发热消色速率和在乙醇中基本一致。但若引入的是硅烷化的螺噁嗪化合物 136（见图 1-104），则热消色速率明显减慢，认为是螺噁嗪 136 氮原子上的硅烷基与基质通过水解缩合反应发生联系。这表明，联系越大，螺噁嗪分子自由度越小，热消色速率越慢。

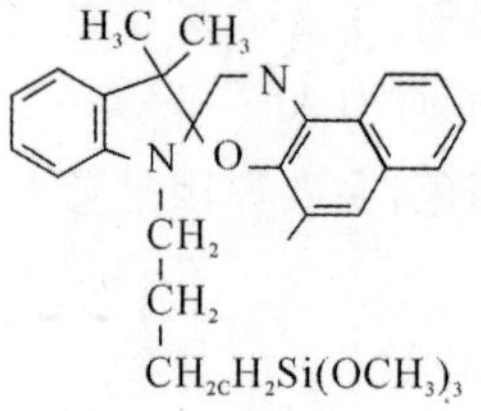

图 1-104 硅烷化的螺噁嗪 136 的结构式

1.5.6 影响消色速率的其他因素

Suzuki 等研究了经己烷重结晶的螺噁嗪类化合物 1 和 137(见图 1-105)的开关环反应，晶体 1(正交晶系)开环体寿命为 2 ns，晶体 137(单斜晶系)的关环反应则发生在 1 ps 以内。显示出晶体相对于无定形体存在着晶格对分子的限制。

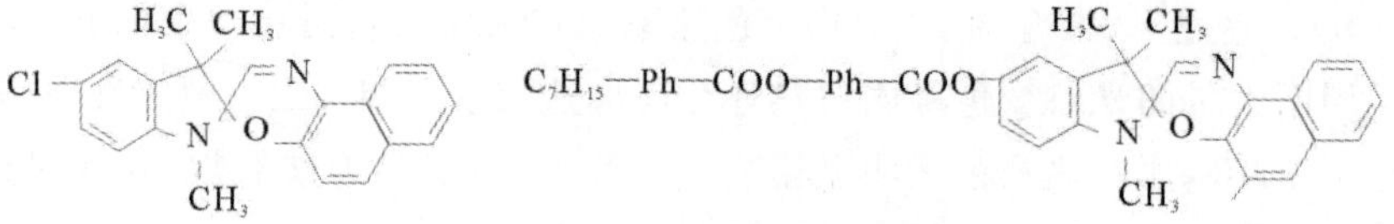

图 1-105 螺噁嗪类化合物 137,138 的结构式

Shragina 等合成了具介晶性质的螺噁嗪衍生物 138(见图 1-105)，其玻璃态介晶薄膜的消色半衰期为 470 s，而其在 THF 中为 1.5 s。

孙磊等合成了含二茂铁基的螺噁嗪衍生物 139(见图 1-106)，由于分子内三线态淬灭剂二茂铁基的引入，使螺噁嗪衍生物 12 能级明显下降，热稳定性提高。

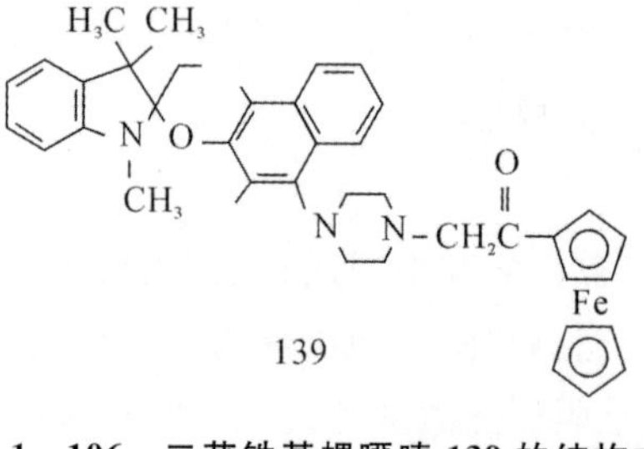

图 1-106 二茂铁基螺噁嗪 139 的结构式

应用(Langmuir-Blodgett 膜)膜技术使分子处于高度有序的环境中，也可提高螺噁嗪开环体的热稳定性。

开环体的热稳定性尚不够高，这一直以来制约着螺环类光致变色化合物实际应用于光信息存储材料领域。虽然近年来这一方面的研究非常活跃，且已有一定的进展，但目前尚未有性能完好的含螺环类光致变色化合物的光信息存储商品面市。

1.6　螺环类光致变色化合物抗疲劳性研究进展

正如 Heller 指出的，具有实用前景的光致变色化合物最重要的因素有：一是成色体必须具有足够的热稳定性；二是光致变色化合物的抗疲劳性。

1.6.1　螺环类光致变色化合物的疲劳过程

在光致变色过程中，螺环类化合物经历长期光照，会发生光降解反应，这些不可逆反应会使光致变色材料逐渐失去功能，出现光致变色疲劳现象。光致变色材料的光降解将导致产品使用寿命缩短，限制了其在工业上的应用。

Guglielmetti 等对螺噁嗪的疲劳机理进行了深入的研究，提出螺噁嗪的光降解涉及自由基过程或单线态氧过程。加入单线态淬灭剂 DABCO 或自旋捕捉剂均能明显提高螺噁嗪的抗疲劳性能。同时，通过系间窜越生成的三线态部花菁可以敏化基态三线态氧产生单线态氧。对螺噁嗪光降解机理的研究有助于设法提高其抗疲劳性能。

1.6.2　增强螺环类光致变色化合物抗疲劳性的途径

文献报道，以下几种方法有利于提高螺环类光致变色化合物的抗疲劳性。

1. 对分子结构进行修饰

将富电子杂(芳)环基团引入螺噁嗪分子侧链上，可以提高螺噁嗪的抗疲劳性。

2. 进行隔离保护

将含螺噁嗪的材料用无机物屏障与氧气隔离，可使螺噁嗪光降解的稳定性增强。

3. 混入抗氧剂、紫外线吸收剂等

在含螺噁嗪的材料中混入抗氧剂、紫外线吸收剂等添加剂后，稳定性明显增强。

侯立松等用溶胶-凝胶法将螺噁嗪引入有机改性陶瓷，其薄膜光致变色半寿期 $\tau_{0.5}$(持续紫外线照下，螺噁嗪开环体在 λ_{max} 处的吸光度减半所需的时间称为半寿期，半寿期越长，光稳定性越好)可达 5.0 h；若掺入适当添加剂，则 $\tau_{0.5}$ 可超过 50.0 h，分别比相应螺噁嗪溶液的光稳定性提高了 5 倍和 50 倍以上。

Mennig 等制备的含螺噁嗪的有机-无机纳米复合材料，涂层 $\tau_{0.5}$ 可达 18.0 h；掺入受阻胺光稳定剂(自由基清除剂 Uvasil 299)，$\tau_{0.5}$ 增至 65.0 h；若掺入紫外线吸收剂(Tinuvin 327)，$\tau_{0.5}$ 可高达 200.0 h。同时实验说明，紫外线吸收剂能比自由基清除剂提供更有效的保护。

4. 键合抗氧剂、光稳定剂等

Li 等报道了键合抗氧剂或光稳定剂的螺噁嗪衍生物 140(见图 1－107)抗疲劳性明显提高。键合了抗氧剂侧基的螺噁嗪要比相应的螺噁嗪与抗氧剂的混合物(1∶1)显示更高的抗疲劳性能,这说明与螺噁嗪相连的抗氧剂侧基在抑制光降解过程中有增效作用。

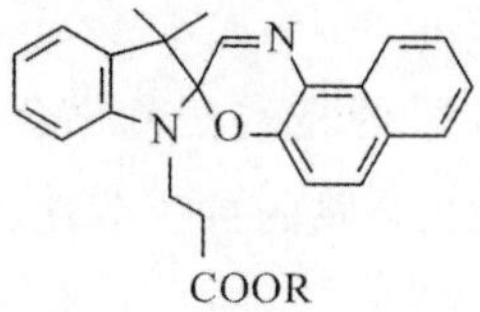

COOR
140

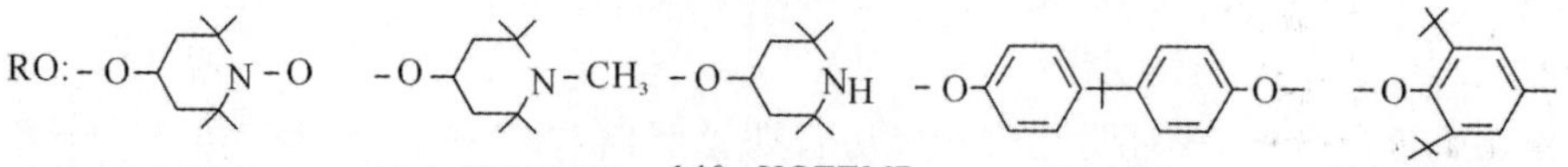

RO: 140a:HOTEMPO　140b:HOPEMP　140c:HOTEMP　140d:BPA　140e:BHT

图 1－107　键合抗氧剂侧基的螺噁嗪 140 的结构式

实际应用中,往往同时使用以上方法的多种。经过以上处理后,螺环类光致变色化合物的抗疲劳性有不同程度提高。

1.7　主要研究内容

以螺噁嗪(或螺吡喃)为光致变色功能基团,以来源广泛的天然多糖衍生物(或目前流行的石墨烯)为基质,制备共价键合型光致变色材料,对材料结构进行分析,考查材料的光致变色性能。本书的主要研究内容如下。

1. 螺噁嗪、螺吡喃的合成

(1)按照文献中常见路线合成含有羟基的螺噁嗪和含有羟基的螺吡喃,并对合成方法进行改进。如将超声波辐射合成技术应用于螺噁嗪、螺吡喃的合成过程中,以缩短反应时间、提高反应收率。

(2)将 DCC/DMAP 酯化法应用于含螺噁嗪基团(或含螺吡喃基团)的丙烯酸酯的制备,以提高酯化收率,避免使用易污染的丙烯酰氯。

(3)对部分合成步骤的反应机理进行分析,讨论反应条件对合成收率的影响,获得最佳合成条件。

2. 接枝螺噁嗪基团的天然多糖衍生物的制备与光致变色性能研究

(1)在水溶液中,以过硫酸铵为引发剂,以水溶性的羧甲基纤维素为接枝母体,以含有螺噁嗪基团的丙烯酸酯为接枝单体,通过接枝反应制备含有螺噁嗪基团的羧甲基纤维素衍生物;利用红外光谱、热重分析、紫外可见光谱、水溶性测试等手段对其结构进行表征,分析接枝共聚反应机理;考查其水溶液光致变色过程的热稳定性,并分析影响其热稳定性的因素;将其通过倾倒法制备为薄膜，考查其光致变色过程的抗疲劳性能，探讨作为光致变色涂料的可行性。

(2)在水溶液中，以过硫酸铵为引发剂，以含有螺噁嗪基团的丙烯酸酯为接枝单体，通过自由基共聚制备含有螺噁嗪基团的羧甲基甲壳素衍生物；利用红外光谱、X 射线衍射、水溶性测试、紫外-可见吸收光谱等手段对新材料结构进行表征，分析接枝共聚反应机理；研究接枝共聚物的水溶性和水溶液的光致变色性质，分析影响螺噁嗪基团光致变色过程热稳定性的因素；进一步探讨接枝共聚物在装饰防伪、光信息存储等领域应用的可能性。

(3)在有机溶剂中，以过氧化苯甲酰为引发剂，以脂溶性的硝化纤维素为接枝母体，以含有螺噁嗪基团的丙烯酸酯为接枝单体，通过接枝反应制备含有螺噁嗪基团的硝化纤维素衍生物；利用核磁共振碳谱、红外光谱等手段对其结构进行表征，分析接枝共聚反应机理；考察其丙酮溶液光致变色过程的热稳定性，并分析影响其热稳定性的因素；将其通过倾倒法、涂抹法制备为薄膜，考查其光致变色过程的抗疲劳性能，探讨作为光致变色涂料的可行性。

3. 氧化石墨烯基光致变色材料的制备与性能研究

在 N,N -二甲基甲酰胺溶液中，以过氧化苯甲酰为引发剂，引发丙烯酸乙酯、含有螺噁嗪基团(或螺吡喃基团)的丙烯酸酯与氧化石墨烯共聚，制备氧化石墨烯/丙烯酸乙酯/螺噁嗪(或螺吡喃)丙烯酸酯共聚物；利用红外光谱、紫外可见光谱等手段对共聚物结构进行表征；考察共聚物 N,N -二甲基甲酰胺溶液光致变色过程的热稳定性和抗疲劳性能，分析影响其热稳定性的因素，探讨其应用价值。

1.8　技术路线

本书的研究技术路线如图 1 - 108～图 1 - 110 所示。

(1)螺噁嗪、螺吡喃的合成。

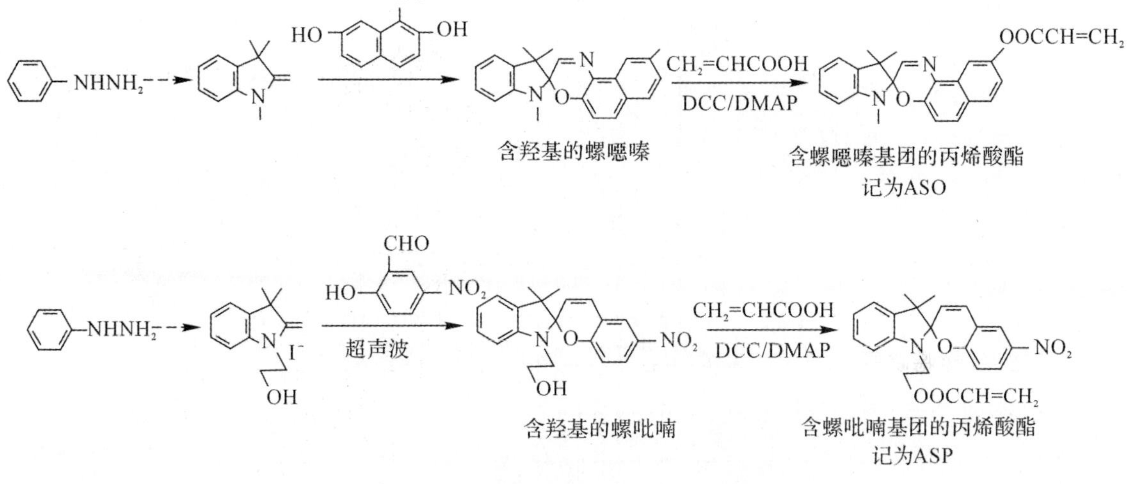

图 1 - 108　螺噁嗪、螺吡喃的合成路线图

(2)接枝螺噁嗪基团的纤维素衍生物的制备与光致变色性能研究。

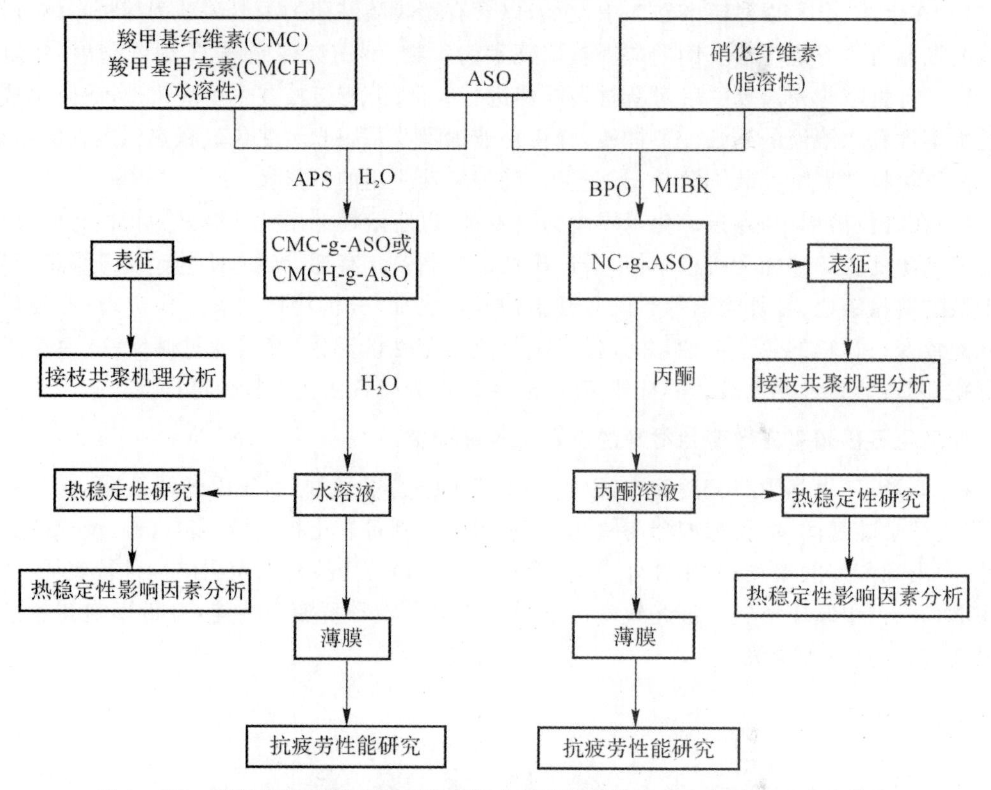

图 1-109 接枝螺噁嗪基团的纤维素衍生物的制备与光致变色性能研究路线图

(3)氧化石墨烯基光致变色材料的制备与性能研究。

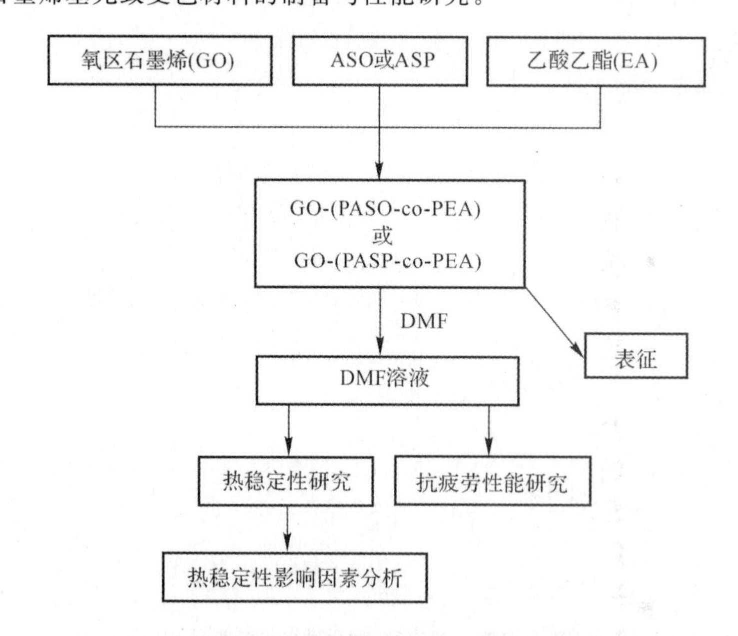

图 1-110 氧化石墨烯基光致变色材料的制备与性能研究路线图

第 2 章　螺噁嗪单体的合成

2.1　引　　言

螺噁嗪是一类抗疲劳性能比螺吡喃相对优异的光致变色化合物。小分子螺噁嗪化合物由于不便于成膜成纤而在应用中受到限制，将螺噁嗪化合物制备为高分子则可以解决这一问题，使其器件化。尽管将螺噁嗪小分子掺杂进高分子基质，也能获得具有光致变色性能的高分子材料，但是化学工作者更倾向于制备在分子水平属于均相体系的螺噁嗪光致变色材料，因为这样的光致变色材料，光致变色基团在材料中的分散更为均匀，且在长期使用过程中不会出现两相分离。一般将具有不饱和结构的螺噁嗪单体小分子进行均聚反应或者共聚反应，就可以方便地制备出在分子水平属于均相体系的含有螺噁嗪光致变色基团的功能高分子材料。

常见的具有不饱和结构的螺噁嗪单体小分子主要是含有螺噁嗪基团的(甲基)丙烯酸酯或者丙烯酰胺衍生物，其中含有螺噁嗪基团的丙烯酸酯最为常见。Wang、傅正生等分别用丙烯酰氯在三乙胺催化下对含有羟基结构的螺噁嗪进行酯化，得到了含有螺噁嗪基团的(甲基)丙烯酸酯，并将其制备为高分子材料，研究了材料的光致变色性质。

如图 2-1 所示的合成路线，本节将以苯肼Ⅰ、甲基异丙基酮为原料，合成甲基异丙基酮苯腙Ⅱ；后者与醋酸反应，酸化、成环脱氨生成 2,3,3-三甲基-3H-吲哚Ⅲ；Ⅲ与碘甲烷反应生成季铵盐Ⅳ，季铵盐Ⅳ和强碱作用，转化为季铵碱，进而按照霍夫曼规则分解为 1,3,3-三甲基-2-亚甲基吲哚啉(Fischer 碱)Ⅴ。然后在冰水浴冷却下对 2,7-二羟基萘Ⅵ进行亚硝化，合成了中间体 1-亚硝基-2,7-二羟基萘Ⅶ；接着在超声波条件下，以甲醇为溶剂，以 Fischer 碱Ⅴ和 1-亚硝基-2,7-二羟基萘Ⅶ为原料快速合成了 1,3,3-三甲基-9′-羟基螺噁嗪Ⅷ；后者进一步在 DCC/DMAP 催化体系作用下，与丙烯酸反应合成了 1,3,3-三甲基-9′-丙烯酰氧基螺噁嗪Ⅸ，即含有螺噁嗪基团的丙烯酸酯，为后续将其制备为高分子材料提供了基础。

2.2　实 验 部 分

2.2.1　仪器与试剂

1. 仪器

T200 精密天平仪器，昆山托普泰克电子有限公司；

DF-101S 型集热式恒温磁力搅拌器，郑州宝晶电子科技有限公司；

SHB－Ⅲ型循环水式真空泵，郑州长城科工贸有限公司；
EF81－500ML 砂芯过滤装置，北京中西远大科技有限公司；
DZF－6020 智能真空干燥箱，上海丙林电子科技有限公司；
X4 型显微熔点仪，温度计未经校正，北京中仪博腾科技有限公司；
Mercury－400 型核磁共振仪，TMS 为内标，美国 Varian 公司；
NEXUS－670 型 FT－IR 光谱仪，KBr 压片，美国尼高力公司；
KQ50E 型数控超声波清洗器（超声功率为 50 W），昆山市超声仪器有限公司。

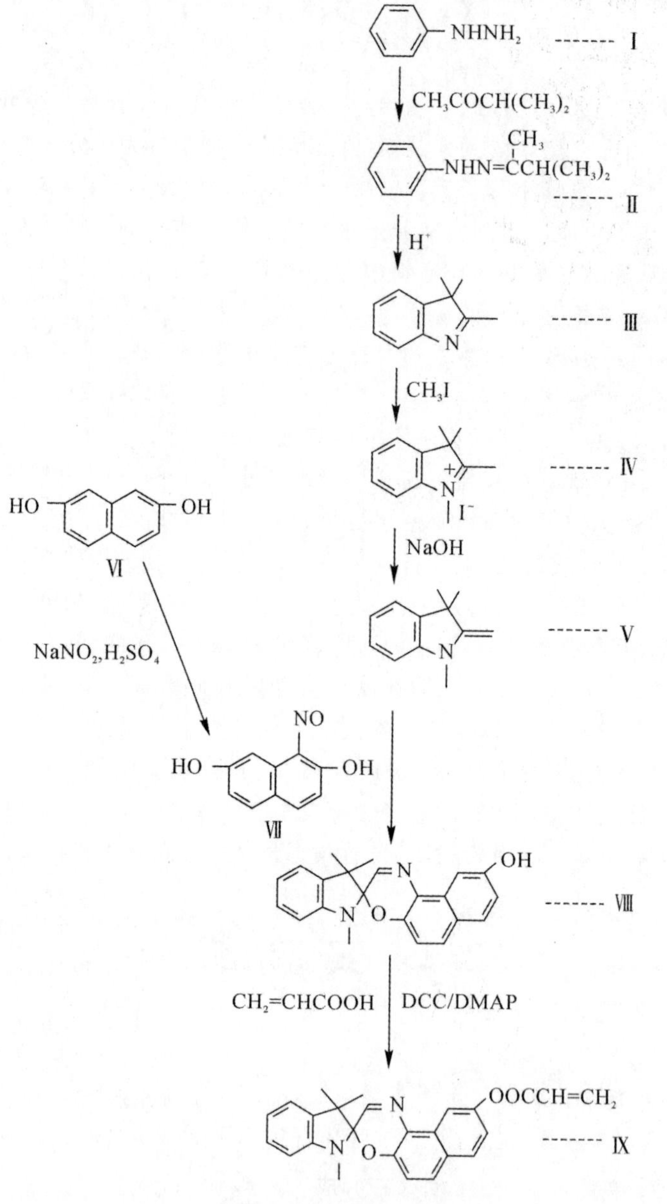

图 2－1　螺噁嗪丙烯酸酯的合成路线图

2. 试剂

苯肼:北京化工厂,分析纯,减压蒸馏收集中间馏分使用;
甲基异丙基酮:北京化工厂,化学纯;
醋酸:分析纯,国药集团化学试剂公司;
碘甲烷:分析纯,北京化工厂;
2,7-二羟基萘(1 g 装):Merck 试剂;
2,7-二羟基萘(15 g 装):分析试剂,中国徐一化学厂 Dr. T. S.(分装);
丙烯酸:分析纯,天津市化学试剂二厂;
N,N′-二环己基碳二酰亚胺:化学纯,国药集团化学试剂公司;
4-二甲氨基吡啶:化学纯,国药集团化学试剂公司;
薄层层析硅胶 G:化学纯,青岛海洋化工有限公司;
微晶纤维素:E. Merck 进口,上海化学试剂采购供应站,新华化工厂分装;
乙醇:分析纯,天津化学试剂有限公司;
丙酮:分析纯,天津化学试剂有限公司;
石油醚(60～90℃):分析纯,天津化学试剂有限公司;
盐酸:分析纯,白银化学试剂厂;
亚硝酸钠:分析纯,西安化学试剂厂;
无水碳酸钠:分析纯,上海虹光化工厂;
无水硫酸钠:分析纯,北京刘李店化工厂;
氯化钙:分析纯,天津市博迪化工有限公司;
硫酸镁:分析纯,上海三浦化工有限公司;
4A 分子筛:(钠 A 型,φ3～5 mm),球状,国药集团化学试剂公司;
硅胶:60～100 目,国药集团化学试剂公司;
硫酸:分析纯,西安化学试剂厂;
氢氧化钠:分析纯,国药集团化学试剂公司;
其余化学试剂均为国产分析纯试剂,购自国药集团化学试剂公司。

2.2.2　中间体和目标产物的合成

1. 中间体甲基异丙基酮苯腙的合成

在盛有 21.62 g(0.20 mol)新蒸的苯肼Ⅰ的圆底烧瓶中,缓慢地滴加入 17.12 g(0.20 mol)新蒸的甲基异丙基酮。一边滴加,一边充分振荡散热,溶液呈现橘黄色。接着安装冷凝管,将混合物置于回流反应装置中油浴加热回流反应 3～4 h,回流反应过程中溶液由橘黄色逐渐变为橙红色,并有水相生成。待反应结束后,冷却至室温,用分液漏斗分离弃去水相,得到粗制的甲基异丙基酮苯腙Ⅱ。产物不经过纯化直接用于下一步合成。

2. 中间体 2,3,3-三甲基-3H-吲哚的合成

在 100 mL 圆底烧瓶中,依次加入 8.5 g 粗制的甲基异丙基酮苯腙Ⅱ与 18 mL 冰醋酸,混合均匀后,在油浴上回流反应 3 h,然后减压蒸馏除去大部分醋酸。剩余混合液冷却至室温,在搅拌下，用饱和碳酸钠溶液慢慢将混合液中和至弱碱性，充分静置分层，用分液漏斗分离水相和有机相。收集有机相，水相用无水乙醚萃取，乙醚萃取液合并入有机相。将有机相用无水硫酸镁粉末干燥 12 h 后，砂心漏斗过滤弃去滤渣。滤液先常压后减压蒸馏除去大部分乙醚，然后用油泵减压蒸馏收集 122～124℃/8 mmHg 馏分，得到淡黄色油状液体 5.4 g，即中间体 2,3,3 -三甲基- 3H -吲哚Ⅲ。

3. 中间体 1,2,3,3 -四甲基吲哚碘化物的合成

在圆底烧瓶中依次加入无水乙醇 20 mL、2,3,3 -三甲基- 3H -吲哚Ⅲ 3.2 g、新蒸的碘甲烷 4.5 g，混合搅拌均匀后，油浴加热回流反应 1.0 h。将混合物冷却，过滤，用无水乙醇洗涤滤出物，干燥后得淡黄色固体 3.6 g，即 1,2,3,3 -四甲基吲哚碘化物Ⅳ粗品。粗品用无水乙醇重结晶可得白色晶体 3.1 g。

4. 中间体 1,3,3 -三甲基- 2 -亚甲基吲哚啉的合成

在 25.0 mL 20%的氢氧化钠溶液中，加入 1,2,3,3 -四甲基吲哚碘化物Ⅳ 3.1 g，快速搅拌下，加热至 40℃使 1,2,3,3 -四甲基吲哚碘化物Ⅳ全部溶解后，用无水乙醚萃取混合物三次，合并乙醚萃取液，减压蒸馏除去乙醚，剩余肉色油状液体 1.1 g，即中间体 1,3,3 -三甲基- 2 -亚甲基吲哚啉(Fischer 碱)Ⅴ。

5. 中间体 1 -亚硝基- 2,7 -二羟基萘的合成

在含有氢氧化钠 5.6 g 的 120.0 mL 水溶液中，加入 2,7 -二羟基萘Ⅵ 11.2 g，搅拌使其完全溶解(如溶解不完全，可适当加热)，然后冰水浴冷却。接着向反应物中加入 5.0 g 亚硝酸钠，搅拌使亚硝酸钠完全溶解。在强力机械搅拌下，控制在 1.5 h 内缓慢滴加 42%的稀硫酸 36.0 g，滴加完后保持冰水浴冷却，继续搅拌反应 2.0 h，然后过滤，将滤出物用蒸馏水洗涤至刚果红试纸检验呈中性。收集滤出物，置于真空干燥箱干燥，得深红棕色固体 11.2 g，即中间体 1 -亚硝基- 2,7 -二羟基萘Ⅶ。产物干燥后未经纯化直接使用。

6. 中间体 1,3,3 -三甲基- 9′-羟基螺噁嗪的合成

在盛有 100 mL 无水甲醇的 250 mL 三颈烧瓶中，依次加入 0.02 mol 1 -亚硝基- 2,7 -二羟基萘Ⅶ和 0.02 mol 1,3,3 -三甲基- 2 -亚甲基吲哚啉(Fischer 碱)Ⅴ，装上回流冷凝管，用氮气置换空气三次后，置于超声清洗器内，在 80℃水浴中超声反应一段时间。然后将混合物用活性炭脱色，趁热过滤，滤液用无水硫酸镁干燥 12 h，过滤除去滤渣，减压蒸去大部分甲醇后，将混合物用冰水混合物冷却，过滤收集析出物，用乙醇重结晶析出物，即得到中间体 1,3,3 -三甲基- 9′-羟基螺噁嗪Ⅷ。土灰色固体，熔点为 223～225℃(相关文献中为 224～225℃)。

7. 目标产物 1,3,3 -三甲基- 9′-丙烯酰氧基螺噁嗪的合成

在装有搅拌器、回流冷凝管和温度计的 100 mL 三口烧瓶中，加入 50 mL 无水溶剂，搅拌下依次加入 6.88 g(0.02 mol)1,3,3 -三甲基- 9′-羟基螺噁嗪化合物Ⅷ、1.44 g(0.02 mol)丙烯酸、4.14 g(0.02 mol)N,N′-二环己基碳二酰亚胺和少许 4 -二甲氨基吡啶，立即产生白色絮状沉淀。在避光条件下，保持一定温度，持续搅拌一定时间使反应完全，过程中用薄层色谱 TLC 监测反应程度。待反应完毕后将混合物抽滤。滤液依次用 10%碳酸钠溶液、饱和氯化钠水溶液、10%盐酸、饱和氯化钠水溶液洗涤 3 次，用无水硫酸镁干燥 12 h，砂心漏斗过滤弃去滤渣。然后在减压条件下蒸去溶剂，即得到粗产品。粗产品用乙酸乙酯进行重结晶，得到浅黄色固体，即目标产物 1,3,3-三甲基-9′-丙烯酰氧基螺噁嗪Ⅸ，熔点为 146～148℃（相关文献中为 147～149℃）。

2.2.3 中间体 1,3,3-三甲基-9′-羟基螺噁嗪的光致变色测试

将中间体 1,3,3-三甲基-9′-羟基螺噁嗪Ⅷ溶于丙酮，用毛笔蘸取上述溶液在滤纸上进行书写，置于 365 nm 紫外线下照射，观察其光致变色行为。

2.2.4 目标产物与 Zn(Ⅱ)螯合物成色体紫外-可见光谱的测定

在约为 5×10^{-4} mol/L 的目标产物 1,3,3-三甲基-9′-丙烯酰氧基螺噁嗪Ⅸ的丙酮溶液中加入少量的 $ZnCl_2$，搅拌均匀后，用紫外线（365 nm）照射 5 min 使其充分显色，迅速转移测其紫外-可见吸收光谱。整个测量在避光条件下进行。

2.3 结果与讨论

2.3.1 中间体及目标产物波谱表征

1. 中间体 1,3,3-三甲基-9′-羟基螺噁嗪Ⅷ的波谱表征

IR(KBr)υ(cm^{-1})：3324，1628，1360，1242，835，746。

^{1}HNMR($CDCl_3$，400 MHz)δ：1.34(s,6H)，2.75(s,3H)，5.58(s,1H)，6.50～7.90(m,10H)。

2. 目标产物 1,3,3-三甲基-9′-丙烯酰氧基螺噁嗪Ⅸ的波谱表征

IR(KBr) υ (cm^{-1})：1735，1622，1479，1361，1297，1238，1018，969，827，748。

^{13}CNMR(aceone-d6，400 MHz)δ：164.73，151.76，150.34，148.16，145.27，136.29，133.23，132.83，130.59，129.97，128.49，128.38，127.82，122.74，121.90，120.28，119.92，116.99，113.16，107.64，99.38，52.16，29.63，25.29，20.52。

^{1}HNMR ($CDCl_3$，400 MHz) δ：1.34 (s,6H)，2.74 (s,3H)，6.03(d,1H)，6.37 (dd,1H)，6.56 (d,1H)，6.64 (d,1H)，6.89 (t,1H)，6.98 (d,1H)，7.07 (d,1H)，7.16 (t,1H)，7.21 (dd,1H)，7.64 (d,1H)，7.70 (s,1H)，7.76 (d,1H)，8.28(d,1H)。

在目标产物 1,3,3-三甲基-9′-丙烯酰氧基螺噁嗪Ⅸ（环编号顺序如图 2-2 所示）的^{1}HNMR 谱图中，1 位上甲基化学位移在 2.75 左右，以单峰出现。3 位上的两个甲基化学位移在 1.3～1.4 之间，呈现两个靠得很近的单峰，有的重叠为一个单峰。Ⅲ中的两个端烯氢 Ha，Hb 分别呈现双峰，另一烯氢 Hc 为四重峰。芳环上的氢化学位移在 6.5～8.3 之间。除三个甲基外，其他氢的化学位移以及部分偶合常数如下：

^{1}HNMR(CD_3Cl)δ：7.07(d，H^4，$J_{4,5}=7.6$ Hz)，6.89(t，H^5，$J_{5,6}=8.0$ Hz，$J_{5,4}=$

7.6 Hz),7.16(t,H^6,$J_{6,7}$=7.6 Hz,$J_{6,5}$=8.0 Hz),6.56(d,H^7,$J_{7,6}$=7.6 Hz),7.70(s,$H^{2'}$),6.98(d,$H^{5'}$,$J_{5',6'}$=9.2 Hz),7.64(d,$H^{6'}$,$J_{6',5'}$=9.2 Hz),7.76(d,$H^{7'}$,$J_{7',8'}$=8.8 Hz),7.21(dd,$H^{8'}$,$J_{8',7'}$=8.8 Hz,$J_{8',10'}$=2.0 Hz),8.28(d,$H^{10'}$,$J_{10',8'}$=2.0 Hz),6.64(d,Ha,$J_{a,c}$=17.2 Hz),6.03(d,Hb,$J_{b,c}$=10.4 Hz),6.37(dd,Hc,$J_{c,a}$=17.2 Hz,$J_{c,b}$=10.4 Hz)。

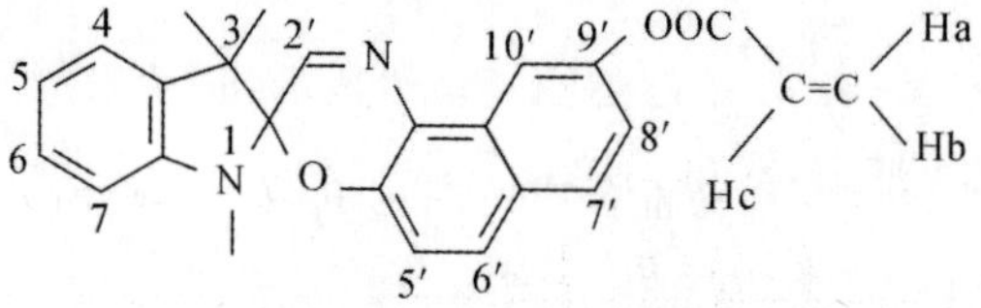

图 2-2 螺噁嗪化合物Ⅸ的环编号顺序

2.3.2 中间体和目标产物的合成过程

1. 中间体 2,3,3-三甲基-3H-吲哚的费歇尔法合成

在螺噁嗪类化合物的合成中,2,3,3-三甲基-3H-吲哚Ⅲ的合成是非常关键的一步,文献中大都采用费歇尔合成法。费歇尔合成法是,将苯肼Ⅰ与甲基异丙基酮油浴回流、分离得到甲基异丙基酮苯腙Ⅱ;然后再加入冰醋酸回流,蒸除溶剂,用碱中和,乙醚萃取,蒸除乙醚,减压蒸馏,收集馏分得到中间体 2,3,3-三甲基-3H-吲哚Ⅲ。甲基异丙基酮苯腙Ⅱ酸化、成环脱氨的反应机理如图 2-3 所示。

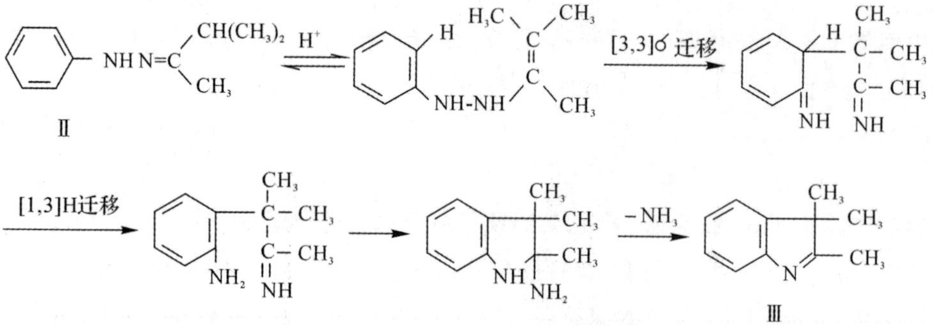

图 2-3 费歇尔吲哚合成法反应机理

费歇尔合成法的缺点在于其必须以毒性大、稳定性差、制备条件苛刻的苯肼Ⅰ为原料,且苯肼合成困难。如何能够简化反应操作步骤,减少与苯肼等药品的接触,一直是科研人员尽力想解决的问题。也有学者提出了新的合成路线,能够避免以毒性大的苯肼为原料,且反应总收率有所提高。例如,南志祥等提出采用 Mbhlau-Bishler 反应来合成中间体 2,3,3-三甲基-3H-吲哚Ⅲ。其在非极性溶剂四氯化碳中,实现了甲基异丙基酮的选择性溴化,得到了 3-溴-3-甲基-2-丁酮,后者与苯胺反应制得 2,3,3-三甲基-3H-吲哚Ⅲ,如图 2-4 所示,从而避开了使用苯肼衍生物。

然而,由于原料价格等因素,Mbhlau-Bishler 反应制备 2,3,3-三甲基-3H-吲哚Ⅲ在文献中报道较少,目前制备中间体Ⅲ仍然以费歇尔合成法为主,如图 2-4 所示。

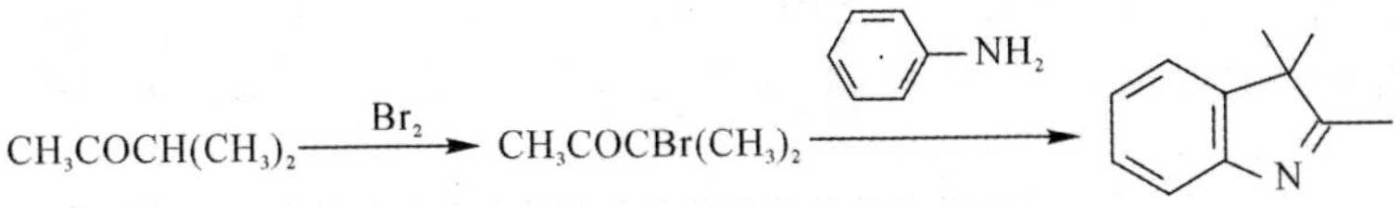

$$CH_3COCH(CH_3)_2 \xrightarrow{Br_2} CH_3COCBr(CH_3)_2 \xrightarrow{C_6H_5NH_2}$$

图 2－4　Mbhlau－Bishler 反应制备吲哚

2. 中间体 2,3,3－三甲基－3H－吲哚的合成改进及分离

笔者对 2,3,3－三甲基－3H－吲哚Ⅲ合成的简化也做了一些研究。借鉴相关文献，笔者将三种原料（苯肼Ⅰ、甲基异丙基酮、浓硫酸）和适当溶剂“一锅煮”，显著地简化了操作步骤，并且以较高收率制备了 2,3,3－三甲基－3H－吲哚Ⅲ。

简化后“一锅煮”的实验步骤如下：将 17.12 g 甲基异丙基酮慢慢加入 26.12 g 苯肼Ⅰ中，边加边摇晃促进散热；然后加入 50 mL 无水乙醇作溶剂，慢慢滴加入 12 mL 浓硫酸，控制在半小时内滴加完后，置于油浴上加热至回流状态下反应 3 h，可以发现反应过程中混合物由黄色变为橙红色；待反应完成后将反应混合物用氢氧化钠溶液中和至弱碱性，此时溶液出现分层现象（上层橘黄色、下层无色）；用无水乙醚萃取反应混合物三次，弃去水相，合并有机相；将有机相用硫酸镁干燥 12 h 后，过滤弃去滤渣，收集醚层；先在常压下蒸去大部分乙醚，然后用油泵减压蒸馏，收集 122～124℃/8 mmHg 馏分，得到淡黄色油状液体，产率 65%。

对于用醋酸酸化甲基异丙基酮苯腙Ⅱ来合成 2,3,3－三甲基－3H－吲哚Ⅲ的实验操作，因为大部分未反应的醋酸已经通过减压蒸馏方式蒸除，所以可以用饱和碳酸钠溶液中和混合物至弱碱性。但是苯肼Ⅰ、甲基异丙基酮、浓硫酸及适当溶剂“一锅煮”法合成 2,3,3－三甲基－3H－吲哚Ⅲ的操作中，过量的硫酸则需要用碱性更强的氢氧化钠溶液中和至弱碱性才行，否则中和过程带来大量的水相，将会导致 2,3,3－三甲基－3H－吲哚Ⅲ溶于水相而有所损失。

2,3,3－三甲基－3H－吲哚Ⅲ是一种沸点较高的化合物，文献中一般采用油泵减压蒸馏，收集 122～124℃/8mmHg 馏分分离，方法简单。除此之外，也有研究者采用硅胶柱层析洗脱分离。

3. 中间体 1,2,3,3－四甲基吲哚碘化物的合成与纯化

2,3,3－三甲基－3H－吲哚Ⅲ与碘甲烷在乙醇溶剂中回流反应，生成中间体 1,2,3,3－四甲基吲哚碘化物Ⅳ。由于中间体 1,2,3,3－四甲基吲哚碘化物Ⅳ是一种季铵盐，易溶于水而难溶于乙醇，因此会从溶剂乙醇中析出。回流反应结束后蒸出部分乙醇会提高季铵盐 1,2,3,3－四甲基吲哚碘化物Ⅳ的产量，也可以蒸干全部液体得到浅粉色固体，然后把浅粉色固体用无水乙醇洗涤数次，从而得到无色晶体Ⅳ。无色晶体 1,2,3,3－四甲基吲哚碘化物Ⅳ放置长时间见光会分解，显示出浅黄色，可以通过再次重结晶将其精制为无色晶体。

碘甲烷价格昂贵，常温下一氯甲烷和一溴甲烷均为气体，在实验室用作反应原料非常不方便。到目前为止，文献报道均以碘甲烷作原料来合成。碘甲烷为无色液体，需要避光保存，长时间放置见光会分解生成单质碘而显示出浅黄色。如果影响使用，用前可以通过重蒸将其提纯为无色液体。

4. 中间体 1,3,3－三甲基－2－亚甲基吲哚啉的合成与防氧化

中间体 1,2,3,3－四甲基吲哚碘化物Ⅳ是一种季铵盐，其与碱溶液（20%的氢氧化钠溶液）反应，生成 1,2,3,3－四甲基吲哚氢氧化物。后者是一种季铵碱，受热会按照霍夫曼规则进行分解，从而得到烯烃类化合物，也就是中间体1,3,3-三甲基-2-亚甲基吲哚啉（即Fischer碱）Ⅴ。季铵盐与季铵碱之间的转化属于可逆反应，季铵碱的热分解促进了季铵盐向季铵碱的转化。

Fischer碱中间体，即1,3,3-三甲基-2-亚甲基吲哚啉Ⅴ，为肉色油状液体，有时会凝固为半固体，极易被氧化而呈现出粉红色，最好马上溶解于下步反应的溶剂，密封保存且及时使用。

5. 中间体1-亚硝基-2,7-二羟基萘的合成

由于亚硝化的反应试剂亚硝酸很不稳定，受热易分解，故亚硝化反应中一般以亚硝酸钠为反应试剂，在强酸性水溶液中0℃左右（冰水混合物中）进行反应。在反应过程中，如果温度稍高，亚硝酸钠与酸反应生成的亚硝酸来不及参加反应就会发生分解，因此需要采取措施严格控制亚硝化反应温度，如冰水浴冷却、放慢硫酸滴加速度等，以便于及时消除稀释热。

刚合成的1-亚硝基-2,7-二羟基萘Ⅶ为浅黄色泥状物，将其置于真空干燥箱干燥数天后会变成深红棕色固体。在显微熔点仪上测试该深红棕色固体的熔点，发现尚未熔化就已经开始变黑，导致无法观察。

6. 超声合成1,3,3-三甲基-9′-羟基螺噁嗪的反应条件

1,3,3-三甲基-9′-羟基螺噁嗪化合物Ⅷ，因为分子结构中含有活性反应基团羟基，容易通过酯化反应进行修饰，是一个被广泛研究的螺噁嗪类化合物。以其合成为例，关键步骤是螺环结构的形成，最常用的合成方法是在极性溶剂（无水乙醇、甲苯等）中，用1-亚硝基-2,7-二羟基萘Ⅶ和1,3,3-三甲基-2-亚甲基吲哚啉（Fischer碱）Ⅴ为原料进行长时间（数小时）回流缩合。典型情况下，这类缩合反应的产率只有30%～50%。

缩短螺噁嗪化合物的合成时间、提高合成效率是一个值得研究的课题。近年来，超声波辅助合成技术在精细有机合成中的应用已经比较广泛，超声波对各种类型的反应几乎都有不同程度的促进作用。通过超声波辅助合成螺噁嗪类光致变色化合物能够加速反应过程，提高合成效率。

以无水甲醇为溶剂，固定1-亚硝基-2,7-二羟基萘Ⅶ、Fisher碱Ⅴ的物质的量之比为1∶1，探讨超声辐射时间对目标产物合成产率的影响，结果见表2-1。可以看出：在一定时间范围内，随着超声辐射时间的延长，产率在逐渐提高；但是当超声辐射时间超过20 min后，产率的提高已经不明显。与常用的加热回流缩合（5 h）相比，超声辐射可明显缩短反应时间，提高合成效率。同时，当超声辐射时间为20 min时，产率可达52.3%，也比常用的加热回流缩合反应产率（31%）要高。

表2-1　超声辐射时间对合成产率的影响

时间/min	产率/(%)
5	28.7
10	39.4
15	51.6
20	52.3

7. 影响 DCC/DMAP 法合成含螺噁嗪基团的丙烯酸酯的因素

酚羟基的酯化反应活性很低，不能用丙烯酸直接进行酯化。酚羟基的酯化一般需要先将丙烯酸制备为丙烯酰氯，以提高其酯化反应活性。虽然丙烯酰氯的酯化活性很强，但是丙烯酰氯需要制备且制备过程会产生对设备有腐蚀的 SO_2 等气体。近年来，DCC/DMAP 酯化法因其产率高、后处理简便备受关注。DCC（即 N，N′-二环己基碳二酰亚胺）是一种脱水剂，DMAP（即 4-二甲氨基吡啶）是一种酯化催化剂。DCC/DMAP 酯化法在精细有机合成中已经被广泛应用。

(1)溶剂对酯化产率的影响

二氯甲烷、乙醚、甲苯、石油醚等都是文献中常见的 DCC/DMAP 酯化反应溶剂。保持原料 1,3,3-三甲基-9′-羟基螺噁嗪Ⅷ与丙烯酸物质的量比为 1∶1，脱水剂 DCC 和原料Ⅷ物质的量比为 1∶1，催化剂 DMAP 用量为原料Ⅷ的 5%（物质的量比），室温反应 3.0 h，探讨不同溶剂对反应产率的影响，实验结果见表 2-2。

可以看出，用无水乙醚作 1,3,3-三甲基-9′-羟基螺噁嗪Ⅷ与丙烯酸 DCC/DMAP 酯化反应的溶剂最好，这可能是因为乙醚和水相分层清晰。

表 2-2　溶剂对反应产率的影响

溶　剂	产率/(%)
二氯甲烷	43.8
乙醚	57.1
甲苯	37.6
石油醚	48.5

(2)反应时间对转化率的影响

以乙醚为溶剂，在室温下，保持原料 1,3,3-三甲基-9′-羟基螺噁嗪Ⅷ与丙烯酸物质的量比为 1∶1，脱水剂 DCC 和原料Ⅷ物质的量比为 1∶1，催化剂 DMAP 用量为原料Ⅷ的 5%（物质的量比），通过 TLC 监测（$V_{石油醚}∶V_{丙酮}=4∶1$）不同时间的转化率。实验研究表明：随着酯化反应时间的延长，反应物转化率提高。但反应 3.0 h 后，反应物 1,3,3-三甲基-9′-羟基螺噁嗪Ⅷ消失，此时产率为 57.1%。再延长酯化反应时间产率几乎不再变化，故选定酯化反应时间为 3.0 h 为宜。

(3)反应温度对酯化产率的影响

以乙醚为溶剂，保持原料 1,3,3-三甲基-9′-羟基螺噁嗪Ⅷ与丙烯酸物质的量比为 1∶1，脱水剂 DCC 和原料Ⅷ物质的量比为 1∶1，催化剂 DMAP 用量为原料Ⅷ的 5%（物质的量比），保持反应时间为 3.0 h。将在冰水混合浴、室温（20℃）及乙醚回流状态（33℃）三种反应温度下的酯化反应收率见表 2-3。

表 2-3　反应温度对酯化产率的影响

温度/℃	产率/(%)
0	56.8
20	57.1
33	57.2

可以看出，以沸点较低的乙醚为酯化反应溶剂，保持相对足够的反应时间，酯化反应产率随反应温度变化不大。选择在室温下进行反应，酯化产率较高，且节约能源。

(4)催化剂用量对转化率的影响

以乙醚为溶剂，保持原料1,3,3-三甲基-9′-羟基螺噁嗪Ⅷ与丙烯酸物质的量比为1∶1，在室温下保持反应时间为3.0 h，探讨脱水剂DCC、催化剂DMAP用量对酯化反应产率的影响。实验研究表明，当脱水剂DCC和原料Ⅷ物质的量比为1∶1，催化剂DMAP用量为原料Ⅷ的5%(物质的量比)时，酯化反应收率最高。

2.3.3 中间体1,3,3-三甲基-9′-羟基螺噁嗪的光致变色

通常情况下，吲哚啉螺萘并噁嗪类光致变色化合物的稳定形式是无色的闭环体，螺碳原子将吲哚啉螺萘并噁嗪结构分为两个近乎垂直的吲哚啉环和萘并噁嗪环，两环不共轭，在可见光区无吸收；当用紫外线照射时，螺碳原子与氧原子之间的单键断裂，分子由闭环体变为开环的平面部花菁结构，形成一个大的共轭体系，在可见光区出现吸收；去除掉紫外线后，开环体又很快消色为闭环体。中间体1,3,3-三甲基-9′-羟基螺噁嗪Ⅷ的丙酮溶液用波长为365 nm的紫外线照射很快显示出蓝色，撤去紫外线后溶液又迅速褪为无色。

用毛笔蘸取中间体1,3,3-三甲基-9′-羟基螺噁嗪Ⅷ的丙酮溶液在滤纸上书写，用365 nm的紫外线照射滤纸，变色效果如图2-5所示。左边为紫外线照射前的滤纸，右边为紫外线照射5 s后的滤纸。可以看出，经过紫外线照射后的滤纸所显示出的颜色变化已经完全可以满足人眼辨别的要求。将滤纸从紫外线下移至暗处后，滤纸上所显示蓝色逐渐变淡消失，约1.5 min后完全褪为无色，已辨别不出上面所书写的字迹，这是中间体1,3,3-三甲基-9′-羟基螺噁嗪Ⅷ经历了一个开环—闭环的光致变色过程。

图2-5 螺噁嗪Ⅷ在滤纸上的光致变色行为

2.3.4 目标产物与Zn(Ⅱ)螯合物成色体的紫外-可见光谱

将少量1,3,3-三甲基-9′-丙烯酰氧基螺噁嗪Ⅸ溶解于丙酮中，滴于滤纸上，用450 W中压汞灯照射数分钟后均显示蓝色，将显色滤纸于暗处放置后又褪色，加热可使褪色速率明显加快。

Ⅸ的丙酮溶液用紫外线充分照射显色，撤去紫外线后褪色极快。室温下，其紫外-可见光谱通常无法测得。当与某些金属离子螯合后，其开环体热消色会延迟，热稳定性会明显提高。室温下，测得的Ⅸ与Zn(Ⅱ)螯合物成色体的紫外-可见吸收光谱如图2-6所示。其可见光区

最大吸收出现在波长为 610 nm 处，并在 580 nm 处出现一肩峰，整个峰形较宽。随着静置时间的不断延长，成色体逐渐关环消色为闭环体，吸收强度逐渐减小。事实证明：Zn(Ⅱ)螯合可使其成色体热稳定性显著提高，关环速率明显减小。

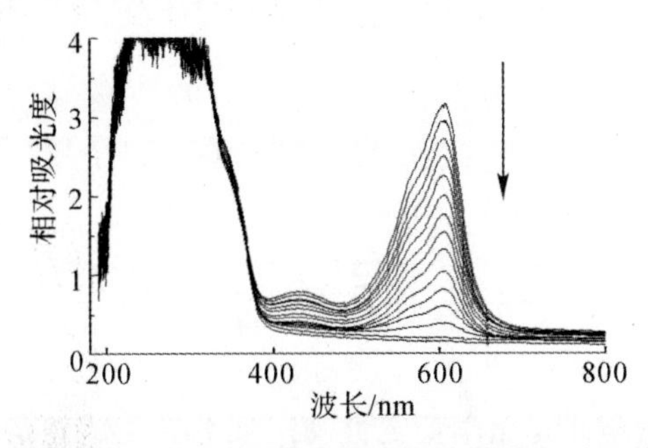

图 2-6　螺噁嗪Ⅸ与 Zn(Ⅱ)螯合物成色体热消色过程的吸收光谱

2.4　小　　结

(1)探索螺噁嗪类光致变色化合物合成效率提高的方法，以无水乙醇为溶剂，以 1-亚硝基-2,7-二羟基萘和 1,3,3-三甲基-2-亚甲基吲哚啉(Fischer 碱)为原料，在超声波辐射条件下合成了光致变色化合物 1,3,3-三甲基-9′-羟基螺噁嗪，讨论了超声辐射时间对反应产率的影响。超声辐射合成螺噁嗪类化合物可以大大节约反应时间，反应产率也略有上升，显著地提高了螺噁嗪类化合物的合成效率。

(2)DCC/DMAP 催化体系能直接催化丙烯酸酸和 1,3,3-三甲基-9′-羟基螺噁嗪之间的酯化反应。其中，脱水剂 DCC 在吸收酯化反应生成的水分子后生成不溶于反应介质中的白色沉淀 N,N′-二环己基脲，后者通过简单过滤即可除去，处理容易。通过 DCC/DMAP 催化体系催化 1,3,3-三甲基-9′-羟基螺噁嗪与丙烯酸合成 1,3,3-三甲基-9′-丙烯酰氧基螺噁嗪，其最佳反应条件为：以无水乙醚为溶剂，原料 1,3,3-三甲基-9′-羟基螺噁嗪、原料丙烯酸、脱水剂 DMAP、催化剂 DCC 四者之间的物质的量比为 1∶1∶1∶0.05，在室温下反应 3.0 h，酯化反应产率 57.1%，高于文献报道的丙烯酰氯法。

(3)对中间体 1,3,3-三甲基-9′-羟基螺噁嗪和目标产物 1,3,3-三甲基-9′-丙烯酰氧基螺噁嗪的光致变色行为进行了表征，研究了在 Zn(Ⅱ)螯合情况下，1,3,3-三甲基-9′-丙烯酰氧基螺噁嗪的紫外-可见吸收光谱，结果证明 Zn(Ⅱ)螯合可以明显提高其开环体的热稳定性。

第3章　接枝螺噁嗪的羧甲基纤维素

3.1 引　　言

螺噁嗪类化合物以其优异的光化学稳定性和抗疲劳性能成为最有希望进入实用的光盘染料之一。然而，螺噁嗪开环体热稳定性差和其光致变色过程抗疲劳性能不足一直是制约其商品化的主要因素。一般来说，将螺噁嗪类化合物引入高分子介质，由于介质材料的空间位阻，其光致变色反应会有禁阻，开环体热稳定性会显著提高。而且，高分子材料使其更有利于制造器件。

天然多糖，如纤维素、淀粉、壳聚糖等，具有来源广泛、价格低廉、环境降解彻底的特点，是自然界最丰富的可再生资源。如果将光致变色基团以接枝共聚方式引入天然多糖，实现良好光致变色性能（如螺噁嗪化合物）和优异材料性能（如天然多糖）的统一，则非常具有研究价值。

自然界中存量最大的天然多糖即为纤维素，它不仅来源丰富、成本低廉，而且无毒，可彻底降解，极具利用价值。其缺点是纤维素不溶于一般溶剂，针对纤维素的接枝共聚大部分只能在非均相条件下发生。这是因为天然纤维素分子内和分子间存在大量的氢键，同时纤维素具有复杂的形态结构和聚集态结构以及较高的结晶度。在通常反应条件下，对于分布在高结晶度纤维素分子中的羟基，小分子化学试剂只能抵达其中的10%～15%；大部分的羟基则无法与小分子化学试剂接触，这就造成纤维素反应性能低。进行预处理可以提高纤维素的溶解性和反应活性。

羧甲基纤维素（CMC）是纤维素羧甲基化反应生成的醚类衍生物，常见的CMC白色粉末无臭、无味、无毒，具有水溶性好、反应活性和环境友好的特点，易成膜，可以通过接枝共聚反应来改性修饰。黄丽婕、唐清华、鲍莉、石亮、徐继红、王丹等人分别研究了羧甲基纤维素接枝不同乙烯基单体（丙烯酸、丙烯酰胺、2-丙烯酰胺基-2-甲基丙磺酸、甲基丙烯酰氧乙基三甲基氯化铵等）制备高吸水树脂。韩福芹等人利用过硫酸钾引发羧甲基纤维素和甲基丙烯酸甲酯在水介质中接枝共聚，合成了稻壳-水泥复合材料的植物纤维表面处理剂羧甲基纤维素接枝甲基丙烯酸甲酯。张黎明等以$KMnO_4/H_2SO_4$引发自由基溶液聚合法制备了羧甲基纤维素与丙烯酰胺/二甲基二烯丙基氯化铵的两性接枝共聚物，探讨了共聚物作为聚合物钻井液处理剂抑制黏土水化膨胀性能、配浆性能（增黏性、耐盐性和复配性）以及可生物降解性能，着重研究了接枝共聚物分子结构对其性能的影响，同时探索了接枝共聚物控制黏土水化与提高低固相泥浆黏度的作用机理。

另外，绝大部分螺噁嗪类化合物易溶于有机溶剂而不溶于水，这限制了其在某些特定场合的应用，因此有必要合成水溶性的螺噁嗪类化合物以扩展其应用领域。一般可以通过在螺噁嗪结构上引入亲水性基团或者将螺噁嗪光致变色基团引入水溶性大分子来制备水溶性的螺噁嗪衍生物，而羧甲基纤维素本身就是一种具有良好水溶性的天然高分子初级衍生物。

本节将利用接枝共聚反应，制得含有光致变色螺噁嗪基团的羧甲基纤维素水溶性衍生物，并考查其光致变色过程的热稳定性和抗疲劳性能。

3.2 实验部分

3.2.1 仪器与试剂

1. 仪器

T200 精密天平仪器，昆山托普泰克电子有限公司；

DF-101S 型集热式恒温磁力搅拌器，郑州宝晶电子科技有限公司；

SHB-Ⅲ型循环水式真空泵，郑州长城科工贸有限公司；

DZF-6020 智能真空干燥箱，上海丙林电子科技有限公司；

NEXUS-670 型 FT-IR 光谱仪，KBr 压片，美国尼高力公司；

SDT Q600 同步热分析仪，美国 TA 仪器公司；

Agilent-8453 型紫外-可见吸收光谱仪，美国安捷伦公司；

ZF7c 型三用紫外分析仪，波长为 365 nm，上海康华生化仪器厂。

2. 原料与试剂

羧甲基纤维素(CMC)：300～800 MPa，化学纯，成都科龙化学试剂公司；

过硫酸铵(APS)：分析纯，天津市化学试剂六厂三分厂；

螺噁嗪单体(ASO)：1,3,3-三甲基-9′-丙烯酰氧基螺噁嗪，按本书第2章所述路线合成；

丙酮：分析纯，购自国药集团西安化玻采供站。

去离子水为自制。

3.2.2 接枝螺噁嗪的羧甲基纤维素衍生物合成

将 1.0 g 羧甲基纤维素 CMC 溶于 50.0 mL 去离子水中，搅拌溶解后，加入螺噁嗪单体 1.20 g(3.0 mmol)，通氮气保护，高速电磁搅拌 3.0 h 以使悬浮液充分混合后，加热至 70℃，加入过硫酸铵 68.5 mg(0.30 mmol)，保持 70℃恒温反应 3.0 h 后，用冰水浴冷却。将冷却后的混合物倾入大量丙酮，用布氏漏斗过滤，收集滤出物。将滤出物以丙酮为萃取剂在索氏提取器中抽提 12.0 h，过程中间隔 1.0 h 取少量抽提液滴于滤纸上，用紫外线照射滤纸，滤纸不变蓝时认为螺噁嗪均聚物已完全萃取除去。再继续抽提 0.5 h 后，于 60℃真空干燥至质量恒定，得白色蜡状固体 1.257 g，即接枝螺噁嗪基团的羧甲基纤维素衍生物 CMC-g-ASO。

按照下式计算出接枝螺噁嗪基团的羧甲基纤维素衍生物 CMC-g-ASO 的接枝率 G(%)为 25.7%。

$$G=(W_1-W_0)/W_0\times 100\%$$

式中，W_0，W_1 分别为 CMC，CMC－g－ASO 的质量。

通过改变反应条件可以制得不同接枝率的 CMC－g－ASO。本实验产物结构表征和光致变色性能测试均使用的是接枝率为 25.7%的 CMC－g－ASO 样品。

3.2.3 光致变色膜的制备

整个操作在避光条件下进行，实验温度为室温。将 0.2 g 接枝螺噁嗪基团的羧甲基纤维素衍生物 CMC－g－ASO 溶解于 20 mL 去离子水中，充分搅拌溶解，将溶解后的混合物倾倒在水平放置的干净玻璃片上(不加任何助剂)。风干后形成一层透明、均匀的薄膜，标记为 M。

3.2.4 接枝螺噁嗪的羧甲基纤维素衍生物结构表征

1. 红外光谱表征

将羧甲基纤维素 CMC、接枝共聚物 CMC－g－ASO 研磨成粉末。用 NEXUS－670 型 FT－IR光谱仪(美国 NICOLET 公司)测定红外光谱，KBr 压片。

2. 紫外-可见吸收光谱表征

将 0.1 g 羧甲基纤维素 CMC 和 0.1 g 接枝共聚物 CMC－g－ASO 分别溶解于 20 mL 去离子水中，充分搅拌溶解；使用 Agilent－8453 型紫外-可见吸收光谱仪测试其紫外-可见吸收光谱，整个测量在避光条件进行。

3. 热重分析

将羧甲基纤维素 CMC、接枝共聚物 CMC－g－ASO 研磨成粉末。热重分析采用 SDT Q600 同步热分析仪，样品质量分别为 10 mg 左右，升温速率为 10℃ · min^{-1}，从 25℃加热至 500℃，以流量 100 mL · min^{-1}的高纯氮为热解载气。

3.2.5 接枝螺噁嗪的羧甲基纤维素衍生物性能测试

1. 水溶性测试

实验温度为室温，去离子水用量为 10.00 mL。将接枝率 G 为 25.7%的共聚物 CMC－g－ASO 研磨至 100 目作为待测样品，样品用量 0.100 g，搅拌时间 2 h，测试样品在去离子水中的溶解性。溶解后，按每次 0.050 g 逐量添加至不溶。

2. 光致变色过程热稳定性测试

室温下，将 0.2 g 接枝共聚物 CMC－g－ASO 溶于去离子水中，定容为 20 mL，用紫外线(365 nm)照射溶液 180 s 以使溶液充分显色作为测试样品，测试接枝共聚物 CMC－g－ASO 在光致变色消色过程的紫外-可见光吸收光谱变化情况。整个测量在避光条件进行。

3. 抗疲劳性测试

测试在室温条件下进行。用 365 nm 的紫外线持续照射上述 M 薄膜 180 s 以使其充分显色作为测试样品，测试其在最大吸收波长处的吸光度。然后将其移入黑暗中静置 12 h，待薄膜充分褪色后；再采用紫外线照射 180 s 使其显色，第二次测试其在最大吸收波长处的吸光度。如此循环往复检测 10 次，研究薄膜 M 光致变色过程抗疲劳性。

3.3　结果与讨论

3.3.1 接枝螺噁嗪的羧甲基纤维素衍生物结构分析

1. 红外光谱分析

羧甲基纤维素 CMC 和产物 CMC－g－ASO 的傅里叶变换红外光谱如图 3－1 所示。羧甲基纤维素 CMC 的红外光谱中 1 603 cm^{-1} 处的强吸收峰是羧酸盐中 O—C—O 的共轭伸缩振动，说明 CMC 在碱性条件下是以钠盐形式(即羧甲基纤维素钠)存在的，钠盐具有良好的水溶性。3 437 cm^{-1} 处的强吸收带是—OH 基团伸缩振动；1 423 cm^{-1} 和 1 306 cm^{-1} 处的强吸收峰分别是—CH_2 和—OH 的弯曲振动；1 140 cm^{-1}，1 063 cm^{-1}，1 024 cm^{-1} 处的强吸收峰是 C—O—C 伸缩振动，是纤维素醚环状结构的特征吸收带。

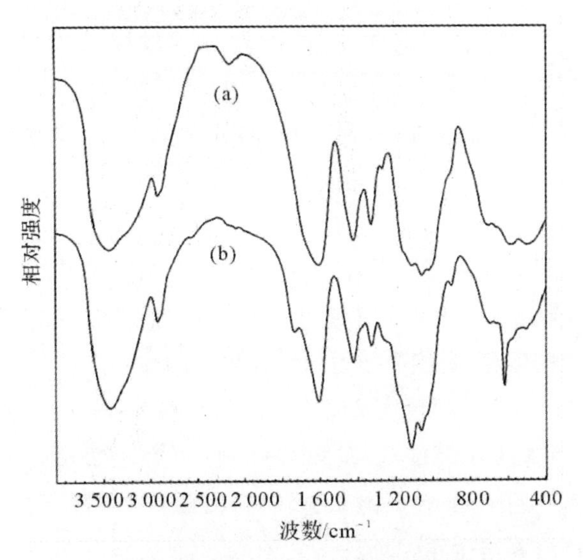

图 3－1　羧甲基纤维素(a)和共聚物(b)的红外光谱

在 CMC－g－ASO 的红外光谱中，原料羧甲基纤维素 CMC 的一些特征谱带全部保留，波数稍有移动；在波数 1 730 cm^{-1} 处出现明显的羰基伸缩振动吸收峰(在均聚物 PASO 的红外光谱中，羰基伸缩振动吸收峰位于 1 738 cm^{-1})。由于已经以丙酮为溶剂对 CMC－g－ASO 中可能存在的均聚物 PASO 进行充分抽提，并且通过检验抽提液已不具有光致变色性能，证实产物中已不含有均聚物 PASO，这说明了 CMC－g－ASO 的确是通过共价键接枝螺噁嗪基团的羧甲基纤维素衍生物。

2. 紫外线谱分析

羧甲基纤维素 CMC 和接枝螺噁嗪基团的羧甲基纤维素衍生物 CMC－g－ASO 的紫外-可见光谱如图 3－2 所示。羧甲基纤维素 CMC 在 215 nm 以下有很强的吸收，这归属于其分子中—COO^- 的 C ═O 发生 n－π^* 跃迁所致；而 CMC－g－ASO 在 215～380 nm 也出现吸收带。CHU 的研究表明：螺噁嗪 1 闭环体的紫外吸收出现在 190～380 nm 附近。由于羧甲基纤维素 CMC 和螺噁嗪基团的部分吸收重合，因此 215 nm 以下的吸光度增大，这也说明 CMC－g－ASO 是接枝有螺噁嗪基团的羧甲基纤维素衍生物。

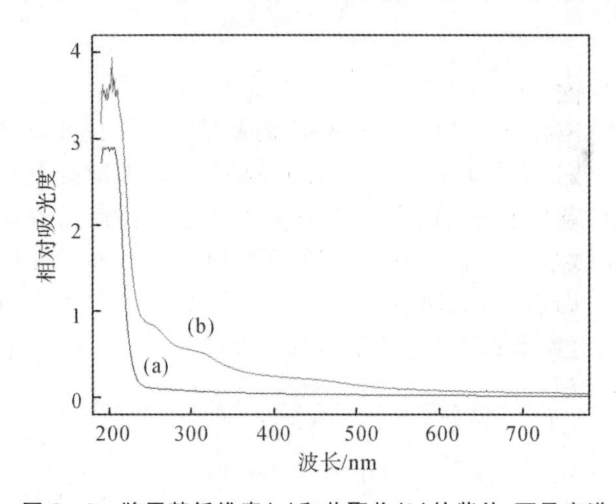

图 3－2　羧甲基纤维素(a)和共聚物(b)的紫外-可见光谱

3. 热重分析

热重分析是计算机程序控制温度下，测量物质质量与温度关系的一种技术，其记录热重曲线(TG 曲线)。只要物质受热时发生质量变化，就可用热重法来研究其变化过程。热重法不仅提供高聚物分解温度的信息，也能简便地比较高聚物的热稳定性。

羧甲基纤维素 CMC 和接枝螺噁嗪基团的羧甲基纤维素衍生物 CMC－g－ASO 的热重分析如图 3－3 所示。羧甲基纤维素 CMC 在 220～300℃出现明显热失重，失重率约为 15.3%，这是由于羧甲基纤维素开始降解，释放出 CO_2，材料质量迅速下降，到 300℃以后，羧甲基纤维素开始分解。羧甲基纤维素衍生物 CMC－g－ASO 的热失重分为三个阶段，25～150℃为第一失重区，是由 CMC－g－ASO 中残留的吸附水分和结合水分的蒸发引起的，热失重率约为 8.5%。210～320℃为第二失重区，与 CMC 的热失重温度范围重合，但比 CMC 热失重范围宽，失重率约为 15.1%，这是 CMC－g－ASO 母体开始降解引起的；由于接枝基团对母体的影响，其降解温度范围变宽。330～500℃为第三失重区，可能是羧甲基纤维素母体和接枝的螺噁嗪基团都开始分解造成的，500℃时剩余质量分数约为 27.5%。羧甲基纤维素衍生物 CMC－g－ASO 的第二失重区与 CMC 的热失重温度范围有所重合，这说明 CMC－g－ASO 是以羧甲基纤维素为骨架的接枝共聚物。

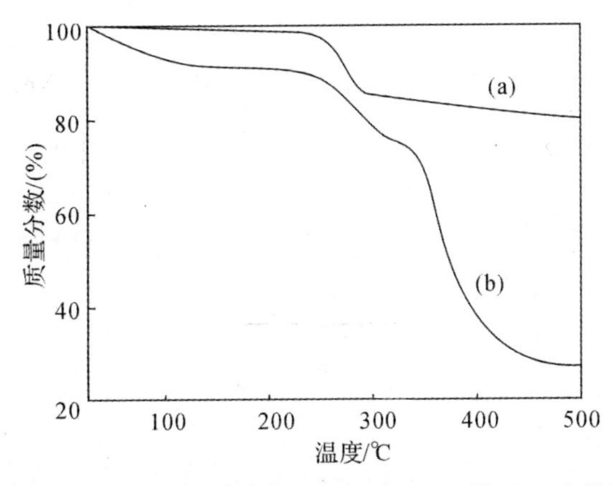

图 3-3　羧甲基纤维素(a)和共聚物(b)的 TGA 曲线

3.3.2　接枝共聚物的水溶性

羧甲基纤维素 CMC 具有良好的水溶性。9′-丙烯酰氧基吲哚啉螺萘并噁嗪单体 ASO 和均聚物 PAISO 均不溶于水而易溶于丙酮等有机溶剂。接枝螺噁嗪基团的羧甲基纤维素衍生物 CMC-g-ASO(接枝率 G 为 25.7%)能够溶于去离子水中。结合文献,接枝产物 CMC-g-ASO在水中表现出溶解性,是因为水溶性的羧甲基纤维素母体将接枝侧链上的螺噁嗪基团拉入水中。接枝共聚物 CMC-g-ASO 的溶解行为受其接枝率影响。当接枝率较小时,以母体为主,显示出类似母体羧甲基纤维素的水溶性;而当接枝率较大时,接枝侧链的溶解性则决定了接枝共聚物整体的溶解性,但是由于羧甲基纤维素和螺噁嗪单体 ASO 处于异相,在反应过程中接触较难,因此很难制得接枝率很大的接枝共聚物。CMC-g-ASO 良好的水溶性扩展了其在水环境中的应用价值。

3.3.3　接枝共聚物的光致变色性能

具有实用前景的光致变色化合物最重要的因素:一是成色体必须具有足够的热稳定性;二是光致变色化合物的抗疲劳性。一般的螺噁嗪类化合物在未收到紫外线照射时是无色的,紫外线照射后其螺环结构打开,形成平面的具有共轭结构的成色体(部花菁)。但是一旦撤去紫外线,在热的作用下,成色体会迅速发生闭环反应退回螺环结构,改变为无色体,这一现象就称为螺噁嗪螺类化合物光致变色过程的热稳定性不高。螺噁嗪类化合物成色体对热不稳定,严重影响了其在信息存储、光致变色纤维等领域的应用。

1. 接枝共聚物成色体的热稳定性

螺噁嗪单体 ASO 和均聚物 PASO 均易溶解于丙酮等有机溶剂,但不溶解于水;螺噁嗪单体 ASO 和均聚物 PASO 的丙酮溶液通过紫外线照后从无色转为蓝色,但撤去紫外线后,颜色在室温下迅速消失,显示出正常的光致变色现象。

羧甲基纤维素 CMC 和接枝共聚物 CMC-g-ASO 易溶于水,不溶于丙酮等有机溶剂,接枝共聚物 CMC-g-ASO 的水溶液通过紫外线照射,颜色明显变蓝,由无色体开环为成色体

(见图 3-4)。

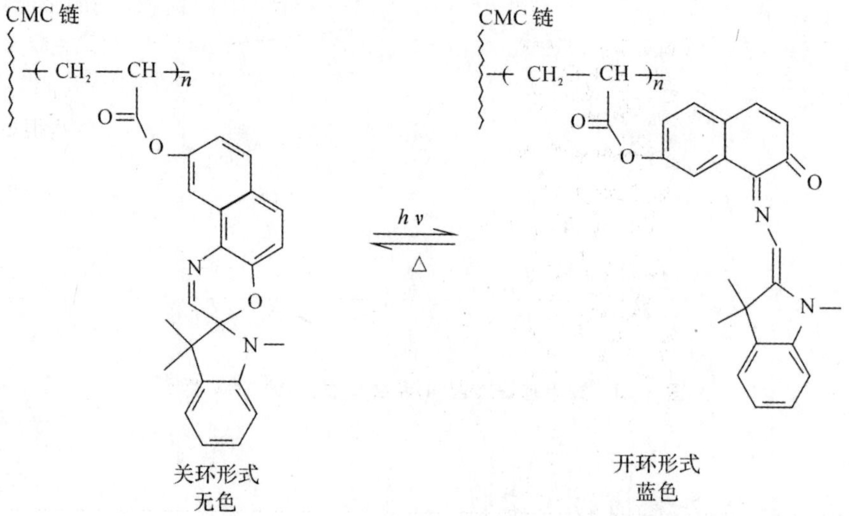

CMC 链

关环形式
无色

$h\nu$

△

CMC 链

开环形式
蓝色

图 3-4　接枝共聚物 CMC-g-ASO 光致变色过程示意图

螺噁嗪基团的成色体分子(开环体部花菁结构)具有共平面性,从而使吲哚啉环和萘环的 π 轨道产生共轭现象,在可见光区出现吸收。接枝共聚物 CMC-g-ASO 成色体在光致变色过程中热褪色环节的紫外-可见吸收光谱变化如图 3-5 所示。

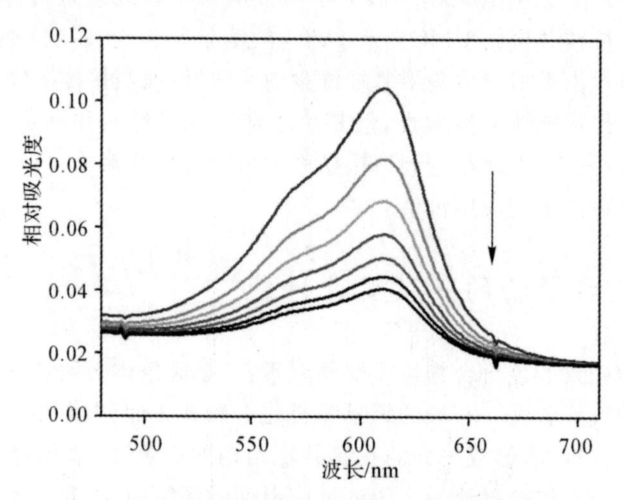

图 3-5　接枝共聚物成色体热褪色过程的吸收光谱

接枝共聚物 CMC-g-ASO 成色体在可见光区的最大吸收波长为 610 nm,并在 578 nm 出现一肩峰,整个峰形较宽,这是由于其成色体两个环间相连接的 3 个化学键的构型不同,存在不同的异构体,这些异构体吸收光谱产生重叠所致。随着接枝共聚物成色体热褪色延长,其逐渐关环,又回到无色体。也就是说,在水溶液中,接枝共聚物 CMC-g-ASO 闭环体(无色体)要比开环体(成色体)稳定。在整个热褪色过程中,测量的紫外-可见吸收光谱形状未改变,一直保持,这说明褪色过程中没有其他副反应发生,因此可以通过监测在最大吸收波长 610 nm 处的吸光度来计算这一过程的热褪色反应速率常数 k。

螺噁嗪类衍生物的褪色过程一般符合一级动力学方程。设 A_{∞} 为紫外线照射前最大吸收波长 610 nm 处的吸光度，A_0 为紫外线充分照射后间隔 0 s 最大吸收波长处的吸光度，A_t 为紫外线充分照射后间隔固定时间 t 最大吸收波长处的吸光度。测量其开环体在最大吸收波长 610 nm 处的吸光度随时间的变化值，以 $-\ln[(A_t-A_{\infty})/(A_0-A_{\infty})]$ 对褪色时间 t 作图，得到接枝共聚物 CMC－g－ASO 在水溶液中的褪色动力学曲线如图 3－6 所示，显然很好地符合一级动力学方程。由曲线斜率计算出褪色反应速率常数为 $8.75\times10^{-2}\ s^{-1}$。

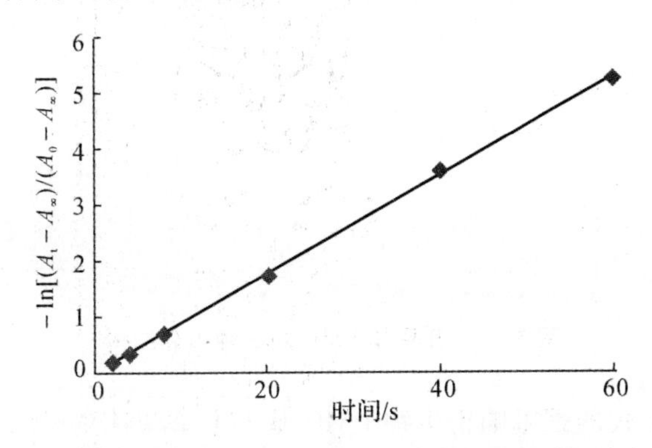

图 3－6　接枝共聚物 CMC－g－ASO 光致变色褪色过程动力学曲线

螺吡喃和螺噁嗪是结构相似的光致变色化合物。邹武新等合成的聚乙二醇链支载的螺吡喃类光致变色聚合物 PEG－SP（见图 3－7），在水溶液中表现出逆光致变色现象，而在有机溶剂（乙醇、丙酮、乙酸乙酯等）中，表现出正向光致生色现象。这一现象表明，聚乙二醇链支载的螺吡喃类光致变色聚合物 PEG－SP，在亲水环境中开环体比闭环体稳定，在憎水性环境中闭环体比开环体稳定。同样是水溶性的光致变色聚合物，接枝螺噁嗪基团的羧甲基纤维素衍生物 CMC－g－ASO 在水溶液中表现出正常的光致变色性能，这说明 CMC－g－ASO 在水溶液中闭环体比开环体要稳定。

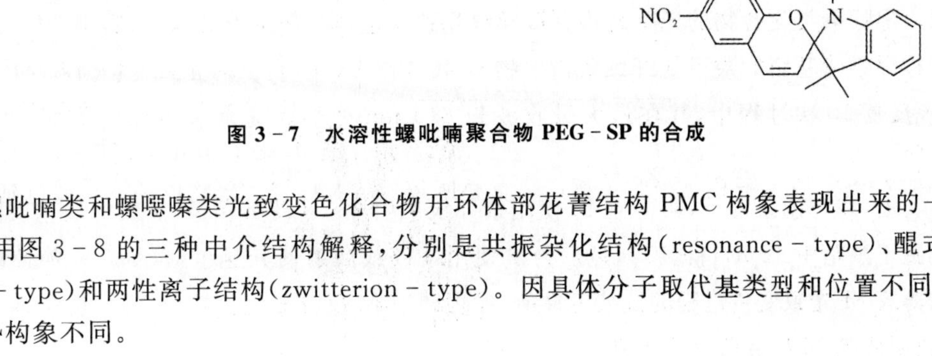

图 3－7　水溶性螺吡喃聚合物 PEG－SP 的合成

螺吡喃类和螺噁嗪类光致变色化合物开环体部花菁结构 PMC 构象表现出来的一些性质，可用图 3－8 的三种中介结构解释，分别是共振杂化结构（resonance－type）、醌式结构（keto－type）和两性离子结构（zwitterion－type）。因具体分子取代基类型和位置不同，PMC 的优势构象不同。

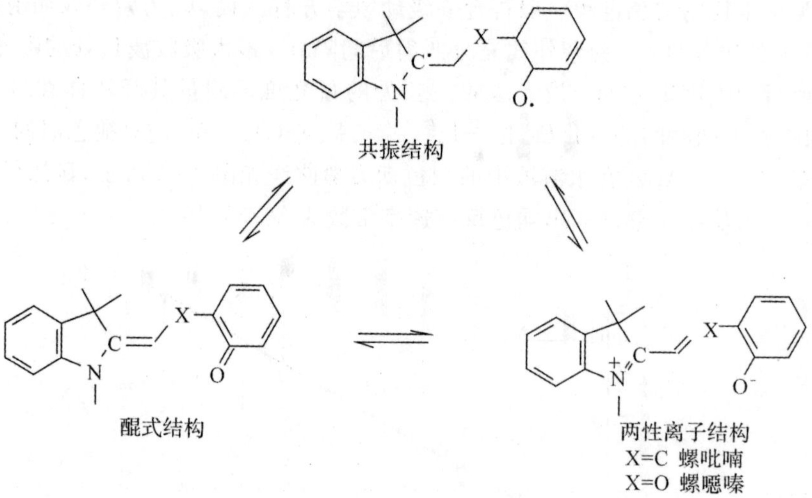

共振结构

醌式结构

两性离子结构
X=C 螺吡喃
X=O 螺噁嗪

图 3-8 开环体 PMC 的三种中介结构

研究表明，除硝基取代的螺吡喃衍生物 PMC 基本上呈两性离子结构外，其余非硝基取代的螺吡喃和螺噁嗪衍生物 PMC 均以醌式结构为优势。聚乙二醇链支载的螺吡喃类光致变色聚合物 PEG-SP 在水溶液中表现出负光致变色现象，表明 PEG-SP 开环体在亲水环境中较闭环体稳定。PEG-SP 经紫外线照后，螺吡喃分子碳氧键断裂开环，首先生成具两性离子结构特征的开环体，并可能进一步生成醌式结构。由于开环体具有两性离子结构，因此受溶剂极性影响较大。溶剂极性不同，对两性离子结构的稳定化作用不同。

接枝螺噁嗪基团的羧甲基纤维素衍生物 CMC-g-ASO 在水溶液中表现出正光致变色现象，这说明 CMC-g-ASO 在水溶液中闭环体要比开环体稳定。由于醌式结构可能更稳定地存在于无极性或极性相对较小的有机溶剂中，而两性离子结构则可能更稳定地存在于极性相对较大的水溶液中，据此推测 CMC-g-ASO 开环体 PMC 应该以醌式结构而非两性离子结构为优势构象。

2. 接枝共聚物膜的抗疲劳性

螺噁嗪类化合物在光致变色开环—闭环循环过程中，经历长时间光照会发生不可逆的光降解反应，这些光降解反应会使螺噁嗪类化合物逐渐失去光致变色能力，从而导致光致变色疲劳现象。螺噁嗪类化合物的光降解将直接导致光致变色产品使用寿命缩短，实用性能降低。

接枝螺噁嗪基团的羧甲基纤维素衍生物 CMC-g-ASO 制备的光致变色薄膜 M 充分显色、褪色反复 10 次过程中，其在最大吸收波长 610 nm 处的吸光度基本保持不变，如图 3-9 所示。

事实上，在室温条件下，将薄膜 M 使用紫外线照射 180 s 使其显色，然后将显色后的淡蓝色薄膜置于黑暗中 12 h，待薄膜褪色后再次使用紫外线照射使其显色，再褪色。如此循环往复测试薄膜 M 光致变色过程的抗疲劳性能，发现薄膜 M 反复显色—褪色 50 次以上而无明显异常，说明薄膜 M 抗疲劳性能优良。

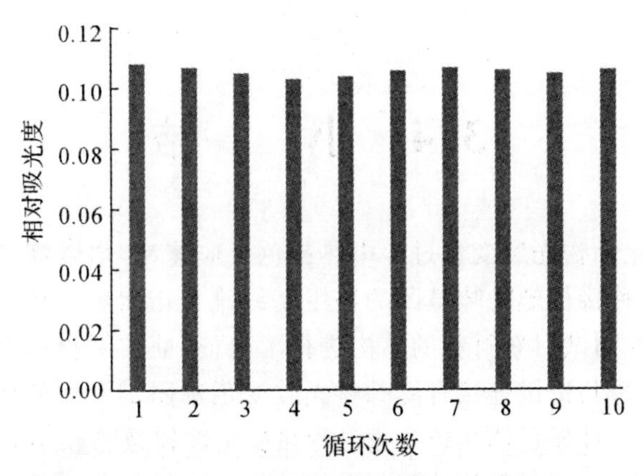

图 3－9　光致变色薄膜吸光度随显色次数的变化

3.3.4　羧甲基纤维素接枝丙烯酰氧基螺噁嗪的共聚机理

文献中，自由基接枝共聚反应一般使用氧化-还原引发剂。常见的氧化-还原引发剂有铈离子、过氧化氢等。近年来，用过硫酸铵、过硫酸钾等作引发剂研究较多，原因是过硫酸盐价格便宜、操作方便，不会在接枝共聚物中残留。

借鉴羧甲基纤维素与甲基丙烯酸甲酯反应的机理，羧甲基纤维素接枝丙烯酰氧基螺噁嗪的共聚机理如下：

$$S_2O_8^{2-} \rightarrow 2SO_4^- \cdot$$

$$SO_4^- \cdot + CMC-OH \rightarrow HSO_4^- + CMC-O \cdot$$

$$CMC-O \cdot + ASO \rightarrow CMC-O-ASO \cdot$$

$$CMC-O-ASO \cdot + ASO + \cdots + ASO \rightarrow CMC-O-(ASO)_n$$

第一步，羧甲基纤维素接枝丙烯酰氧基螺噁嗪在水溶液中的反应属于自由基共聚反应，在反应初期，溶解在水溶液中的引发剂 APS 发生分解，产生 $SO_4^- \cdot$ 自由基。从反应方程式看，每摩尔 $S_2O_8^{2-}$ 分解产生 2 mol $SO_4^- \cdot$ 自由基。

第二步，$SO_4^- \cdot$ 自由基与羧甲基纤维素反应，将自由基传递给羧甲基纤维素羟基上的氧原子，生成 CMC－O・活性种。

当然，从理论上来说，$SO_4^- \cdot$ 自由基也可能直接引发螺噁嗪单体 ASO 聚合，形成均聚物 PASO。但是，由于 APS 是水溶性引发剂，其与水溶性的羧甲基纤维素接触更为容易和密切，而螺噁嗪单体 ASO 不溶于水，以悬浮状分散在水溶液体系中，其与水溶性引发剂 APS 的接触相对较难。因此，在这一步中，$SO_4^- \cdot$ 自由基更多地与羧甲基纤维素发生了反应，生成了 CMC－O・活性种。

第三步，CMC－O・活性种开始引发螺噁嗪单体 ASO 聚合，即 CMC 变成了 ASO 聚合物的端基。在这步反应中，CMC－O・活性种的多少直接影响引发螺噁嗪单体 ASO 的数量，进而影响 ASO 聚合物支链的多少。

第四步，螺噁嗪单体 ASO 在 CMC－O－ASO・活性种引发下聚合，形成 CMC 的侧链。侧链长短与螺噁嗪单体 ASO 的数量有关系，当侧链较长时，接枝聚合物的性质会发生变化，水溶性会降低。

3.4 小　　结

为了延迟螺嗯嗪化合物光致变色过程中热褪色反应速率，增强螺嗯嗪类光致变色染料的水溶性，设计合成了一种接枝螺嗯嗪基团的羧甲基纤维素衍生物 CMC－g－ASO。通过红外光谱、热重分析、水溶性测试对新材料的结构进行了表征，证实新材料以羧甲基纤维素大分子为基本骨架，在侧链通过共价键连接有螺嗯嗪光致变色基团。合成的新材料在水溶液中仍具有正常的光致变色性能，且显色体光致变色过程热稳定性较螺嗯嗪小分子显著增强。通过 50 次光致变色循环过程证实，新材料的抗疲劳性能较好。新材料良好的水溶性和光致变色性能扩展了其实用价值。

在研究中也发现了一个问题，即新材料光致变色过程中显色体热稳定性的提高是光致变色基团周围的空间位阻效应造成的，也就是说，光致变色过程的开环、闭环反应是需要一定的空间的，光致变色基团周围空间位阻越大，光致变色开环、闭环反应受限越严重，其开环、闭环反应速率越小。因此，提高羧甲基纤维素主链上接枝的螺嗯嗪基团数量，是一个值得关注的问题，本书也考虑到了这一问题。但是由于羧甲基纤维素是水溶性衍生物，而螺嗯嗪单体小分子不溶于水，两者是在充分搅拌、分散的状态下进行接枝共聚反应的，造成两者接触受限，螺嗯嗪单体不能在羧甲基纤维素大分子上进行充分的接枝共聚，也就导致了羧甲基纤维素大分子上接枝的螺嗯嗪单体不够多(接枝率较小)。

第4章　接枝螺噁嗪的羧甲基甲壳素

4.1　引　　言

螺噁嗪类化合物以其优异的光化学稳定性和抗疲劳性能成为最有希望进入实用的光盘染料之一。然而，螺噁嗪开环体热稳定性尚不足够高一直是制约其商品化的因素之一。一般来说，将螺噁嗪引入高分子介质，由于介质材料的空间位阻，其光致变色反应相对液体来说会有禁阻，其开环体热稳定性会显著提高。而且，高分子材料使其更有利于制造器件。通过将具有光学活性的基团以接枝共聚方式引入天然高分子材料，期望获得兼具有良好光学活性(如光学活性单体)和优异力学性能(如高分子材料)的改性产物，并取得了一定的进展。

甲壳素是自然界中产量仅次于纤维素的可再生天然高分子，因不溶于水和几乎任何常见溶剂，而严重制约了其应用。壳聚糖是甲壳素部分脱乙酰化的产物，是由D-葡聚胺与含量不等的N-乙酰葡聚胺通过β-1,4糖苷键连接而成的一种碱性多糖。与纤维素一样，甲壳素以及壳聚糖也能进行接枝共聚，以改善性能。以前的接枝共聚改性研究中，甲壳素及壳聚糖与甲基丙烯酸甲酯、丙烯酸丁酯、丙烯腈等的接枝产物都不溶于常见溶剂，因不能用溶液法制膜成纤而制约了其应用。羧甲基甲壳素(CMCH)的某些接枝产物却表现出良好的水溶性。可见，含螺噁嗪光致变色基团侧基的羧甲基甲壳素水溶性高分子在分子光信息存储等领域有很好的开发前景。

本节将利用接枝共聚反应，在水溶液中，以过硫酸铵水溶液为引发剂，采用异相接枝共聚反应合成羧甲基甲壳素接枝9′-丙烯酰氧基吲哚啉螺奈并噁嗪共聚物；产物将用红外光谱、X射线衍射等手段进行表征；将研究接枝共聚物的水溶性和水溶液的光致变色性质，表明接枝共聚物显色体的热稳定性较接枝前单体有显著提高。在水溶液中，共聚物部花箐以醌式结构为优势构象。

4.2　实验部分

4.2.1　仪器与试剂

1. 仪器

T200精密天平仪器，昆山托普泰克电子有限公司；

DF-101S型集热式恒温磁力搅拌器，郑州宝晶电子科技有限公司；

SHB 型循环水式真空泵，郑州长城科工贸有限公司；

DZF－6020 智能真空干燥箱，上海丙林电子科技有限公司；

NEXUS－670 型 FT－IR 光谱仪，KBr 压片，美国尼高力公司；

X 射线粉末衍射采用日本理学 Rigaku D/max－2400 X 射线衍射仪；

SDT Q600 同步热分析仪，美国 TA 仪器公司；

Agilent－8453 型紫外-可见吸收光谱仪，美国安捷伦公司；

ZF7c 型三用紫外分析仪，波长为 365nm，上海康华生化仪器厂。

2. 原料与试剂

羧甲基甲壳素(CMCH)：食品级，浙江玉环生化有限公司，羧化度 89%，脱乙酰度 52%，平均相对分子质量为 8.0×10^4，去离子水溶、丙酮析出，索氏提取器丙酮抽提 12 h 后干燥至恒重使用；

过硫酸铵(APS)：分析纯，天津市化学试剂六厂三分厂；

螺噁嗪单体(ASO)：1,3,3－三甲基－9′-丙烯酰氧基螺噁嗪，按本书第 2 章所述路线合成；

丙酮：分析纯，购自国药集团西安化玻采供站。

去离子水为自制。

4.2.2 接枝螺噁嗪的羧甲基甲壳素衍生物的制备

将适量 CMCH 溶于去离子水中，加入预订量 AISO，通 N_2保护，保持高速电磁搅拌 3.0 h 以使悬浮液充分混合后，升温至 70℃，加入新配过硫酸铵水溶液引发接枝共聚反应，恒温反应 3 h，冷却，用丙酮沉淀出不纯的接枝产物，过滤。将不纯的接枝产物在索氏提取器中用丙酮抽提 48 h，取少量抽提液滴于滤纸上，用紫外线照 3 min 后不变蓝，可认为均聚物(PAISO)已被除去，然后继续抽提 6.0 h 彻底除去均聚物。真空 60℃干燥至恒重得接枝共聚物(CMCH－g－AISO)。接枝率 G 按下式计算：

$$G=(W_1-W_0)/W_0\times100\%$$

式中，W_0，W_1分别为 CMCH，CMCH－g－AISO 的质量。

不同接枝率的 CMCH－g－AISO 可通过改变反应条件而制得。一组有效的反应条件是：0.4 g CMCH，50.0 mL H_2O，3.0 mmol AISO，0.35 mmol APS。接枝反应结果产物 $G=65\%$。

4.2.3 接枝螺噁嗪的羧甲基甲壳素衍生物水溶性测试

将 CMCH 和不同接枝率的 CMCH－g－AISO 研磨至通过 80 目标准筛作样品，分别测试其在去离子水中的溶解性。测试温度为室温，去离子水用量为 10.00 mL，搅拌 12 h，样品质量为 0.100 g。溶解后，按每次 0.050 g 逐量添加至不溶。

4.2.4 接枝螺噁嗪的羧甲基甲壳素衍生物成色体吸收光谱的测定

在室温下，将适量 $G=65\%$的 CMCH－g－AISO 溶于去离子水中，定容为 25 mL，用紫外线(365 nm)连续照射溶液 30 min 使其充分显色，迅速转移测量成色体的紫外-可见光吸收光谱。整个测量在避光条件进行。

4.3　结果与讨论

4.3.1　结构表征

1. 红外光谱分析

CMCH，CMCH - g - AISO(G=65%)的红外光谱如图 4 - 1 所示。

CMCH 的红外光谱中吸收峰的详细归属如下：

3 416 cm^{-1}和 3 276 cm^{-1}归属为 O—H，N—H 伸缩振动吸收；

2 959 cm^{-1}为 CH_2伸缩振动吸收；

2 165 cm^{-1}吸收峰不确定；

1 653 cm^{-1}归属为 C=O 伸缩振动吸收，即酰胺Ⅰ谱带；

1 566cm^{-1}可能为酰胺Ⅱ谱带和羧酸盐 COO^- 反对称伸缩振动吸收(1 610～1 550 cm^{-1})重叠而成，其吸收强度略大于酰胺Ⅰ谱带可以说明这一点；

1 404 cm^{-1}归属为 COO^- 对称伸缩振动吸收；

1 312 cm^{-1}为酰胺Ⅲ谱带和 CH_2摇摆振动吸收；

1 154 cm^{-1}归属为氧桥的反对称伸缩振动；

1 111 cm^{-1}归属为环的反对称伸缩振动；

1 067 cm^{-1}和 1 034 cm^{-1}归属为 C—O 伸缩振动吸收；

899 cm^{-1}为多糖的 β 构型糖苷键的特征峰。

CMCH - g - AISO 除具有 CMCH 的特征吸收峰外，出现在 1 735cm^{-1}的羰基伸缩振动吸收说明了接枝共聚反应的发生。

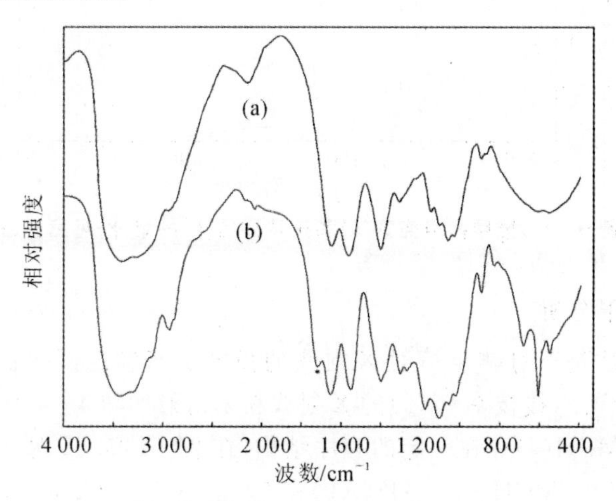

图 4 - 1　羧甲基甲壳素(a)和接枝共聚物(b)的红外光谱

PAISO 的红外光谱如图 4 - 2 所示,其吸收峰和单体 AISO 红外光谱基本一致。

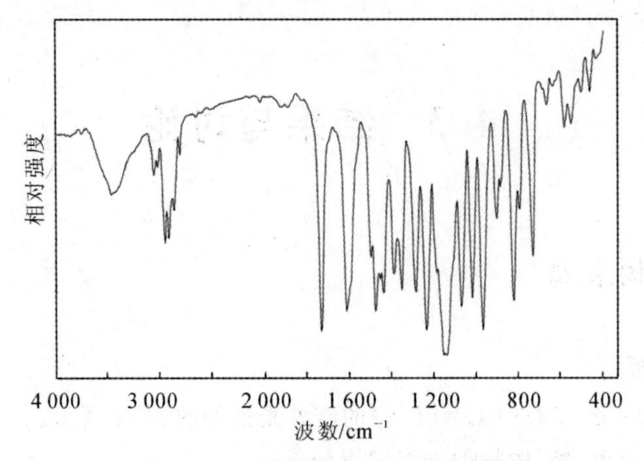

图 4 - 2　均聚物 PAISO 的红外光谱

2. 紫外线谱分析

CMCH 和 CMCH - g - AISO(紫外线照前)的紫外-可见光谱如图 4 - 3 所示。测试所用溶剂水在此区间有较大干扰,但仍能看出 CMCH 在 215 nm 以下有强的吸收,这是其分子乙酰基中的 C=O 和 $-COO^-$ 中的 C=O 发生 $n-\pi^*$ 跃迁所致。CMCH - g - AISO 在 215～380 nm 间也出现了吸收带,CHU 的研究表明:吲哚啉螺萘并噁嗪衍生物闭环体的紫外吸收出现在 190～380 nm 附近。由于部分吸收重合,215 nm 以下的吸光度增大。这说明了接枝共聚反应的发生。

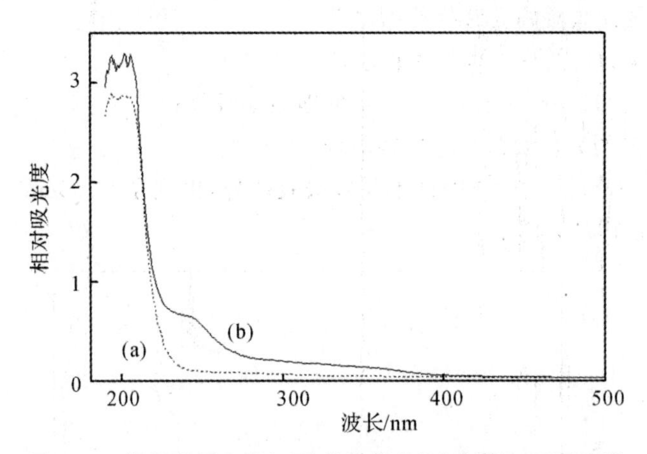

图 4 - 3　羧甲基甲壳素(a)和接枝样品(b)的紫外-可见光谱

3. X 射线粉末衍射分析

X 射线衍射分析法是通过测定衍射 X 射线的强度从而确定试样物相组成的分析方法。羧甲基甲壳素和接枝样品(接枝率 65%)的 X 射线粉末衍射如图 4 - 4 所示。

羧甲基甲壳素 CMCH(a)存在一定的有序结构,在 2θ 角 20.02°处出现较强的衍射峰,但是发生接枝共聚反应后,CMCH - g - AISO(b)在 2θ 角 19.90°,26.30°和 31.60°处出现了三个趋于平缓的衍射峰，说明接枝共聚反应后，一定程度上破坏了羧甲基甲壳素的有序结构。

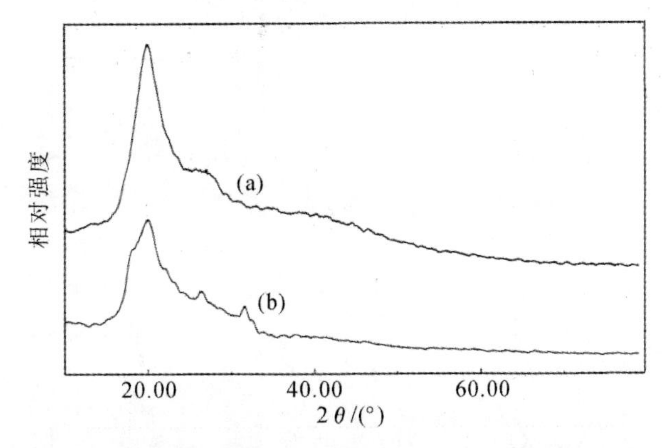

图 4－4　羧甲基甲壳素(a)和接枝样品(b)的 X 射线粉末衍射

4.3.2　接枝共聚物的水溶性

羧甲基甲壳素、接枝单体和接枝共聚物样品(接枝率为 65％)在水和乙醇、丙酮中的溶解性见表 4－1。接枝样品在水中表现出溶解性，是因为水溶性的羧甲基甲壳素母体将接枝侧链拉入水中。

表 4－1　溶解性测试结果

溶　剂	水	乙　醇	丙　酮
羧甲基甲壳素	溶	不溶	不溶
接枝单体	不溶	溶	溶
接枝样品	溶	不溶	不溶

实验发现，三种不同接枝率的 CMCH－g－AISO 水溶性均优于羧甲基甲壳素。羧甲基甲壳素的水溶性，除因为是一种羧酸钠盐外，另一原因是羧甲基化反应破坏了甲壳素分子的二次结构，使其结晶度降低。接枝产物的优良水溶性，除以上原因以外，可能与接枝反应进一步破坏了羧甲基甲壳素的有序结构有关，这与 X 射线衍射分析结果一致。还有一种可能是水溶性的羧甲基甲壳素将接枝的螺噁嗪基团带入溶液中的。CMCH－g－AISO 水溶性的增加也证明了接枝反应的发生。

4.3.3　接枝共聚物的光致变色性能

螺噁嗪单体和均聚物易溶解于有机溶剂中并显示出正常的光致变色现象，但不溶解于水。AISO 和 PAISO 的丙酮溶液通过紫外线照射后从无色转为蓝色，但颜色在室温下迅速消失。以至室温下普通方法无法测量其开环体的可见吸收光谱。

CMCH 和 CMCH－g－AISO 易溶于水，不溶于丙酮等有机溶剂，CMCH－g－AISO 的水溶液通过紫外线照射，颜色明显变蓝，由无色体开环为成色体(见图 4－5)。

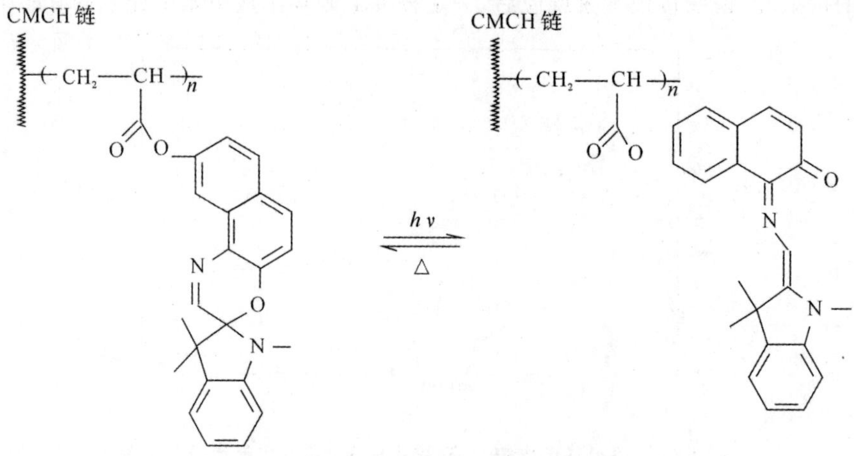

图 4-5　接枝共聚物 CMCH-g-AISO 的光致变色示意图

螺噁嗪类化合物的成色体整个分子具有共平面性，从而使吲哚啉环和萘环的 π 轨道发生共轭作用，在可见光区出现吸收。接枝共聚物（$G=65\%$）显色体的热消色过程紫外-可见吸收光谱如图 4-6 所示。其在可见光区的最大吸收波长为 610 nm，并在 578 nm 出现一肩峰，整个峰形较宽，这是由于其成色体两个环间相连接的 3 个化学键的构型不同，存在不同的异构体，它们吸收光谱产生重叠所致。随着消色时间延长，其成色体逐渐关环，又回到闭环体。也就是说，在水溶液中，其闭环体比开环体要稳定，这也许意味着接枝共聚物开环体部花箐以醌式结构而并非两性离子结构为优势构象。研究表明，聚乙二醇支载的螺吡喃化合物在水溶液中显示出负的光致变色性质，这与含螺噁嗪光致变色基团的羧甲基甲壳素衍生物在水溶液中显示出正常的光致变色性质不同。在整个消色过程中，测量的光谱形状未做改变，一直保持。

在测试中，发现 CMCH-g-AISO 在水溶液中（以及 AISO 和 PAISO 在丙酮溶液中）的成色体在可见光区的吸收在离开紫外线照射后的瞬间以非常快的速度减小。因此，时间在整个测量过程中显得相当重要。在一些文献中，为了记录螺噁嗪衍生物开环体的紫外-可见吸收光谱，测量通常是在干冰冷却下进行的，或者由经过改良的紫外吸收测量仪器来测量。

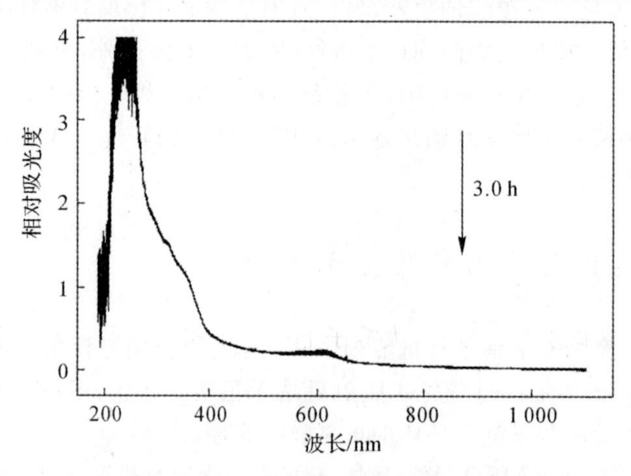

图 4-6　CMCH-g-AISO 水溶液的紫外-可见吸收光谱变化（全图）

普通螺噁嗪小分子在有机溶剂中热消色极快，其成色体紫外-可见吸收光谱在室温很难测得，而所得羧甲基甲壳素接枝9′-丙烯酰氧基吲哚啉螺萘并噁嗪共聚物的水溶液紫外线充分照射，经室温放置消色3 h后，在可见光区最大吸收波长610 nm处的吸收仍很明显（见图4－7中最后一条曲线），说明接枝反应后螺噁嗪衍生物的热稳定性有显著提高。

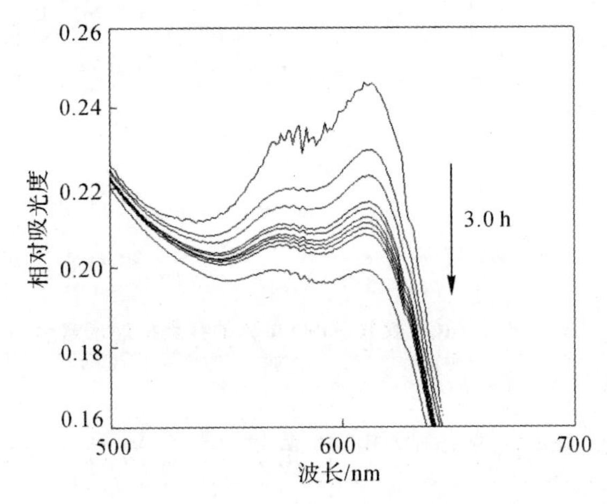

图 4－7　CMCH－g－AISO 水溶液的可见吸收光谱变化(局部)

4.3.4　羧甲基甲壳素接枝螺噁嗪的共聚机理

用氧化-还原引发剂引发自由基接枝共聚反应，是常用的方法。较多的例子是用铈离子作引发剂。用过硫酸盐（铵盐、钾盐等）作引发剂（与亚硫酸氢钠或硫酸亚铁配合成氧化-还原体系）近年来比较引人注意，操作方便且试剂便宜，不会在接枝共聚物中残留。

魏德卿等提出的以过硫酸盐和亚硫酸氢钠作引发剂的反应机理如下：

$$S_2O_8^{2-} + HSO_3^- \rightarrow SO_4^{2-} + \cdot SO_4^- + HSO_3^-$$

$$\cdot SO_4^- + HSO_3^- \rightarrow SO_4^{2-} + \cdot HSO_3$$

$$\cdot HSO_3 + \text{Chitosan} \rightarrow \text{Chitosan}\cdot + H_2SO_3$$

$$\text{Chitosan}\cdot + M \rightarrow \text{Chitosan}-M\cdot \text{（接枝）}$$

$$\cdot HSO_3 + M \rightarrow HSO_3-M\cdot \text{（均聚）}$$

然后是链增长和链终止。

除了以上引发剂以外，过硫酸盐还可以与壳聚糖上的氨基发生氧化-还原反应产生大分子自由基。丘坤元等提出了以过硫酸盐和壳聚糖上的氨基作为氧化-还原引发体系的接枝反应机理。

壳聚糖上存在的氨基可以与过硫酸盐组成氧化还原体系，从而引发壳聚糖上的接枝共聚反应。甲壳素在羧甲基化反应过程中，大分子上产生了相当量的氨基$-NH_2$，也可在氮原子上发生接枝共聚反应。接枝共聚反应是由$-NH_2$和引发剂$S_2O_8^{2-}$作用，产生$>N\cdot$自由基和$\cdot OSO_3H$自由基从而引发的。

羧甲基甲壳素接枝丙烯酰氧基螺噁嗪的共聚机理推测如图4－8所示。

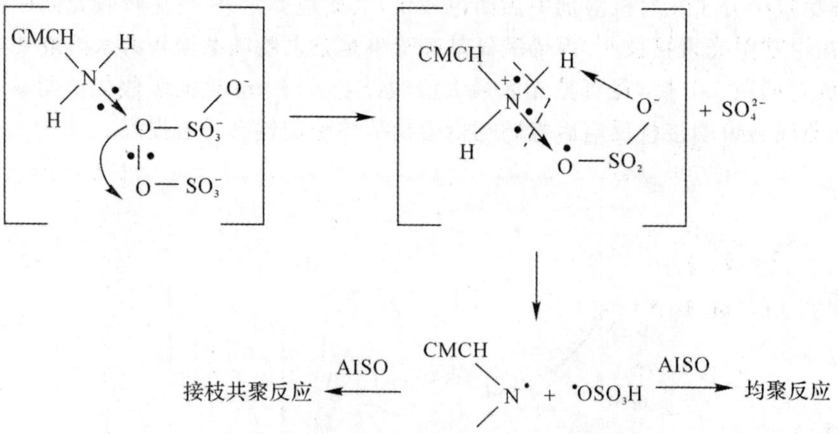

图 4-8　CMCH 接枝 AISO 单体的共聚机理示意图

4.3.5　接枝螺噁嗪的羧甲基甲壳素衍生物应用性能分析

光致变色螺噁嗪类化合物以其高的光稳定性和抗疲劳性，在装饰防伪材料、光信息存储等领域有着广阔的应用前景。国外已有含螺噁嗪的光致变色装饰防伪材料问世并投入使用。就含螺噁嗪侧基的羧甲基甲壳素可溶性衍生物而言，它同样基本具备了作为光致变色纤维、防伪装饰材料的条件，但与国内外的研究结果一样，也存在着使用寿命短等难于逾越的困难。

光致变色化合物作为可擦重写光存储材料的基本要求如下：

(1)在室温下的热稳定性；

(2)光写入和擦除过程中的高敏感性；

(3)良好的抗疲劳性；

(4)敏感波长与激光器的匹配；

(5)非破坏性或低破坏性读出。

下面简要分析含螺噁嗪基团的羧甲基甲壳素水溶性光致变色衍生物在可擦重写光存储材料应用的可行性，以期获得性能良好的光致变色产品。

1. 在室温下的热稳定性分析

所得接枝共聚物在室温下热稳定性明显增强，放置 3 h，在可见光区最大吸收波长处吸收仍很明显，这与实验预期一致，但仍然达不到室温下光信息存储材料的热稳定性的要求。

室温下，可进一步提高接枝共聚物热稳定性的方法是，尽力提高接枝率，利用大量临近螺噁嗪基团之间的空间位阻作用来延迟热消色过程，从而提高其热稳定性，此方法有文献报道。Zelichenok 等研究了带螺噁嗪支链的聚硅氧烷衍生物，发现随着聚合物中螺噁嗪基团含量的增加，热消色速率下降，最慢的消色速率出现在螺噁嗪基团含量最高的聚合物中，但实验结果也同样不能令人满意。

2. 光写入和擦除过程中的高敏感性分析

对于可读可写的光信息存储设备(如 RAM 等)，要求光盘染料在光写入和擦除过程具有高度的敏感性。从螺噁嗪染料的变色机理来看，即要求在消除了室温条件下热消色后，SP 和

PMC 对 $h\upsilon_1$ 和 $h\upsilon_2$ 具有高度敏感的光化学反应。笔者通过接枝共聚即利用空间位阻来阻止 PMC 在室温下消色返回 SP 的反应，初步取得了良好的效果，但位阻同时妨碍了 SP 在 $h\upsilon_1$ 的作用下，开环生成 PMC。从这里可以看出，利用接枝共聚来提高 PMC 在室温下的热稳定性和增强 SP 在 $h\upsilon_1$ 作用下的光敏感性是相矛盾的，顾此即会失彼。关于这一点，傅正生等以前的研究认为，聚合物中，光致变色基团发生光异构化反应所需的自由体积在交联的聚合物骨架中往往受到限制，从而抑制了光异构过程的进行。因此，这一实验方案也许本身就存在一定偏差。

对于只读，即可读不可写的光信息存储设备（如 ROM 等），利用接枝共聚来提高染料的热稳定性是可行的。对只读存储设备，是一次性写入，多次性读出，对于光写入过程敏感性要求不高，即可以通过 $h\upsilon_1$ 长时间写入来克服 SP 对写入光不敏感的困难。这样写入成型后，克服了其在室温下的热消色，便可实现从 PMC 到 SP 的多次读出。

3. 良好的抗疲劳性

良好的抗疲劳性保证产品有足够的使用寿命，从而降低了产品的出售价格。利用隔离保护、加入抗氧剂等多种手段可以明显提高螺噁嗪染料的抗疲劳性能。孟继本等人的研究表明，键合了抗氧剂侧基的螺噁嗪化合物要比相应螺噁嗪与抗氧剂的混合物显示出更高的抗疲劳性能。

羧甲基甲壳素自身及接枝共聚物均有着良好的抗氧化能力。含螺噁嗪光致变色基团的羧甲基甲壳素衍生物的抗氧化能力以及抗疲劳性能理应较单体有所提高，但这只是按相关文献推测。

4. 敏感波长与激光器的匹配

螺噁嗪化合物由闭环体 SP 经 $h\upsilon_1=365$ nm 紫外线照后，开环体为有色体 PMC，而 PMC 对热不够稳定，化学工作者的研究目的在于如何提高其开环体热稳定性，对于其敏感波长与激光器的匹配问题理应由物理学者来设法解决。

5. 非破坏性或低破坏性读出

由于条件限制，笔者未做此方面的研究工作。

螺噁嗪衍生物作光信息存储材料尚待解决的首要问题是其开环体热稳定性和抗疲劳性能达不到商品化的要求。相信随着微电子学、激光技术、有机化学等相关学科的不断发展，实用的光致变色螺噁嗪信息存储材料将出现。

在光致变色过程中，螺噁嗪经历长期光照会发生光降解反应，这些不可逆反应会导致光致变色材料逐渐失去其功能出现疲劳现象。光致变色材料的光降解将导致其使用寿命缩短，造成商品的性价比降低，失去市场竞争力。因此，如何进一步克服光致变色螺噁嗪染料的疲劳现象，是需要解决的问题。

4.4 小　　结

螺噁嗪以较为优异的光化学性质，成为选择的光致变色基团，而甲壳素是在自然界存在量仅次于纤维素的天然高分子多糖，对其进行改性无疑有着巨大的科研意义和商业价值，但其不溶于普通溶剂，因此选用了水溶性和成膜性良好的羧甲基甲壳素作为接枝高分子母体。

实验在水溶液中进行，将9′-丙烯酰氧基吲哚啉螺萘并噁嗪以异相接枝共聚的方式引入羧甲基甲壳素大分子，得到了具有良好水溶性的光致变色高分子，并对其应用价值进行了初步考查，基本达到预期目的。含螺噁嗪光致变色侧基的羧甲基甲壳素水溶性衍生物表现出良好的溶解性和光致变色性能，但要成为具有优良性价比的光致变色商品还有一定的距离，主要是其抗疲劳性能尚不足够高。这也是目前此类研究中存在的一个共同的难题。这一问题的解决需要化学工作者的不断努力和尝试。

第5章 键合螺噁嗪的硝化纤维素

5.1 引 言

天然多糖(纤维素、淀粉、壳聚糖等)是自然界最丰富的可再生资源,具有来源广泛、价格低廉、降解彻底、环境友好的特点。如果将光致变色基团以接枝共聚方式引入天然多糖,实现良好光致变色性能(如螺噁嗪化合物)和优异材料性能(如天然多糖)相统一,则非常具有实用价值。

基于将螺噁嗪基团引入天然高分子介质,通过介质材料的空间位阻来限制螺噁嗪基团光致变色过程开环、闭环反应速率,进而提高螺噁嗪基团光致变色过程开环体热稳定性的目的。在前述研究中,将含有螺噁嗪基团的丙烯酸酯接枝共聚引入羧甲基纤维素大分子,得到了兼具水溶性和光致变色性能的纤维素衍生物。但是研究中发现,羧甲基纤维素是水溶性衍生物,而螺噁嗪单体小分子是脂溶性化合物,两者不混溶。接枝共聚反应是在充分搅拌、分散的状态下进行的,造成两者接触受限,螺噁嗪单体不能在羧甲基纤维素大分子上进行充分的接枝共聚,也就导致了羧甲基纤维素大分子上接枝的螺噁嗪单体不够多(接枝率较小)。

羧甲基纤维素是一种水溶性的纤维素衍生物,与羧甲基纤维素一样,硝化纤维素也具有良好的溶解性能;不同之处在于硝化纤维素具有良好的脂溶性,其可以与螺噁嗪单体在均相反应条件下进行反应。

硝化纤维素又名硝化棉,为白色或微黄色棉絮状,能溶于丙酮,是纤维素与硝酸酯化反应的产物,化学名纤维素硝酸酯。硝化纤维素是用精制棉与浓硝酸和浓硫酸酯化反应而得。硝化纤维素有军用和民用两大应用领域。在军事领域,硝化纤维素主要用于火炸药生产,实行军品管理。在民生领域,硝化纤维素可用于涂料、赛璐珞、人造纤维、电影胶片等多种场合。

虽然将螺噁嗪类化合物掺杂在硝化纤维素基质中也能制备光致变色材料,但由于在掺杂型材料中,螺噁嗪化合物和硝化纤维素基质在分子水平是非均相体系,因此化学工作者更关注于通过化学键连接螺噁嗪基团的硝化纤维素衍生物。关于硝化纤维素的接枝共聚研究较少。朱玉琴等报道了硝化纤维素接枝甲基丙烯酸甲酯后,不加任何增塑剂和改性剂,其涂膜性能均已达到涂料要求。将含有螺噁嗪基团的丙烯酸酯通过接枝共聚反应引入硝化纤维素母体,得到具有光致变色性能的硝化纤维素衍生物,进而探讨其作为光致变色涂料的可行性,具有研究价值。

为此,本节将在有机溶剂中,制备一种接枝螺噁嗪基团的硝化纤维素衍生物新材料;并将其制备为光致变色薄膜,考查薄膜的光致变色抗疲劳性能,旨在为开发具有光致变色性能的特种涂料提供依据。

5.2 实验部分

5.2.1 仪器与试剂

1. 仪器

T200 精密天平仪器，昆山托普泰克电子有限公司；
85－1 恒温磁力搅拌器，常州市金坛友联仪器研究所；
SHB－Ⅲ型循环水式真空泵，郑州长城科工贸有限公司；
DZF－6020 智能真空干燥箱，上海丙林电子科技有限公司；
NEXUS－670 型 FT－IR 光谱仪，KBr 压片，美国尼高力公司；
SDT Q600 同步热分析仪，美国 TA 仪器公司；
ZF7c 型三用紫外分析仪，波长为 365 nm，上海康华生化仪器厂；
Agilent－8453 型紫外-可见吸收光谱仪，美国安捷伦公司。

2. 原料与试剂

螺噁嗪单体(ASO)：1,3,3－三甲基－9′－丙烯酰氧基螺噁嗪，按本书第 2 章所述路线合成；
涂料级 1/2 s 硝化纤维素(NC)：含氮量 11.8%，西安惠安化学工业有限公司；
过氧化苯甲酰(BPO)：分析纯，天津化学试剂有限公司；
丙酮：分析纯，天津化学试剂有限公司；
去离子水为自制。

5.2.2 接枝螺噁嗪的硝化纤维素的制备

在 100 mL 三颈烧瓶中，加入 15 mL 甲基异丁基酮和 1.000 g 硝化纤维素，搅拌溶解后，加入螺噁嗪单体 0.003 mol，通氮气保护，搅拌均匀。缓慢加热至 70℃后，加入过氧化苯甲酰 0.000 5 mol 引发聚合反应，保持恒温反应 3.0 h。将反应物用冰水浴冷却后，倾入 500 mL 石油醚中，有白色絮状物析出。过滤收集白色絮状物，得到不纯的接枝共聚物。在索氏提取器中以苯为溶剂，将不纯的接枝共聚物反复抽提 48.0 h。抽提过程中，从索氏提取器中取少量抽提液滴于滤纸上，用 365 nm 紫外线照射滤纸，如果滤纸不变蓝色则说明螺噁嗪均聚物已完全被除去。然后置于真空干燥箱中在 60℃干燥至恒重，得白色蜡状固体 1.476 g，即接枝螺噁嗪基团的硝化纤维素衍生物(NC－g－ASO)。

按照下式计算出接枝螺噁嗪基团的硝化纤维素衍生物 NC－g－ASO 的接枝率(G)为47.6%。

$$G=(W_1-W_0)/W_0\times 100\%$$

式中，W_0，W_1分别为 NC，NC－g－ASO 的质量。

通过改变反应条件可以制得不同接枝率的 NC－g－ASO。本实验产物结构表征和光致变色性能测试均使用的是 $G=47.6\%$ 的 NC-g-ASO 样品。

5.2.3　键合螺噁嗪的硝化纤维素薄膜的制备

整个操作在避光条件下进行，实验温度为室温。

1. 倾倒法成膜

将 0.1 g 接枝了螺噁嗪基团的硝化纤维素 NC-g-ASO 溶解于 10 mL 丙酮，将溶解后的混合物（不加任何助剂）倾倒在水平放置的干净玻璃片上，于暗处风干，形成一层透明、均匀的薄膜，标记为 M_1。

2. 涂抹法成膜

将 0.1 g 接枝了螺噁嗪基团的硝化纤维素 NC-g-ASO 溶解于 10 mL 丙酮，用刷子将溶解后的混合物（不加任何助剂）均匀涂抹在竖立的干净玻璃片上，溶剂挥发后再次涂抹，于暗处风干后，形成一层透明的涂层，标记为 M_2。

5.2.4　产物结构表征

1. 红外光谱表征

将硝化纤维素 NC、接枝共聚物 NC-g-ASO 研磨成粉末。用 NEXUS-670 型 FT-IR 光谱仪（美国 NICOLET 公司）测定红外光谱，KBr 压片。

2. 核磁共振碳谱表征

将硝化纤维素 NC、接枝共聚物 NC-g-ASO 研磨成粉末，分别溶解于氘代丙酮中，充分溶解；TMS 为内标，使用 Mercury-400 型核磁共振仪测定其核磁共振碳谱。

5.2.5　样品性能测试

1. 光致变色过程热稳定性测试

室温下，将 0.1 g 共价键连接螺噁嗪基团的硝化纤维素材料 NC-g-ASO 溶解于 10 mL 丙酮，用紫外线（波长 365 nm）照射溶液 180 s 以使溶液充分显色作为测试样品，测试其光致变色消色过程的紫外-可见光吸收光谱。整个测量在避光条件进行。

2. 抗疲劳性测试

实验在室温下进行。用紫外线（波长 365 nm）持续照射上述 M_1 和 M_2 两种薄膜 180 s 以使其充分显色作为测试样品，测试其在最大吸收波长处的吸光度。然后将薄膜 M_1 和 M_2 在黑暗中静置 12 h，待薄膜充分褪色后再采用紫外线照射 180 s 使其显色，第二次测试其在最大吸收波长处的吸光度。如此循环往复检测 10 次，研究 M_1 和 M_2 两种薄膜光致变色过程抗疲劳性。

5.3 结果与讨论

5.3.1 红外光谱分析

在硝化纤维素的IR谱(见图5-1)中,出现了3 450.64 cm^{-1},2 922.18 cm^{-1}(OH伸缩,CH,CH_2伸缩振动),1 640.10 cm^{-1}(NO_2不对称伸缩振动),1 277.60 cm^{-1}(NO_2对称伸缩振动),1 165.00 cm^{-1},1 082.06 cm^{-1},820.87 cm^{-1},746.12 cm^{-1}等特征吸收峰。

在共价连接螺噁嗪基团的硝化纤维素NC-g-ASO的IR谱上,硝化纤维素的特征吸收峰3 442.98 cm^{-1},2 926.31 cm^{-1},1 635.03 cm^{-1},1 283.69 cm^{-1},1 165.00 cm^{-1},1 082.94 cm^{-1},832.14 cm^{-1},748.70 cm^{-1}等仍然出现,波数与硝化纤维素相比稍有变化;显著特征是在1 737.14 cm^{-1}出现明显的羰基伸缩振动吸收峰(在均聚物PASO的红外光谱中,羰基伸缩振动吸收峰位于1 738.00 cm^{-1})。考虑到经过苯萃取,NC-g-ASO中已不存在均聚物PASO,红外光谱对照说明NC-g-ASO的确是共价连接螺噁嗪基团的硝化纤维素衍生物。

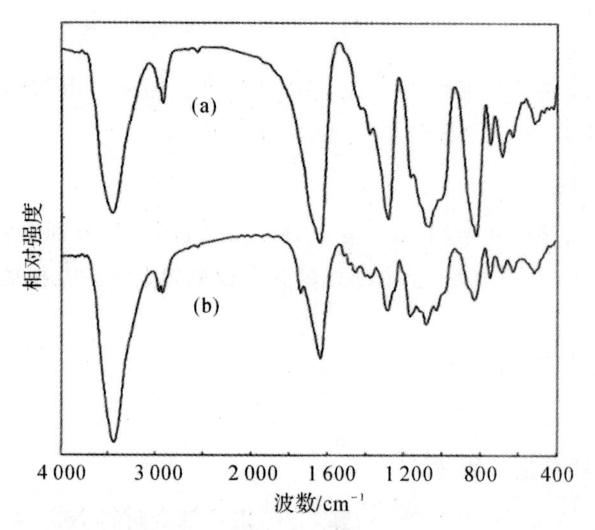

图5-1 硝化纤维素NC(a)和接枝共聚物NC-g-ASO(b)的红外光谱

5.3.2 材料的核磁共振碳谱分析

硝化纤维素NC的^{13}C NMR谱如图5-2所示。

硝化纤维素NC的^{13}C NMR谱中出现了七组峰,其中有六组峰较强,依次是δ 98.674~99.504,δ 81.764,δ 79.224,δ 77.562,δ 76.399,δ 70.802,分别对应为C-1,C-2′,C-3,C-4,C-5,C-6′碳峰,其中C-2′,C-6′是两个被硝酸酯化的羟基所在的碳。δ 83.442处的一

组峰较弱，对应为部分被硝酸酯化的 C－3′ 的碳峰（硝化纤维素的结构式如图 5－3 所示，未被硝酸酯化的羟基所在的碳依次分别用 C－1，C－2，C－3，C－4，C－5，C－6 表示；被硝酸酯化的羟基所在的碳依次分别用 C－1′，C－2′，C－3′，C－4′，C－5′，C－6′ 表示）。

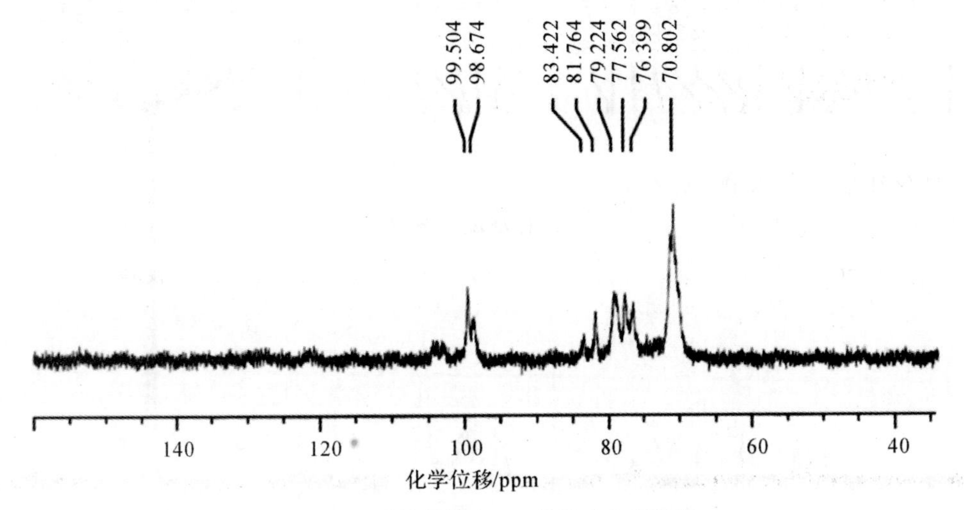

图 5－2　硝化纤维素 NC 的核磁共振碳谱

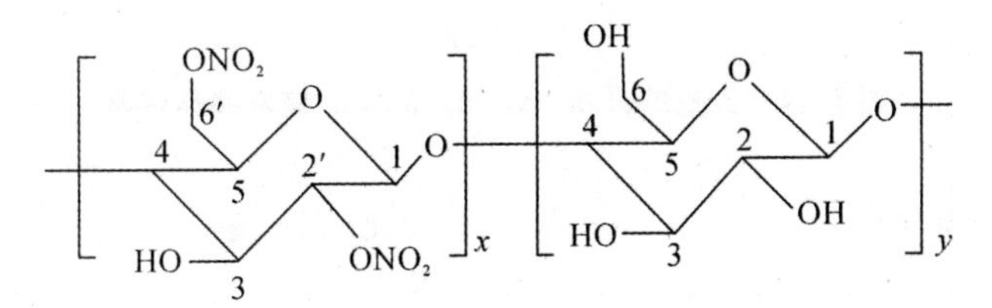

图 5－3　硝化纤维素的结构示意图

接枝共聚物 NC－g－ASO 的^{13}C NMR 谱图如图 5－4 所示。可以发现，硝化纤维素的七组峰仍旧出现，只是化学位移稍有变化；除此之外，在 δ 98.749，δ 99.496，δ 102.984，δ 107.132，δ 112.680，δ 116.497，δ 119.406，δ 119.799，δ 121.391，δ 127.901，δ 128.015，δ 128.398，δ 129.504，δ 130.096，δ 132.279，δ 132.804，δ 151.246 等出现了芳香环或芳杂环碳峰；在 δ 51.926 出现季碳的碳峰；在 δ 29.199（和溶剂重叠），δ 24.165，δ 21.819 出现甲基、亚甲基碳的碳峰。这说明 NC－g－ASO 是以硝化纤维素 NC 为大分子骨架，并在侧链通过共价键连接有螺噁嗪光致变色基团的高分子材料。

5.3.3　开环体的热稳定性

用紫外线照射螺噁嗪衍生物的溶液，螺噁嗪基团会发生开环反应生成部花菁结构，导致整个分子共平面，这样使得吲哚啉环和萘环的 π 轨道发生共轭，在可见光区产生吸收。在室温下，将一般小分子螺噁嗪化合物溶于乙醇等有机溶剂，用紫外线照射其溶液，溶液会开环显色；但是当撤去紫外线后，螺噁嗪溶液褪色极快，快到几乎可以和光谱仪记录光谱所用时间相比甚至更快。因此，室温下很难测得小分子螺噁嗪化合物在有机溶剂中光致变色过程中完整的紫外-可见吸收光谱。通过共价键连接螺噁嗪基团的硝化纤维素材料 NC－g－ASO 在紫外线照下，发生开环反应生成开环体，如图 5－5 所示。NC－g－ASO 的开环体呈现出浅蓝色。

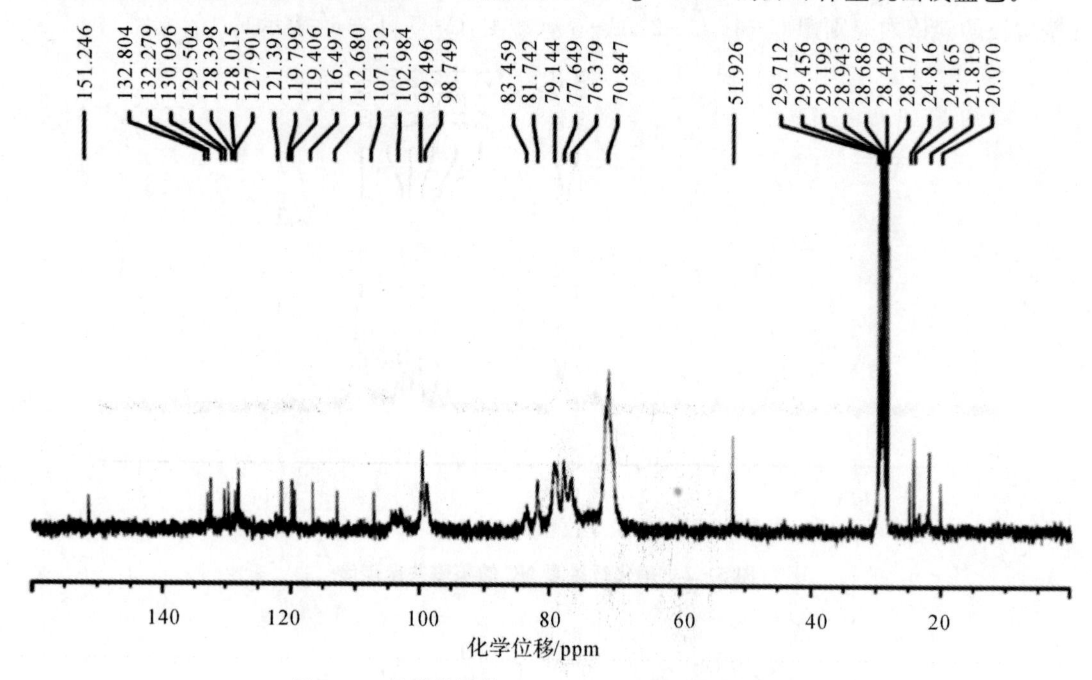

图 5－4　接枝共聚物 NC－g－ASO 的核磁共振碳谱

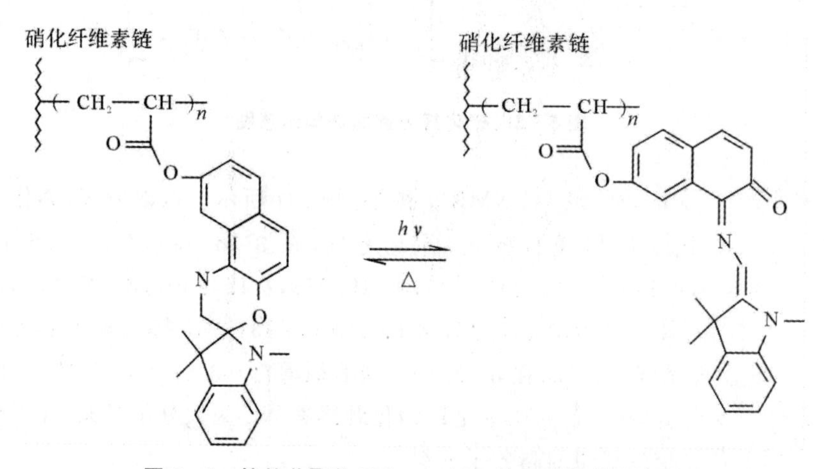

图 5－5　接枝共聚物 NC－g－ASO 的光致变色示意图

如图 5－6 所示，接枝共聚物 NC－g－ASO 成色体在可见光区的最大吸收波长为 610 nm，并在 578 nm 出现一肩峰，整个峰形较宽，这是由于其成色体两个环间相连接的 3 个化学键的构型不同，存在不同的异构体，这些异构体吸收光谱产生重叠所致。

随着室温下放置时间的延长，接枝共聚物 NC－g－ASO 开环显色体在热的作用下逐渐关环转化为无色的闭环体。在整个热褪色过程中，测量的光谱形状未做改变，一直保持，这说明褪色过程中没有其他副反应发生，因此可以通过监测在最大吸收波长 610 nm 处的吸光度来计算这一过程的热褪色反应速率常数 k。

螺噁嗪类衍生物的褪色过程一般符合一级动力学方程。设 A_∞ 为紫外线照射前最大吸收波长 610 nm 处的吸光度，A_0 为紫外线充分照射后间隔 0 s 最大吸收波长处的吸光度，A_t 为紫外线充分照射后间隔固定时间 t 最大吸收波长处的吸光度。测量其开环体在最大吸收波长 610 nm 处的吸光度随时间的变化值，以 $-\ln[(A_t-A_\infty)/(A_0-A_\infty)]$ 对褪色时间 t 作图，得到接枝共聚物 NC－g－ASO 在丙酮溶液中的褪色动力学曲线如图 5－7 所示，显然很好地符合一级动力学方程。由曲线斜率计算出褪色反应速率常数为 $5.22\times10^{-2}\ s^{-1}$。

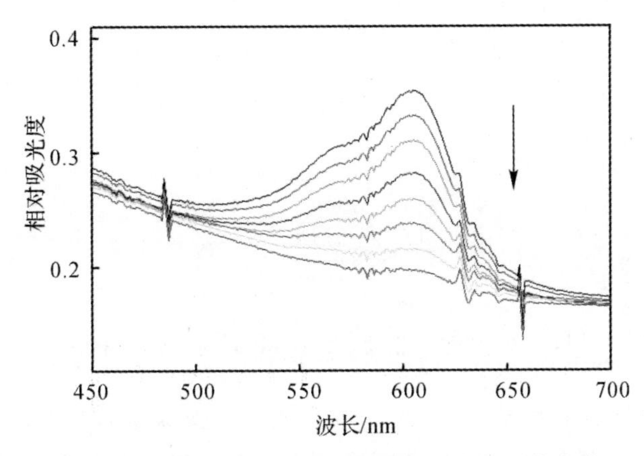

图 5－6　接枝共聚物显色体热褪色过程的吸收光谱

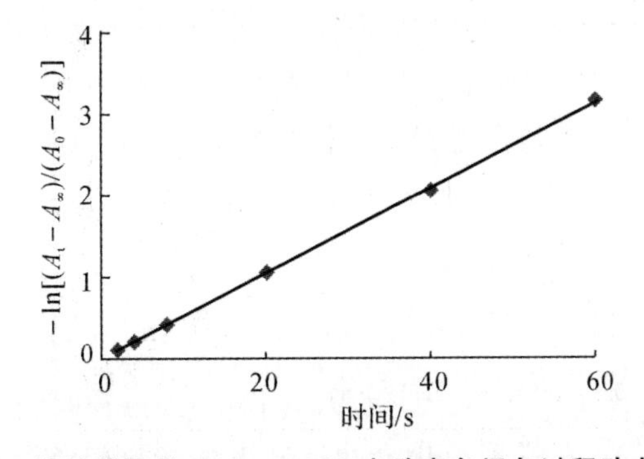

图 5－7　接枝共聚物 NC－g－ASO 光致变色褪色过程动力学曲线

聚甲基丙烯酸甲酯（PMMA），俗称有机玻璃，是一种性能优良的成膜材料，具有透明性好、性能稳定、表面电阻率高、耐候性强等特点，雷元等设计合成了一种通过共价键连接螺噁嗪光致变色基团的聚甲基丙烯酸甲酯高分子（见图 5－8）。其在螺噁嗪小分子的 9′位上引入 C－Br 键，得到了 1,3,3－三甲基－9′－溴吲哚啉螺萘并噁嗪（SO）。然后对聚甲基丙烯酸甲酯进行部分水解，以螺噁嗪小分子的 9′位 C－Br 键作为活性位点，与部分水解的聚甲基丙烯酸甲酯（hPMMA）反应，将螺噁嗪基团共价连接在 hPMMA 侧链上，得到了光致变色功能材料 hPMMA－SO。材料中聚甲基丙烯酸甲酯高分子链的空间位阻作用，对螺噁嗪开环体的关环反应形成障碍，降低了螺噁嗪开环体热褪色反应速率，提高了开环体的热稳定性。

本节合成的接枝螺噁嗪基团的硝化纤维素衍生物 NC－g－ASO（$G=47.6\%$）显色体褪色过程速率常数为 $5.22\times10^{-2}\ s^{-1}$。与前面介绍的通过共价键连接螺噁嗪光致变色基团的聚甲基丙烯酸甲酯显色体褪色过程速率常数（$1.028\sim1.757\times10^{-2}\ s^{-1}$）数量级相同，但要远小于文献中报道的螺噁嗪小分子在有机溶剂中的褪色过程速率常数。接枝螺噁嗪基团的硝化纤维素衍生物 NC－g－ASO 与小分子螺噁嗪化合物相比较，光致变色过程热稳定性有显著提高。大部分文献将其归结于螺噁嗪基团在高分子介质中发生光致变色反应时，受到了空间阻碍。

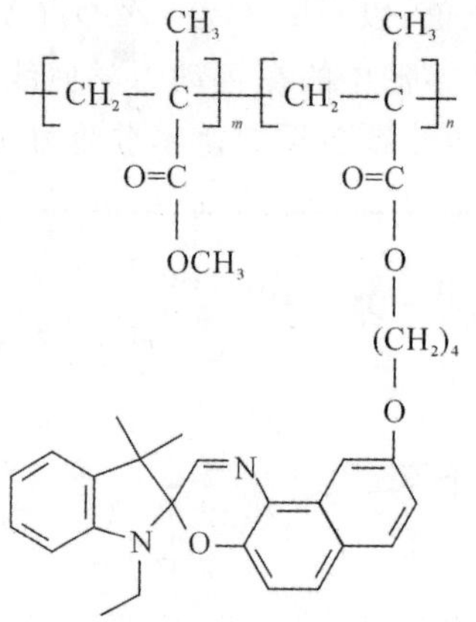

图 5－8　光致变色功能材料 hPMMA－SO 结构式

若以增大光致变色基团周围空间位阻为途径来提高螺噁嗪聚合物光致变色过程开环体的热稳定性，势必需要最大限度地提高硝化纤维素母体上接枝的螺噁嗪基团的数量，也就是提高接枝共聚反应中螺噁嗪单体在硝化纤维素母体上的接枝率。在本书第 3 章中，通过非均相接枝共聚将螺噁嗪单体接枝共聚在了羧甲基纤维素母体上，由于螺噁嗪单体（溶于乙醇等有机溶剂）和羧甲基纤维素母体（溶于水）的良好溶剂不重合，所以接枝共聚反应中两个反应物接触不充分，造成接枝率较低。本节正是考虑到了硝化纤维素具有良好的脂溶性，可以与螺噁嗪单体在均相反应条件下进行接枝共聚反应而展开的。

5.3.4　薄膜抗疲劳性能

螺噁嗪类化合物在光致变色开环、闭环循环过程中，经历长时间光照会发生不可逆的光降解反应，这些光降解反应会使螺噁嗪类化合物逐渐失去光致变色能力，导致光致变色疲劳现象。螺噁嗪类化合物的光降解将直接导致光致变色产品使用寿命缩短，实用性能降低。

接枝螺噁嗪基团的硝化纤维素 NC－g－ASO 通过倾倒法制备的薄膜 M_1 在反复充分显色—褪色 10 次过程中，其在最大吸收波长 610 nm 处的吸光度基本保持不变，如图 5－9 所示。事实上，在室温条件下，将薄膜 M_1 使用紫外线照射 180 s 使其显色，然后将显色后的淡蓝色薄膜置于黑暗中 12 h，待薄膜褪色后再次使用紫外线照射使其显色，再褪色。如此循环往复测试薄膜 M_1 光致变色过程的抗疲劳性能，发现薄膜 M_1 反复显色—褪色 50 次以上而无明显异常，这说明薄膜 M_1 抗疲劳性能优良。

将接枝螺噁嗪基团的硝化纤维素 NC－g－ASO 作为光致变色涂料来使用，测试其抗疲劳性能是非常必要的。为了更加接近于应用，对通过涂抹法制备的薄膜 M_2 也进行抗疲劳性能测试。同样发现，接枝螺噁嗪基团的硝化纤维素 NC－g－ASO 通过涂抹法制备的薄膜 M_2 在反复充分显色—褪色 10 次过程中，其在最大吸收波长 610 nm 处的吸光度基本保持不变，如图 5－10 所示。

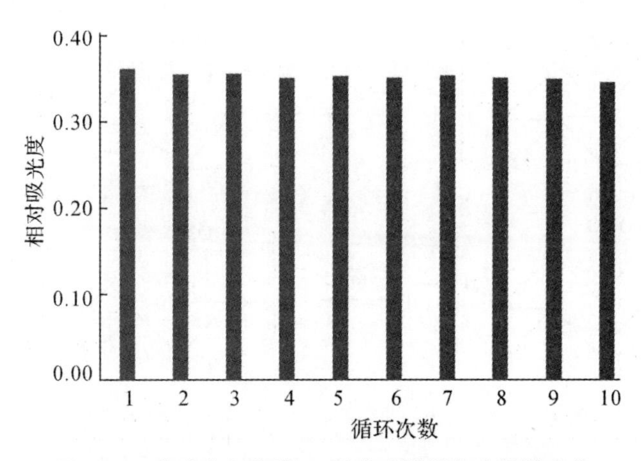

图 5-9　光致变色薄膜 M_1 吸光度随显色次数的变化

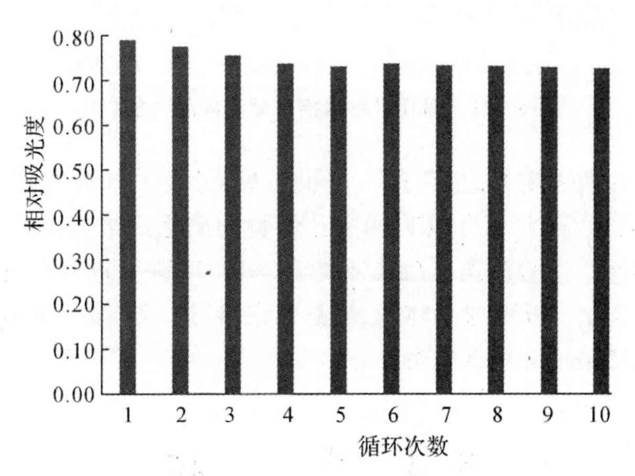

图 5-10　光致变色薄膜 M_2 吸光度随显色次数的变化

5.3.5　硝化纤维素接枝螺噁嗪的共聚机理

对硝化纤维素分子来说，由于分子中活性基团不多，其在均相体系中与乙烯基单体(如含有螺噁嗪的丙烯酸酯等)发生接枝共聚时，能够产生接枝点以形成游离基的位置只能是游离OH或者是硝基。

目前关于硝化纤维素接枝乙烯基单体的研究报道不多。根据溴化实验及在总结前人理论的基础上，Sudhakar 等推测在均相介质中硝化纤维素与乙烯基单体接枝共聚是通过脱硝和烯醇化过程产生接枝点的。朱玉琴研究了硝化纤维素与甲基丙烯酸甲酯的均相接枝共聚反应，应用红外光谱定量测试结果，有力地支持和证实了这一反应机理，即硝化纤维素在脱去硝基之后，经历了烯醇化过程，然后引发剂产生的游离基攻击不饱和基团(碳碳双键)，从而产生硝化纤维素游离基，进而引发乙烯基单体的接枝共聚反应发生。

在借鉴硝化纤维素与甲基丙烯酸甲酯的均相接枝共聚反应机理基础上，认为硝化纤维素接枝螺噁嗪的共聚机理如图 5-11 所示。

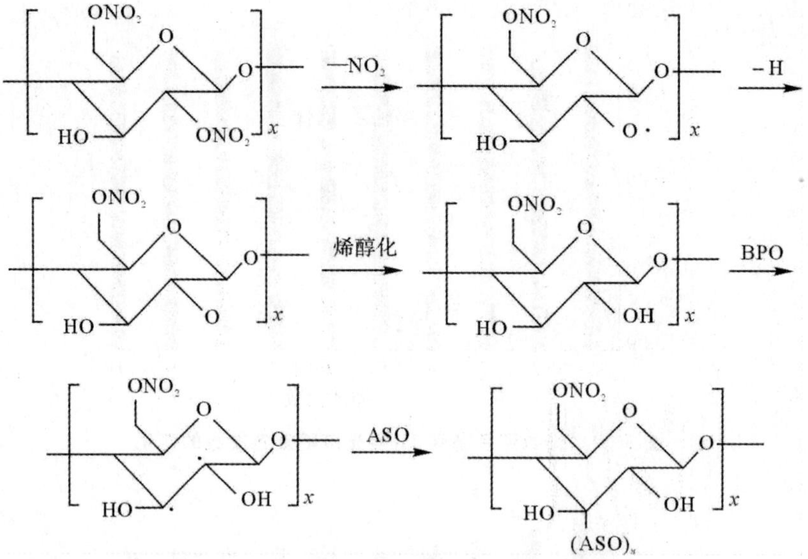

图 5－11　硝化纤维素接枝螺噁嗪的共聚机理

硝化纤维素单元在脱去硝基之后，进一步失去氢，形成了具有羰基结构的硝化纤维素单元，进而发生了烯醇化反应，形成了具有烯醇化结构的硝化纤维素单元，该结构中含有双键。然后，引发剂 BPO 分解产生的游离基攻击不饱和基团（碳碳双键），生成硝化纤维素游离基。硝化纤维素游离基进而引发螺噁嗪单体（乙烯基螺噁嗪）进一步发生聚合反应，得到通过共价键连接有螺噁嗪基团的硝化纤维素衍生物。

5.4　小　　结

为了拓展螺噁嗪类化合物在光致变色涂料领域的应用，设计合成了一种接枝有螺噁嗪基团的硝化纤维素衍生物 NC－g－ASO。与第 3 章接枝有螺噁嗪基团的羧甲基纤维素衍生物 CMC－g－ASO 不同之处在于，硝化纤维素可溶解于甲基异丁基酮，螺噁嗪单体也可溶解于甲基异丁基酮，因此硝化纤维素与螺噁嗪单体之间的接枝共聚反应是在均相有机溶剂环境中进行的。红外光谱和核磁共振碳谱分析表明，新材料 NC－g－ASO 是以硝化纤维为大分子骨架，并在侧链通过共价键连接有螺噁嗪基团。紫外-可见吸收光谱研究表明，新材料具有优异的光致变色性能，且新材料在光致变色过程中显色体的热稳定性较小分子螺噁嗪有显著提升。新材料在不需要任何增塑剂和改性剂的前提下，足以形成均匀的薄膜，且薄膜也具有良好的光致变色性能。新材料优秀的脂溶性和光致变色性能使其更具有实用价值。

第6章　螺噁嗪修饰氧化石墨烯

6.1 引　　言

近年来，石墨烯的制备技术发展迅速，像机械剥离法、单晶金属上的化学气相沉积法、碳化硅表面外延生长法、氧化石墨烯的高温脱氧和化学还原法等，其中，有些制备技术甚至已经投入工业化，这为科学家大规模深入开展石墨烯的应用研究提供了原料保障。

石墨烯是构成其他石墨材料的基本单元（见图6－1），是由sp^2杂化方式的碳原子连接而成的单原子层，其理论厚度仅为0.35 nm，是截至现在已知的最薄的二维材料之一。石墨烯的基本结构单元是苯六元环，而苯六元环是有机材料中最稳定的结构。石墨烯通过物理形态变化，可以包裹成零维的富勒烯，弯曲形成一维的碳纳米管，或堆积成三维的石墨。特殊结构赋予石墨烯很多优异的物理化学性能，并使之成为科学家研究的焦点之一。

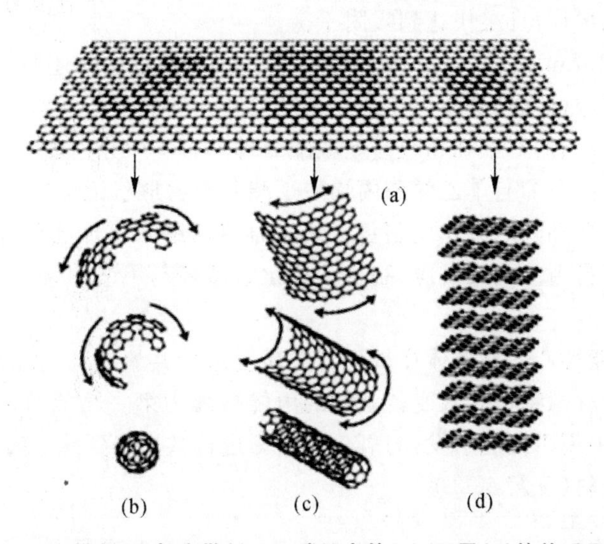

图6－1　石墨烯(a)与富勒烯(b)、碳纳米管(c)、石墨(d)的关系示意图

完美的石墨烯是由苯六元环组成的单原子层，不含任何不稳定化学键，其表面呈惰性状态，与其他介质的相互作用较弱，并且石墨烯层与层之间范德瓦耳斯力较强，易聚集，不溶于水及常见的有机溶剂。石墨烯惰性、难溶于普通溶剂等特点从一定程度上制约了对石墨烯的基础和应用研究。为了改善石墨烯的溶解性，并进一步发掘石墨烯的应用潜力，就必须对石墨烯进行改性修饰，使之功能化。石墨烯功能化修饰的方式主要包括共价键功能化和非共价键功能化等。

利用有机小分子化合物对石墨烯进行共价键功能化，可以将小分子中的一部分基团修饰在石墨烯结构上，从而使改性石墨烯可以在水或有机溶剂中有效分散。除了通过小分子对石墨烯进行改性修饰以外，也可以通过聚合物来实现石墨烯的共价键功能化。将具有特殊功能的聚合物链段通过共价键引入石墨烯结构，既可以改善石墨烯的溶解性，还可以赋予石墨烯材料以新的特殊功能。

Shen 等以硼氢化钠为还原剂将氧化石墨烯还原为石墨烯，然后通过过氧化苯甲酰引发苯乙烯和丙烯酰胺两种单体与石墨烯进行共聚，制备了聚苯乙烯-聚丙烯酰胺嵌段共聚物改性修饰的石墨烯衍生物。聚苯乙烯-聚丙烯酰胺嵌段共聚物的改性修饰显著改善了石墨烯衍生物的溶解性能。由于聚苯乙烯在非极性溶剂中具有好的溶解性，而聚丙烯酰胺在极性溶剂中具有好的溶解性，使得聚苯乙烯-聚丙烯酰胺嵌段共聚物改性修饰的石墨烯材料不但溶于水，也能溶于二甲苯等有机溶剂。

聚 N-异丙基丙烯酰胺是一种能对外界温度产生响应的智能水凝胶，在药物控释、生化分离以及化学传感器等方面具有应用价值。范萍等通过原位聚合法制备了聚 N-异丙基丙烯酰胺/氧化石墨烯水凝胶复合材料，并通过化学还原法将其还原，得到聚 N-异丙基丙烯酰胺/石墨烯复合水凝胶。

疏瑞文等以丙烯酰胺、2-丙烯酰胺-2-甲基丙磺酸为共聚单体，通过溶液聚合法制备了聚丙烯酰胺/2-丙烯酰胺-2-甲基丙磺酸/氧化石墨烯纳米复合水凝胶。实验发现：氧化石墨烯与聚合物基体间相互作用较强，能够均匀地分散在基体中；复合水凝胶在中性溶液中对亚甲基蓝染料的吸附效果最佳，且最快达到吸附平衡。

张可可等采用 Hummers 氧化法制备氧化石墨烯，再用水合肼还原为石墨烯，用异氰酸酯对还原得到的石墨烯进行改性处理。然后以苯乙烯和丙烯酸丁酯为形状记忆聚合物的共聚单体，将用水合肼还原得到的石墨烯和经异氰酸酯处理的石墨烯分别加入单体溶液中，采用自由基聚合的方法获得了石墨烯与苯乙烯和丙烯酸丁酯共聚物形状记忆复合材料。

吕生华等通过氧化和超声波作用制备了氧化石墨烯纳米相片层分散液，再与甲基丙烯酸和烯丙基磺酸钠进行自由基共聚反应，制备了氧化石墨烯与甲基丙烯酸和烯丙基磺酸钠的共聚物。

如上所述，将功能性乙烯基单体在氧化石墨烯上进行共聚制备功能材料的研究近年来发展较快。本章将以含有螺噁嗪光致变色基团的丙烯酸酯为第一功能单体，以丙烯酸乙酯为第二单体，在有机溶剂中用引发剂引发，与氧化石墨烯进行共聚得到螺噁嗪光致变色基团功能化修饰的氧化石墨烯材料（见图 6-2）。

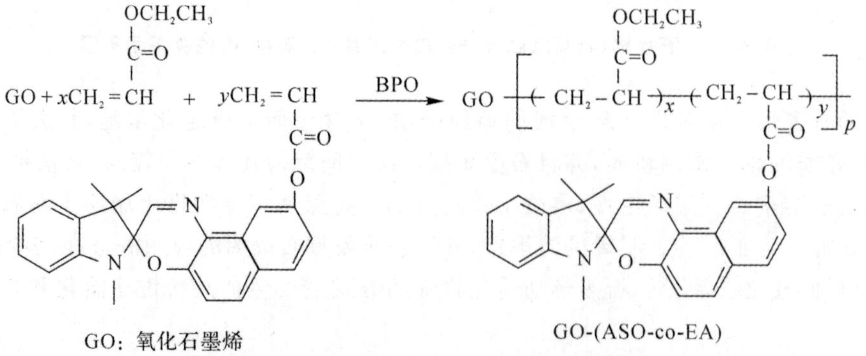

GO：氧化石墨烯

GO-(ASO-co-EA)

图 6-2　螺噁嗪修饰的氧化石墨烯材料的制备

6.2 实验部分

6.2.1 仪器与试剂

1. 仪器

T200 精密天平仪器，昆山托普泰克电子有限公司；
DF－2 集热式恒温磁力搅拌器，常州市瑞华仪器制造有限公司；
KQ50E 型数控超声波清洗器（超声功率 50 W），昆山市超声仪器有限公司；
SHB－Ⅲ型循环水式真空泵，郑州长城科工贸有限公司；
EF81－500ML 砂芯过滤装置，北京中西远大科技有限公司；
TGL－16C 型离心机，上海安亭科学仪器厂；
DZF－6020 智能真空干燥箱，上海丙林电子科技有限公司；
NEXUS－670 型 FT－IR 光谱仪，KBr 压片，美国尼高力公司；
SDT Q600 同步热分析仪，美国 TA 仪器公司；
Agilent－8453 型紫外-可见吸收光谱仪，美国安捷伦公司；
ZF7c 型三用紫外分析仪，波长为 365 nm，上海康华生化仪器厂。

2. 原料与试剂

螺噁嗪单体：1，3，3－三甲基－9′-丙烯酰氧基螺噁嗪（ASO），按本书第 2 章所述路线合成；
氧化石墨烯（GO）：南京吉仓纳米科技有限公司；
过氧化苯甲酰（BPO）：分析纯，天津化学试剂有限公司；
丙烯酸乙酯（EA）：分析纯，天津化学试剂有限公司；
N，N－二甲基甲酰胺（DMF）：分析纯，天津化学试剂有限公司；
四氢呋喃（THF）：分析纯，天津化学试剂有限公司；
丙酮：分析纯，天津化学试剂有限公司；
0.22 μm 微孔过滤膜（有机系）：上海兴亚净化器材厂；
其他试剂均为分析纯，所有试剂购自国药集团西安分公司。

6.2.2 螺噁嗪修饰氧化石墨烯材料的制备

在 100 mL 圆底烧瓶中加入 N，N－二甲基甲酰胺 30 mL，氧化石墨烯 0.03 g，超声 20 min 分散均匀；在氮气保护下，加入螺噁嗪单体 0.2 g、丙烯酸乙酯 0.6 g、过氧化苯甲酰 0.03 g，搅拌均匀，超声分散 20 min；搅拌下回流过夜。冷至室温，倾入大量甲醇，有絮状物出现。用 0.22 μm微孔尼龙滤膜真空抽滤，大量 N，N－二甲基甲酰胺洗涤至洗液无色，真空干燥，剥离得粗产品。将粗产品置于 30 mL 四氢呋喃，超声分散 20 min，得到粗产品的四氢呋喃溶液。将溶液在 10 000 r/min 高速离心机上分离 60 min，收集上清液，再用 0.22 μm 微孔尼龙滤膜真空抽滤，然后用大量四氢呋喃洗涤滤出物，收集固体，真空干燥，即得到氧化石墨烯与螺噁嗪丙烯酸酯和丙烯酸乙酯的共聚物，记为 GO -(ASO - co - EA)，下文称为螺噁嗪修饰的氧化石墨烯材料。

6.2.3 产物表征

1. 红外光谱表征

对氧化石墨烯 GO 粉末、螺噁嗪修饰的氧化石墨烯材料 GO -(ASO - co - EA)研磨而成的粉末，用 NEXUS - 670 型 FT - IR 光谱仪测定其红外光谱，KBr 压片。

2. 紫外-可见吸收光谱表征

将 0.01 g 氧化石墨烯 GO 和 0.01 g 螺噁嗪修饰的氧化石墨烯材料 GO -(ASO - co - EA)分别加入 10 mL N,N -二甲基甲酰胺中，超声 20 min 分散均匀；使用 Agilent - 8453 型光谱仪分别测量两者的紫外-可见吸收光谱，整个测量在避光条件下进行。

6.2.4 产物光致变色性能测试

1. 光致变色过程热稳定性测试

室温下，将 0.05 g 螺噁嗪修饰的氧化石墨烯材料 GO -(ASO - co - EA)加入 10 mL N,N -二甲基甲酰胺中，超声 20 min 使其分散均匀。用波长为 365 nm 的紫外线照射 N,N -二甲基甲酰胺溶液 180 s，以使溶液充分显色作为测试样品，测试其在光致变色褪色过程的紫外-可见光吸收光谱。整个测量在避光条件进行。

2. 抗疲劳性测试

测试在室温条件下进行。将 0.05 g 螺噁嗪修饰的氧化石墨烯材料 GO -(ASO - co - EA)加入 10 mL N,N -二甲基甲酰胺中，超声 20 min 使其分散均匀。用波长为 365 nm 的紫外线持续照射 N,N -二甲基甲酰胺溶液 180 s 以使其充分显色作为测试样品，测试其在最大吸收波长处的吸光度。然后将其移入黑暗中静置 12 h，待溶液充分褪色后，再采用紫外线照射 180 s使其显色，第二次测试其在最大吸收波长处的吸光度。如此循环往复检测 10 次，研究共聚物 GO -(ASO - co - EA)在 N,N -二甲基甲酰胺溶液中光致变色过程的抗疲劳性。

6.3 结果与讨论

6.3.1 红外光谱分析

氧化石墨烯的红外光谱如图 6 - 3 所示。在氧化石墨烯的红外光谱中，3 420 cm^{-1}对应的是 O—H 的特征吸收峰，1 720 cm^{-1}对应的是羧基中 C=O 的伸缩振动，1 090 cm^{-1}对应的是环氧基中C—O—C的对称伸缩振动。

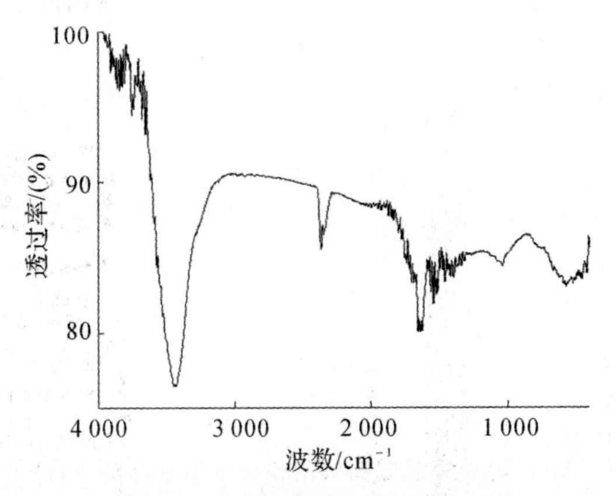

图6-3 氧化石墨烯的红外光谱

螺噁嗪修饰的氧化石墨烯材料GO-(ASO-co-EA)的红外光谱如图6-4所示。在共聚物的红外光谱中，出现了明显的C=O吸收峰(1 722 cm^{-1})和—CH_2—吸收峰(2 954 cm^{-1}，2 914 cm^{-1}，2 868 cm^{-1})，同时也出现了比较强的酯基吸收峰(1 433 cm^{-1}，1 155 cm^{-1})。螺噁嗪修饰的氧化石墨烯材料的红外光谱在保持氧化石墨烯的特征吸收基础上，出现了接枝聚合物(螺噁嗪聚合物和丙烯酸乙酯聚合物)的特征吸收，这说明丙烯酸乙酯链段、含螺噁嗪基团丙烯酸酯链段已经与氧化石墨烯发生了共聚反应。

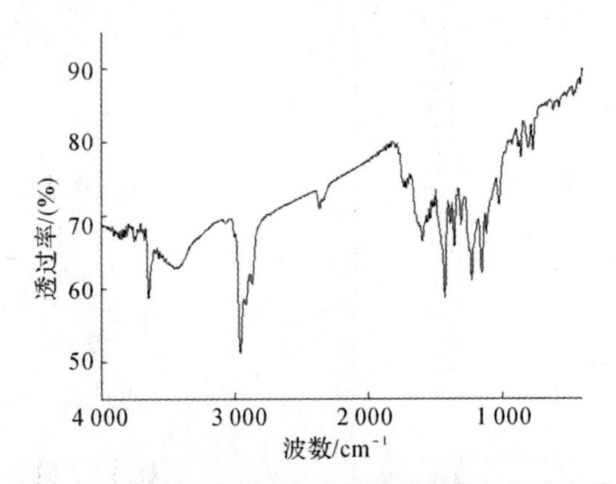

图6-4 螺噁嗪修饰的氧化石墨烯材料的红外光谱

6.3.2 紫外-可见光谱分析

图6-5所示为氧化石墨烯GO和螺噁嗪修饰的氧化石墨烯材料GO-(ASO-co-EA)在N,N-二甲基甲酰胺溶液中的紫外-可见光谱。在氧化石墨烯的紫外-可见光谱中，位于300 nm以下的吸收峰是分子内C=C双键的$\pi—\pi^*$跃迁。在螺噁嗪修饰的氧化石墨烯材料的紫外-可见光谱中，位于380 nm以下的吸收峰有所加强，特别是在320 nm有一个吸收峰，在360 nm附近出现一个肩峰，归属为萘并噁嗪环的吸收。

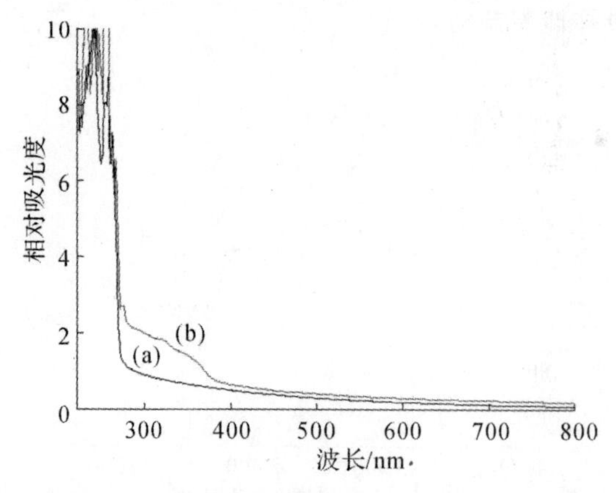

图 6-5　氧化石墨烯(a)和螺噁嗪修饰的氧化石墨烯材料(b)的紫外-可见光谱

6.3.3　材料光致变色过程的热稳定性

螺噁嗪类化合物的相对稳定状态是无色的闭环体结构，在一定波长的紫外线照射后，螺噁嗪类化合物开环成为显色的部花菁结构，整个分子具有共平面性，从而使吲哚啉环和萘环的 π 轨道发生共轭作用，在可见光区出现吸收；撤去紫外线后受热作用，部花菁结构会发生可逆的关环反应，重新形成闭环体结构，这样便完成了一次光致变色可逆循环过程。螺噁嗪修饰的氧化石墨烯材料 GO-(ASO-co-EA)的 N,N-二甲基甲酰胺溶液光致变色循环的褪色过程紫外-可见吸收光谱如图 6-6 所示。

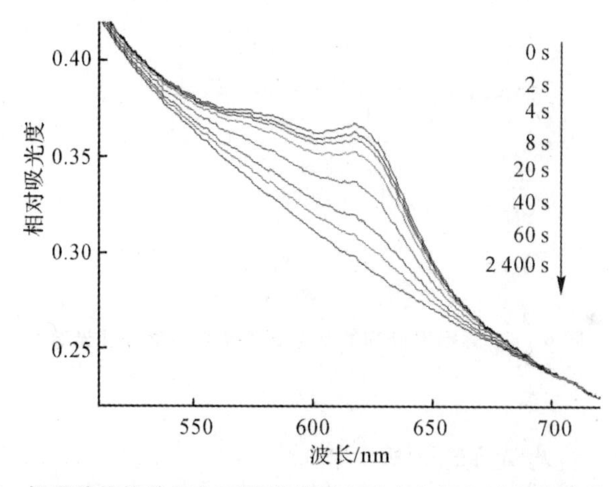

图 6-6　螺噁嗪修饰的氧化石墨烯材料光致变色褪色过程的紫外-可见光谱

用 365 nm 的紫外线充分照射螺噁嗪修饰的氧化石墨烯材料 GO-(ASO-co-EA)的 N,N-二甲基甲酰胺溶液，发生开环显色反应，其在可见光区波长为 617 nm 处出现一个最大吸收峰，并在 575 nm 附近出现一个肩峰，整个吸收峰形状较宽，这是由于其成色体两个环间相连接的 3 个化学键的构型不同，存在不同的异构体，这些异构体吸收光谱产生了重叠。撤去紫外线，光致变色循环的褪色过程随即开始，在褪色过程中，显色体结构逐渐关环转化为无色体结构。整个褪色过程中，吸收峰的形状保持不变，这说明褪色过程中只有一种物质生成，没有其他副反应发生，因此可以通过监测在最大吸收波长617 nm处的吸光度来计算这一过程的热褪色反应速率常数k。

螺噁嗪类衍生物的褪色过程一般符合一级动力学方程。设A_∞为紫外线照射前最大吸收波长617 nm处的吸光度，A_0为紫外线充分照射后间隔0 s最大吸收波长处的吸光度，A_t为紫外线充分照射后间隔固定时间t最大吸收波长处的吸光度。测量其开环体在最大吸收波长617 nm处的吸光度随时间的变化值，以$-\ln[(A_t-A_\infty)/(A_0-A_\infty)]$对褪色时间$t$作图，得到螺噁嗪修饰的氧化石墨烯材料GO-(ASO-co-EA)在N,N-二甲基甲酰胺溶液中的褪色动力学曲线，如图6-7所示，显然很好地符合一级动力学方程。由曲线斜率计算出褪色反应速率常数为2.99×10^{-2} s^{-1}。

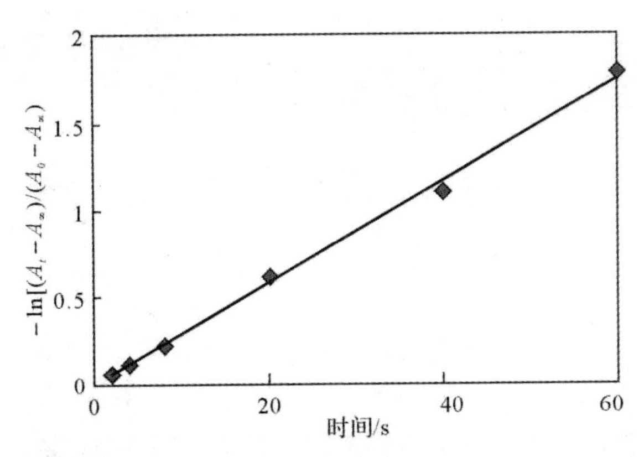

图6-7　螺噁嗪修饰的氧化石墨烯材料光致变色褪色过程的一级动力学曲线

本章合成的螺噁嗪修饰的氧化石墨烯材料GO-(ASO-co-EA)显色体褪色过程速率常数为2.99×10^{-2} s^{-1}。与前两章合成的接枝螺噁嗪基团的羧甲基纤维素衍生物及硝化纤维素衍生物显色体热褪色反应速率常数数量级相同，远小于文献中报道的螺噁嗪小分子在有机溶剂中的褪色过程速率常数。

室温下，将一般小分子螺噁嗪化合物溶于乙醇等有机溶剂，用紫外线照射其溶液，溶液会开环显色；但是当撤去紫外线后螺噁嗪溶液褪色极快，快到几乎可以和光谱仪记录光谱所用时间相比甚至更快，所以室温下很难测得小分子螺噁嗪化合物在有机溶剂中光致变色过程中完整的紫外-可见吸收光谱。目前的研究主要是通过将光致变色螺噁嗪基团引入高分子体系(包括混合体系和化学键合体系两类)，使光致变色基团光异构化过程所需的自由体积受到限制，其光异构化过程被抑制，可以明显减缓螺噁嗪开环体热褪色返回闭环体的速率，进而提高其热稳定性。

本章将含有螺噁嗪基团的丙烯酸酯、成膜性能较好的丙烯酸乙酯，在过氧化苯甲酰的引发下与氧化石墨烯进行共聚，获得了螺噁嗪修饰的氧化石墨烯材料。实验证实其开环体褪色稳定性显著增强，结合材料结构，笔者认为除了高分子体系给光致变色关环反应带来空间位阻外，氧化石墨烯结构中存在的羟基、羧基与螺噁嗪开环结构部花菁中的C=O氧原子产生氢键作用(见图6-8)，稳定了螺噁嗪开环结构部花菁，使得开环结构部花菁关环速率降低，热褪色时间增长，热稳定性增加。

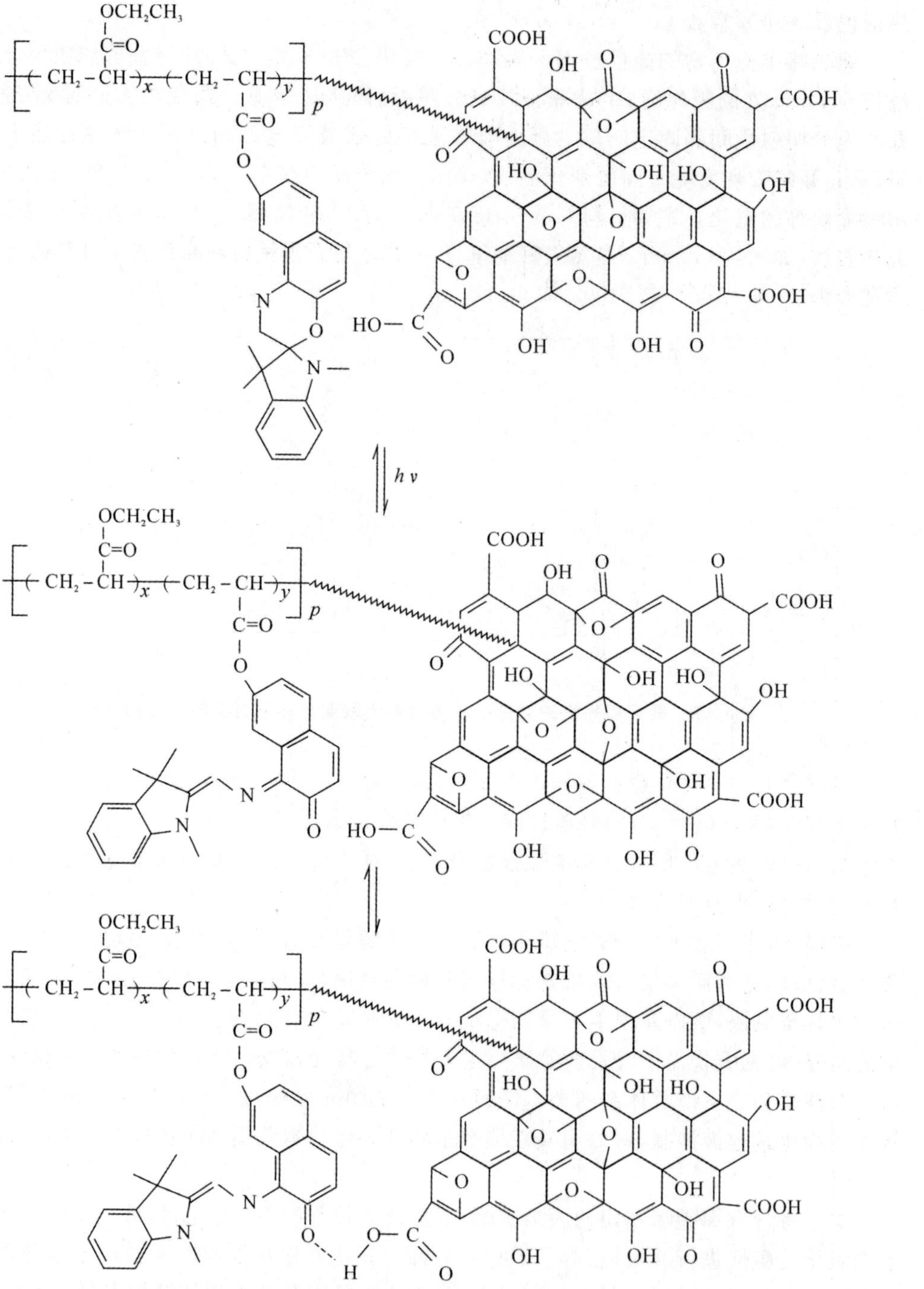

代表氧化石墨烯与共聚物链之间的共价键

图 6-8　螺噁嗪修饰的氧化石墨烯材料开环体中的氢键作用

6.3.4　材料光致变色过程的抗疲劳性

螺噁嗪类化合物在光致变色开环、闭环循环过程中，经历长时间光照会发生不可逆的光降解反应，这些光降解反应会使螺噁嗪类化合物逐渐失去光致变色能力，导致光致变色疲劳现象。螺噁嗪类化合物的光降解将直接导致光致变色产品使用寿命缩短，实用性能降低。

螺噁嗪修饰的氧化石墨烯材料 GO -(ASO - co - EA)的 N,N -二甲基甲酰胺溶液充分显色—褪色反复 10 次过程中，其在最大吸收波长 617 nm 处的吸光度基本保持不变，如图 6 - 9 所示。事实上，如此循环往复测试螺噁嗪修饰的氧化石墨烯材料光致变色过程的抗疲劳性能，发现反复显色—褪色 50 次以上而无明显异常，说明材料抗疲劳性能优良。

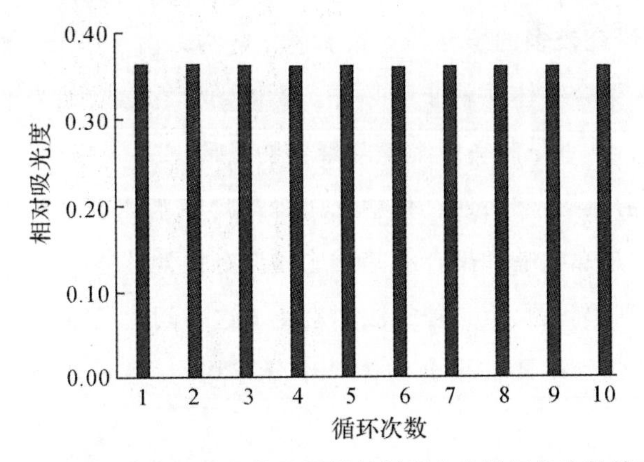

图 6 - 9　螺噁嗪修饰的氧化石墨烯材料吸光度随显色次数的变化

6.4　小　　结

以 9′-丙烯酰氧基螺噁嗪为光致变色功能单体，以丙烯酸乙酯为共聚单体，以过氧化苯甲酰引发两种单体在石墨烯的 N,N -二甲基甲酰胺分散液(超声分散)中共聚，发现嵌段共聚物链并没有通过共价键连接在石墨烯基质上，可能是与购买的石墨烯结构非常完整有关。

借鉴文献，以氧化石墨烯为基质，在 N,N -二甲基甲酰胺分散液中，用过氧化苯甲酰引发螺噁嗪单体和丙烯酸乙酯在氧化石墨烯上共聚，得到了螺噁嗪聚合物-聚丙烯酸乙酯嵌段共聚物改性修饰的氧化石墨烯材料。对材料的结构进行了表征，探讨了材料光致变色过程的热稳定性和抗疲劳性能。

螺噁嗪聚合物-聚丙烯酸乙酯嵌段共聚物改性修饰的氧化石墨烯材料光致变色过程热稳定性能较小分子螺噁嗪化合物有显著提高，这不仅是因为在聚合物体系中，螺噁嗪基团发生光致变色反应所需要的自由体积受限；另一个重要原因是氧化石墨烯结构中存在着羟基(独立羟基或者羧基中的羟基)，能与螺噁嗪开环结构(部花菁)中的 C=O 氧原子发生氢键作用，氢键作用稳定了螺噁嗪开环结构(部花菁)，使得开环结构(部花菁)关环速率降低，热褪色时间增长，热稳定性增加。

第7章　螺吡喃单体的合成

7.1　引　　言

螺吡喃是另一类研究较多的螺环类光致变色化合物。由于小分子螺吡喃化合物器件化困难，因此将螺吡喃引入聚合物体系就非常必要。要得到含有螺吡喃光致变色基团的高分子聚合物，通常有两种方法：其一是制备螺吡喃与聚合物基质的共混掺杂体系；其二则是合成带有活性官能团的螺吡喃衍生物，然后通过化学反应将螺吡喃基团键合入高分子聚合物。第一种方案虽然简单易行，但是螺吡喃和聚合物基质之间没有化学键连接，在长期使用过程中会出现两相(溶质和基质)分离的问题；第二种方法则避免了这一问题，通过化学键将螺吡喃基团引入高分子聚合物体系，螺吡喃基团在聚合物体系中分布均匀，且长期使用不会出现两相分离的问题。

何炜、邓灵福等分别合成了1-羟乙基-3,3-二甲基-6′-硝基螺吡喃，然后将其与(甲基)丙烯酰氯进行酯化反应，合成了含有螺吡喃基团的(甲基)丙烯酸酯衍生物；Kimura、Shiraishi、申凯华等则将含有螺吡喃基团的(甲基)丙烯酸酯单体进行均聚，或与其他单体进行共聚，合成了一系列含有光致变色螺吡喃基团的高分子聚合物，并研究了这些高聚物的光致变色性能。

笔者拟合成含有螺吡喃基团的丙烯酸酯，并将其与其他丙烯酸酯一起和氧化石墨烯进行共聚，制备一种螺吡喃光致变色基团修饰的氧化石墨烯衍生物。

合成路线如图7-1所示，首先通过将苯肼、甲基异丙基酮、浓硫酸三种反应物和适当溶剂“一锅煮”反应合成中间体2,3,3-三甲基-3H-吲哚，后者进一步与2-碘乙醇回流反应合成1-羟乙基-2,3,3-三甲基吲哚啉碘化物。然后采用超声波辅助合成技术，以甲醇为溶剂，用1-羟乙基-2,3,3-三甲基吲哚啉碘化物和5-硝基水杨醛为原料合成1-羟乙基-3,3-二甲基-6′-硝基吲哚啉螺苯并吡喃。

1-羟乙基-3,3-二甲基-6′-硝基螺吡喃含有活性官能团羟基，是文献中报道较多的螺吡喃小分子之一。由于合成步骤较长、产率较低，导致其价格高昂。在对1-羟乙基-3,3-二甲基-6′-硝基螺吡喃进行丙烯酸酯化的过程中，大部分文献为了提高酯化效率，先将丙烯酸与氯化亚砜反应转化为酯化活性更强的丙烯酰氯，然后再用丙烯酰氯对1-羟乙基-3,3-二甲基-6′-硝基螺吡喃进行酯化，以提高酯化效率。但是丙烯酰氯需要制备，制备过程中产生大量酸性废气，并且丙烯酰氯自身气味刺鼻，不便保存。

本章将在无水溶剂中，以丙烯酸为原料，以 N,N′-二环己基碳二酰亚胺为脱水剂，以 4 -二甲氨基吡啶为催化剂，绿色高效地合成含有螺吡喃基团的丙烯酸酯衍生物。

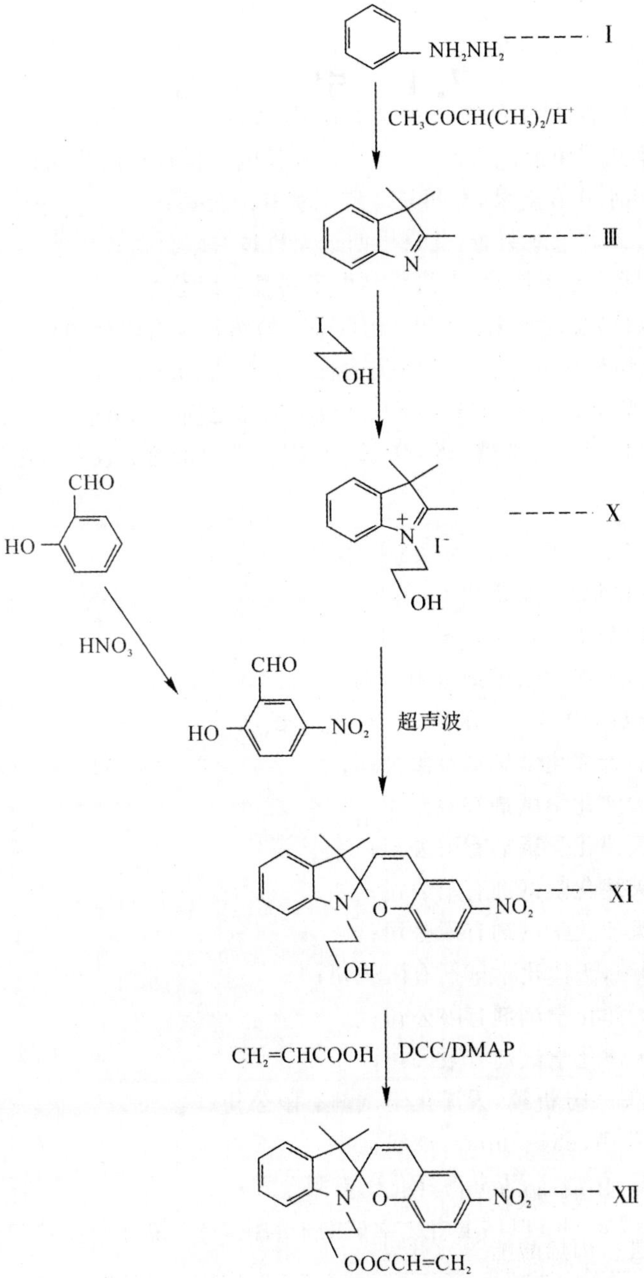

图 7 - 1　螺吡喃丙烯酸酯

7.2 实验部分

7.2.1 仪器与试剂

1. 仪器

T200 精密天平仪器，昆山托普泰克电子有限公司；
DF－101S 型集热式恒温磁力搅拌器，郑州宝晶电子科技有限公司；
SHB－Ⅲ型循环水式真空泵，郑州长城科工贸有限公司；
EF81－500ML 砂芯过滤装置，北京中西远大科技有限公司；
DZF－6020 智能真空干燥箱，上海丙林电子科技有限公司；
X4 型显微熔点仪，温度计未经校正，北京中仪博腾科技有限公司；
Mercury－400 型核磁共振仪，TMS 为内标，美国 Varian 公司；
NEXUS－670 型 FT－IR 光谱仪，KBr 压片，美国尼高力公司；
KQ50E 型数控超声波清洗器(超声功率 50 W)，昆山市超声仪器有限公司。

2. 试剂

苯肼：分析纯，北京化工厂，减压蒸馏收集中间馏分使用；
甲基异丙基酮：化学纯，北京化工厂；
醋酸：分析纯，国药集团化学试剂公司；
碘化钾：分析纯，天津化学试剂有限公司；
2－氯乙醇：化学纯，中国医药集团(上海)化学试剂公司；
水杨醛：分析纯，天津化学试剂有限公司；
硝酸：分析纯，天津化学试剂有限公司；
乙酸：分析纯，天津化学试剂有限公司；
甲醇：分析纯，天津化学试剂有限公司；
乙醇：分析纯，天津化学试剂有限公司；
六氢吡啶：分析纯，天津化学试剂有限公司；
乙醚：分析纯，天津化学试剂有限公司；
丙酮：分析纯，天津化学试剂有限公司；
石油醚(60～90℃)：分析纯，天津化学试剂有限公司；
4A 分子筛(钠 A 型，φ3～5mm)：球状；
薄层层析硅胶 G：化学纯，青岛海洋化工有限公司；
微晶纤维素：E. Merck 进口，上海化学试剂采购供应站，新华化工厂分装；
硫酸：分析纯，西安化学试剂厂；
硫代硫酸钠：分析纯，天津市化学试剂二厂；
丙烯酸：分析纯，天津市化学试剂二厂；

N,N′-二环己基碳二酰亚胺:化学纯,医药集团(上海)化学试剂公司;

4-二甲氨基吡啶:化学纯,医药集团(上海)化学试剂公司;

二氯乙烷:分析纯,天津化学试剂有限公司;

甲苯:分析纯,天津化学试剂有限公司;

其他均为国产分析纯试剂,所有试剂购自医药集团化学试剂有限公司。

7.2.2　中间体及目标产物的合成

1. 中间体 2,3,3-三甲基-3H-吲哚的一步合成

在 250 mL 圆底烧瓶中依次加入 27.0 g 苯肼Ⅰ、35.0 mL 甲基异丙基酮、50.0 mL 无水乙醇,搅拌均匀,油浴加热。将 15.0 mL 浓硫酸在半小时内缓慢滴入上述混合物后,继续回流 3 h。蒸去乙醇,用质量分数为 10%的氢氧化钠溶液中和至弱碱性,分液收集油相。用乙醚萃取水相三次并入油相,用无水硫酸镁干燥 12 h,过滤弃去滤渣,滤液先常压蒸去乙醚后,在用油泵进行减压蒸馏,收集 122～124℃/8mmHg 馏分,得到淡黄色油状液体Ⅲ 29.5 g,产率 73.05%。折光率为 1.547 2(文献值为 1.548 6)。

2. 中间体 2-碘乙醇的合成

搅拌下,将含有 42 g 碘化钾的饱和水溶液加热至 85℃,然后慢慢滴入 2-氯乙醇 20 g,保持温度避光反应2 h后冷却至室温,过滤除去生成的氯化钾。滤液继续反应2 h,过滤除去生成的氯化钾。然后滴入饱和硫代硫酸钠溶液至混合物呈无色,用乙醚萃取三次,合并有机层。加入无水硫酸镁干燥 12 h,抽滤,常压蒸馏除去乙醚后,收集 85℃/25 mmHg 附近的馏分,得到无色液体 17.2 g,即为 2-碘乙醇,产率 39.7%。

3. 中间体 1-羟乙基-2,3,3-三甲基吲哚碘化物的合成

将新制的 2,3,3-三甲基-3H-吲哚Ⅲ 11.5 g 与 2-碘乙醇 12.4 g 在无水乙醇中搅拌混合,控制在 120～140℃反应 0.5 h。冷却,过滤,无水乙醇洗涤,干燥得淡黄色固体 23.8 g。用无水乙醇重结晶两次得无色晶体 23.1 g,即 1-羟乙基-2,3,3-三甲基吲哚碘化物 X,产率 96.65%。熔点为 160～161℃(文献值为 162～163℃)。

4. 中间体 5-硝基水杨醛的合成与提纯

在 250 mL 三颈圆底烧瓶中依次加入 100 mL 冰醋酸和 25 g 水杨醛,在冰水浴中搅拌溶解。控制温度不高于 10℃,在 3 h 内边搅拌边慢慢滴加 20 g 发烟硝酸于混合物中。然后将反应温度缓慢升至 45℃,恒温反应 2 h 后,趁热将反应物倾入 300 g 冰和 500 mL 水的混合物中,搅拌冷却,静置 5 h 后,过滤、洗涤、干燥得黄色固体 21.3 g,黄色固体为 3-硝基水杨醛和 5-硝基水杨醛的混合物。

将 300 mL 质量分数为 3 %的氢氧化钠溶液分批慢慢加入前面制备的黄色混合物中,边加边搅拌,最终变成橙红色浆状物。静置 12 h 后,将约 200 mL 蒸馏水加入,搅拌、溶解、抽滤,如此反复 3 次,共得红色滤液约 800 mL。在剩余的沉淀中加入足够量的蒸馏水,使剩余的沉淀几乎完全溶解,过滤得黄色溶液。

在搅拌下将体积比为 1∶1 的盐酸逐滴加入上述黄色溶液中,控制混合物 pH=4～5,出现大量淡黄色絮状沉淀。抽滤,用蒸馏水洗涤数次至滤液为中性,将滤出物干燥,得到淡黄色晶体 12 g,即 5-硝基水杨醛,产率 55.68%。熔点为 124～125℃(文献值为 125～127℃)。

5. 中间体 1-羟乙基-3,3-二甲基-6′-硝基螺吡喃的一步合成

反应在氮气保护下进行。在三颈烧瓶中加入 80 mL 甲醇作为反应介质,然后依次加入 1-羟乙基-2,3,3-三甲基吲哚啉碘化物Ⅹ 6.62 g、5-硝基水杨醛 3.34 g、六氢吡啶 2 mL 和 4A 分子筛少许。安装回流冷凝装置,置于超声波清洗器中,超声波清洗器水槽中水温为 70℃,开启超声。在回流状态下反应 30 min,趁热过滤弃去滤渣,将滤液回收并在减压条件下蒸发至干,将析出的固体用大量乙醚溶解。收集乙醚进行浓缩,将得到的少量黏稠物拌入硅胶,装柱柱层析。用混合洗脱液($V_{丙酮}:V_{石油醚}=1:6$)洗脱分离,得到紫红色晶体,收率为 63.7%,即 1-羟乙基-3,3-二甲基-6′-硝基螺吡喃Ⅺ,熔点为 163～164℃(文献值为 163～165℃)。

6. 目标产物 1-丙烯酰氧乙基-3,3-二甲基-6′-硝基螺吡喃的合成

反应在避光条件下进行。在 100 mL 圆底烧瓶中依次加入 50 mL 有机溶剂、3.52g 中间体 1-羟乙基-3,3-二甲基-6′-硝基螺吡喃Ⅺ和 0.72g 丙烯酸,搅拌均匀后,再迅速加入 N,N′-二环己基碳二酰亚胺 2.07 g 和 4-二甲氨基吡啶少许,烧瓶内液体随即出现白色混浊。保持温度恒定,持续搅拌反应一段时间,过程中通过 TLC 监测反应进行的程度。待反应完成后,将混合物进行抽滤,弃去滤渣,收集滤液。将滤液依次用质量分数为 10%的碳酸钠溶液、饱和食盐水、10%盐酸、饱和食盐水反复洗涤 3 次,用无水硫酸镁干燥 12 h 后,用砂心漏斗过滤除去干燥剂。然后蒸馏去除溶剂得到粉红色固体粗产品,将粗产品用乙酸乙酯进行重结晶,得粉红色晶体,即目标产物 1-丙烯酰氧乙基-3,3-二甲基-6′-硝基螺吡喃Ⅻ。熔点为 166～167℃(文献值为 168～169℃)。

7.3 结果与讨论

7.3.1 中间体及目标产物的波谱表征

1. 中间体 1-羟乙基-3,3-二甲基-6′-硝基螺吡喃的波谱表征

IR(KBr)υ(cm^{-1}):3377,1609,1510,1481,1362,1273,1022,953。

1HNMR($CDCl_3$,400MHz)δ: 1.22(s, 3 H),1.32(s, 3 H),1.82 (s, 1 H), 3.42(t, 2 H),3.78(t, 2 H),5.91 (d, 1 H),6.69 (d, 1 H),6.75 (d, 1 H),6.90 (t, 2 H),7.13 (d, 1 H),7.22 (d, 1 H),8.03 (t, 2 H)。

2. 目标产物 1-丙烯酰氧乙基-3,3-二甲基-6′-硝基螺吡喃的波谱表征

IR(KBr)υ(cm^{-1}):3416,3394,3290,2931,2854,1728,1655,1620,1541,1522,1485,1452,1407,1339,1271,1186,1089, 955,808,746。

1HNMR ($CDCl_3$,600MHz) δ:1.16(s, 3 H),1.28(s, 3 H),3.45(t, 1 H),3.54(t, 1 H),4.31(m, 2 H),5.83(dd, 1 H),5.87(d, 1 H),6.06(dd, 1 H),6.38(dd, 1 H),6.70

(d，1 H)，6.75(d，1 H)，6.90(m，2 H)，7.10(d，1 H)，7.22(m，1 H)，8.01(m，2 H)。

13CNMR ($CDCl_3$，600MHz) δ：165.92，159.39，146.62，141.11，135.72，131.21，128.33，128.08，127.87，125.98，122.78，121.84，121.76，119.96，118.42，115.58，106.72，106.48，62.46，52.84，42.43，25.87，19.86。

7.3.2　中间体和目标产物的合成过程

1. 中间体 2,3,3 -三甲基- 3H -吲哚的一步合成

在螺环类光致变色化合物的合成过程中，中间体 2,3,3 -三甲基- 3H -吲哚Ⅲ的高效快速合成是至关重要的一步，文献中通常采用费歇尔合成法。费歇尔合成法通过将原料苯肼Ⅰ与甲基异丙基酮两者混合并在油浴下回流，进而分液，得到甲基异丙基酮苯腙；然后再加人冰醋酸回流反应，除去溶剂，用稀的碱溶液中和，用乙醚萃取，减压蒸馏除去大部分乙醚，最后在油泵减压条件下蒸馏，收集 122～124℃/8mmHg 馏分即为 2,3,3 -三甲基- 3H -吲哚Ⅲ。本章在用醋酸酸化合成 2,3,3 -三甲基- 3H -吲哚Ⅲ的基础上，参考文献，通过将苯肼Ⅰ、甲基异丙基酮、浓硫酸三种原料和适当溶剂“一锅煮”合成 2,3,3 -三甲基- 3H -吲哚Ⅲ。“一锅煮”合成能简化步骤，高效快速地合成中间体 2,3,3 -三甲基- 3H -吲哚Ⅲ。

2. 中间体 5 -硝基水杨醛的合成与提纯

水杨醛的单硝化产物有两种，即 3 -硝基水杨醛和 5 -硝基水杨醛(见图 7 - 2)，两者共存。将两者进行有效分离是合成 5 -硝基水杨醛的关键。文献中大都采用加入一定量的稀碱溶液使 3 -硝基水杨醛和 5 -硝基水杨醛完全转变为钠盐(酚钠盐)，进而利用两种钠盐在水中的溶解度不同，采用水抽提方法，先将易溶的 3 -硝基水杨醛以钠盐形式抽提分出，再加入足量的水使 5 -硝基水杨醛钠盐完全溶解，进而酸化、重结晶处理得到 5 -硝基水杨醛。

实验选用大量的冰乙酸做溶剂，主要是为了避免二硝化产物及氧化产物等副产物的生成，使其主要生成单硝化产物。

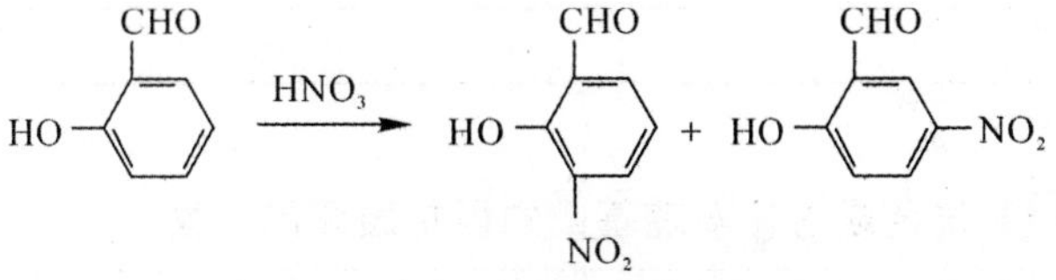

图 7 - 2　水杨醛的硝化反应

3. 超声合成 1 -羟乙基- 3,3 -二甲基- 6′-硝基螺吡喃

螺吡喃类光致变色化合物最常用的合成方法是在氮气保护下，用 2 -亚甲基吲哚啉衍生物(Fischer 碱)与邻羟基芳香醛衍生物在有机溶剂中进行长时间回流缩合，一般情况下反应的时间为数小时。较长的反应时间和较低的合成效率在一定程度上限制了螺吡喃的进一步开发和实际应用。2 -亚甲基吲哚啉衍生物(Fischer 碱)是通过其前体季铵盐与强碱反应转化成季铵碱，季铵碱受热发生霍夫曼分解生成的烯烃类化合物(2 -亚甲基即为双键)。也有文献将 2 -亚甲基吲哚啉衍生物的前体季铵盐与邻羟基芳香醛衍生物在有机碱(如三乙胺等)的存在下“一锅煮”，简化了合成步骤，但是反应时间并没有明显缩短，产品收率没有明显提高。

微波辐射辅助合成技术、超声波辅助合成技术近年来发展较快。通过微波辐射辅助合成技术,可以明显缩短螺吡喃类化合物的合成周期,提高合成效率。将超声波辅助合成技术应用于螺吡喃类光致变色化合物的合成,势必将提高其合成效率,降低成本,从而加速其应用推广。

(1)溶剂的选择。在文献中,合成螺吡喃时最常用的反应介质是乙醇(沸点为78.5℃)。笔者使用数控超声清洗器为超声波来源,超声清洗器槽内介质为水。如果仍然以乙醇为反应介质,则回流反应温度就需要控制到78.5℃。考虑到水的沸点为100℃,在高于80℃时挥发很快,产生的大量水蒸气使实验操作非常不方便。因此本实验合成螺吡喃的回流介质选择用甲醇(沸点为65℃),将数控超声清洗器槽内介质水的温度控制为70℃,通过水浴加热,使超声辐射反应在甲醇介质中回流条件下进行。

(2)反应时间对超声合成产率的影响。对于1-羟乙基-3,3-二甲基-6′-硝基螺吡喃Ⅺ的合成,普遍采用的方式是将原料1-羟乙基-2,3,3-三甲基吲哚啉卤化物与5-硝基水杨醛,在有机碱的存在下"一锅煮","一锅煮"使合成步骤得以简化,产率有所提高。部分文献报道先将1-羟乙基-2,3,3-三甲基吲哚啉卤化物与氢氧化钠水溶液反应,从而脱去卤化氢制成中间产物,接着再与5-硝基水杨醛在有机溶剂中回流缩合。本实验采用"一锅煮"的方式。以无水甲醇为反应介质,以有机碱六氢吡啶为催化剂,同时用4A分子筛除水,固定两种反应物1-羟乙基-2,3,3-三甲基吲哚啉碘化物和5-硝基水杨醛的物质的量之比为1∶1,在超声辐射下回流。超声辐射时间对合成产率的影响见表7-1,可以看出,随着超声辐射下回流反应时间的延长,产率逐渐提高;在时间超过30 min后,产率已无明显提高。与常用的加热回流缩合数小时相比,明显缩短反应时间。同时,当超声辐射时间为30 min时,产率可达63.7%,与常用的加热回流缩合反应产率接近。

表7-1 超声辐射时间对合成产率的影响

时间/min	产率/(%)
10	39.7
20	52.9
30	63.7
40	63.7

4.影响DCC/DMAP法合成含螺吡喃基团的丙烯酸酯的因素

将丙烯酸制备为丙烯酰氯后,尽管可以大大提高酯化反应的活性,对提高反应原料1-羟乙基-3,3-二甲基-6′-硝基螺吡喃Ⅺ的利用率有着重要意义,但是存在中间体丙烯酰氯需要制备、制备过程产生对设备有腐蚀的气体等问题。相比之下,近年来流行的DCC/DMAP酯化法则避免了这些问题。DCC/DMAP酯化法是一种利用N,N′-二环己基碳二酰亚胺(DCC)脱水,利用4-二甲氨基吡啶(DMAP)催化的高效酯化方法,这种方法在精细合成中已经得到了应用。

(1)溶剂对酯化产率的影响。DCC/DMAP酯化常用的溶剂有乙醚、二氯甲烷、甲苯、石油醚等。保持原料1-羟乙基-3,3-二甲基-6′-硝基螺吡喃Ⅺ与丙烯酸物质的量比为1∶1,DCC和原料Ⅺ物质的量比为1∶1,DMAP和原料Ⅺ物质的量比为0.05∶1,在室温下反应2.0 h,实验结果见表7-2。

表 7-2　不同溶剂对反应产率的影响

溶　剂	产率/(%)
乙醚	79.3
二氯甲烷	52.8
甲苯	67.4
石油醚	68.1

由表 7-2 可见，用无水乙醚做溶剂较好，这是因为乙醚和水相分层清晰。

(2)反应时间对酯化产率的影响。以无水乙醚为反应介质，保持原料 1-羟乙基-3,3-二甲基-6′-硝基螺吡喃Ⅺ与丙烯酸物质的量比为 1∶1，DCC 和原料Ⅺ物质的量比为 1∶1，DMAP 和原料Ⅺ物质的量比为 0.05∶1，在室温下反应，利用 TLC 监测反应物($V_{石油醚}$∶$V_{丙酮}$=5∶1)不同反应时间的转化率。研究发现，时间延长反应物转化率提高，但是反应 2.0 h 后原料 1-羟乙基-3,3-二甲基-6′-硝基螺吡喃Ⅺ消失，继续延长反应时间对酯化来说已经没有意义。故实验选定反应时间为 2.0 h，酯化反应产率为 79.3%。

(3)反应温度对酯化产率的影响。以无水乙醚为反应介质，保持原料 1-羟乙基-3,3-二甲基-6′-硝基螺吡喃Ⅺ与丙烯酸物质的量比为 1∶1，DCC 和原料Ⅺ物质的量比为 1∶1，DMAP 和原料Ⅺ物质的量比为 0.05∶1，在冰水混合浴(0℃)、室温(25℃)及乙醚回流状态(33℃)下分别反应 2.0 h，酯化产率见表 7-3。由表 7-3 可知，当反应时间较长时，在 0℃，25℃，33℃反应酯化产率差别很小，可能是由于 DCC/DMAP 酯化反应活性较强的缘故。考虑到操作简便及节约能源，选择在室内温度下反应为宜。

表 7-3　反应温度对酯化产率的影响

温度/℃	产率/(%)
0	75.1
25	79.3
33	80.2

(4)催化剂用量对转化率的影响。实验表明，以无水乙醚为反应介质，保持原料 1-羟乙基-3,3-二甲基-6′-硝基螺吡喃Ⅺ与丙烯酸物质的量比为 1∶1，室温下反应 2.0 h 的基本条件不变，当脱水剂 DCC 和原料Ⅺ物质的量比为 1∶1，催化剂 DMAP 和原料Ⅺ物质的量比为 0.05∶1时，酯化反应收率最高。

7.4　小　　结

(1)探索提高螺吡喃类光致变色化合物合成效率的方法。以甲醇为溶剂，在超声辐射条件下，将 1-羟乙基-2,3,3-三甲基吲哚啉碘化物和 5-硝基水杨醛在有机碱六氢吡啶存在下“一锅煮”，高效快捷地合成了 1-羟乙基-3,3-二甲基-6′-硝基螺吲哚啉苯并吡喃，整个反应仅需 30 min 即取得了较好的收率，显著提高了螺吡喃类光致变色化合物的合成效率。

(2)DCC/DMAPP 法合成 1-丙烯酰氧乙基-3,3-二甲基-6′-硝基螺吡喃的优化条件为：在乙醚溶液中，原料 1-羟乙基-3,3-二甲基-6′-硝基螺吲哚啉苯并吡喃、原料丙烯酸、脱水剂 DCC、催化剂 DMAP 四者物质的量比为 1∶1∶1∶0.05，在室温反应 2.0 h，产率 79.3%，略高于文献报道值。DCC/DMAP 体系能有效促进酯化反应的进行，DCC 结合水后生成不溶于溶剂的沉淀物，经过滤即可除去，后处理容易。

第8章　螺吡喃修饰氧化石墨烯

8.1 引　　言

石墨烯是构成其他石墨材料的基本单元，是由 sp^2 杂化方式的碳原子连接而成的单原子层，其理论厚度仅为 0.35 nm，是截至现在已知的最薄的二维材料。石墨烯的基本结构单元是苯六元环，而苯六元环是有机材料中最稳定的结构之一。特殊结构赋予石墨烯很多优异的物理化学性能，并使之成为科学家研究的焦点。

然而，完整的石墨烯不含任何不稳定化学键，其表面呈惰性状态，与其他介质的相互作用较弱，并且石墨烯层与层之间范德瓦耳斯力较强，易聚集，不溶于水及常见的有机溶剂。这从一定程度上制约了石墨烯的应用。对石墨烯进行改性修饰使之功能化，既可以改善其溶解性能，又能赋予其特殊功能，拓展其应用领域。通过光致变色化合物(如偶氮苯、螺吡喃、螺噁嗪等)对石墨烯进行功能化便是石墨烯功能化的研究方向之一。

Zhang 等将氧化石墨烯与氯化亚砜反应，使氧化石墨烯上的羧基发生酰氯化，得到酰氯化的石墨烯；然后利用氨基偶氮苯化合物与酰氯化石墨烯之间的酰胺化反应，制备了边缘通过共价键连接偶氮苯光致变色基团的氧化石墨烯。对其进行紫外-可见光谱分析，在可见光区出现明显分吸收峰，说明偶氮苯光致变色基团确实通过酰胺键与氧化石墨烯相连。用偶氮苯对氧化石墨烯功能化以后，由于羧基减少，分子间斥力降低，容易重新发生团聚，形成类石墨的结构。借鉴 Zhang 等的经验，如果通过酰氯化的石墨烯与 1-羟乙基-3,3-二甲基-6′-硝基螺吲哚啉苯并吡喃分子之间的酯化反应，将螺吡喃光致变色基团修饰在氧化石墨烯上，则可能使新材料容易团聚，溶解性差。

宋亚伟先将双侧脂肪链羧基取代的苝二酰亚胺分子与氯化亚砜反应使之酰氯化，接着与 1-羟乙基-3,3-二甲基-6′-硝基螺吲哚啉苯并吡喃分子反应，制备了螺吡喃功能化的苝二酰亚胺。然后借助苝二酰亚胺与石墨烯之间较强的 $\pi-\pi$ 吸附作用，得到了螺吡喃功能化的石墨烯材料。这种通过 $\pi-\pi$ 吸附作用形成的新材料并不是简单的物理掺杂，但也非共价键功能化。

借鉴其他乙烯基单体与石墨烯或其衍生物的共聚反应，本章将以含有螺吡喃光致变色基团的丙烯酸酯为第一功能单体，以丙烯酸乙酯为第二单体，在有机溶剂中用过氧化苯甲酰引发与氧化石墨烯进行共聚，制备螺吡喃光致变色基团功能化修饰的氧化石墨烯材料，如图 8-1 所示。

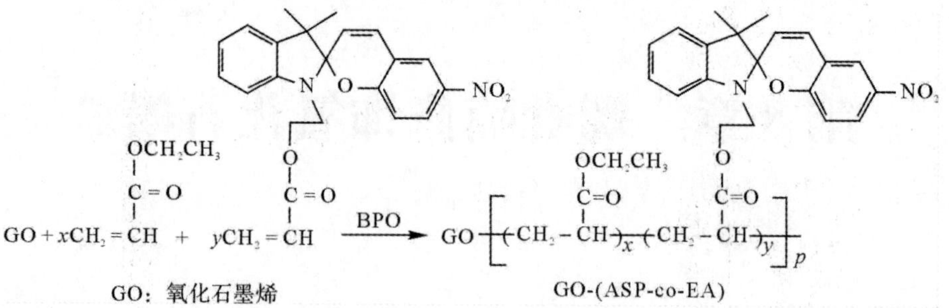

$$GO + xCH_2=CH(COOCH_2CH_3) + yCH_2=CH(COO\text{-ASP}) \xrightarrow{BPO} GO\text{-}[(CH_2-CH)_x-(CH_2-CH)_y]_p$$

GO：氧化石墨烯　　GO-(ASP-co-EA)

图 8-1　螺吡喃修饰的氧化石墨烯材料的制备

8.2　实验部分

8.2.1　仪器与试剂

1. 仪器

T200 精密天平仪器，昆山托普泰克电子有限公司；

DF-2 集热式恒温磁力搅拌器，常州市瑞华仪器制造有限公司；

KQ50E 型数控超声波清洗器(超声功率 50 W)，昆山市超声仪器有限公司；

SHB-Ⅲ型循环水式真空泵，郑州长城科工贸有限公司；

TGL-16C 型离心机，上海安亭科学仪器厂；

EF81-500ML 砂芯过滤装置，北京中西远大科技有限公司；

DZF-6020 智能真空干燥箱，上海丙林电子科技有限公司；

NEXUS-670 型 FT-IR 光谱仪，KBr 压片，美国尼高力公司；

SDT Q600 同步热分析仪，美国 TA 仪器公司；

Agilent-8453 型紫外-可见吸收光谱仪，美国安捷伦公司；

ZF7c 型三用紫外分析仪，波长为 365 nm，上海康华生化仪器厂。

2. 原料与试剂

螺吡喃单体(ASP)：1-丙烯酰氧乙基-3,3-二甲基-6′-硝基螺吡喃，按本书第 6 章所述路线合成；

氧化石墨烯(GO)：南京吉仓纳米科技有限公司；

丙烯酸乙酯(EA)：分析纯，天津化学试剂有限公司；

过氧化苯甲酰(BPO)：分析纯，天津化学试剂有限公司；

N,N-二甲基甲酰胺(DMF)：分析纯，天津化学试剂有限公司；

四氢呋喃(THF)：分析纯，天津化学试剂有限公司；

丙酮：分析纯，天津化学试剂有限公司；

0.22 μm 微孔过滤膜(有机系)：上海兴亚净化器材厂；

其他试剂均为分析纯，所有试剂购自国药集团西安分公司。

8.2.2 螺吡喃修饰氧化石墨烯材料的制备

在100 mL圆底烧瓶中加入N,N-二甲基甲酰胺30 mL，氧化石墨烯0.03 g，超声20 min分散均匀；在氮气保护下，加入螺吡喃单体0.2 g、丙烯酸乙酯0.6 g、过氧化苯甲酰0.03 g，搅拌均匀，超声分散20 min；搅拌下回流过夜；冷至室温，倾入大量甲醇，有絮状物出现。用0.22 μm微孔尼龙滤膜真空抽滤，大量N,N-二甲基甲酰胺洗涤至洗液无色，真空干燥，剥离得粗产品。将粗产品置于30 mL四氢呋喃，超声分散20 min，得到粗产品的四氢呋喃溶液。将溶液在10 000 r/min高速离心机上分离60 min，收集上清液，再用0.22 μm微孔尼龙滤膜真空抽滤，然后用大量四氢呋喃洗涤滤出物，收集固体，真空干燥，即得到氧化石墨烯与螺吡喃丙烯酸酯和丙烯酸乙酯的共聚物，记为GO-(ASP-co-EA)，下文称为螺吡喃修饰的氧化石墨烯材料。

8.2.3 产物表征

1. 红外光谱表征

对氧化石墨烯GO粉末、螺吡喃修饰的氧化石墨烯材料GO-(ASP-co-EA)研磨而成的粉末，用NEXUS-670型FT-IR光谱仪测定其红外光谱，KBr压片。

2. 紫外-可见吸收光谱表征

将0.01 g氧化石墨烯GO和0.01 g螺吡喃修饰的氧化石墨烯材料GO-(ASP-co-EA)分别加入10 mL N,N-二甲基甲酰胺中，超声20 min分散均匀；使用Agilent-8453型光谱仪分别测量两者的紫外-可见吸收光谱，整个测量在避光条件进行。

8.2.4 产物光致变色性能测试

1. 光致变色过程热稳定性测试

室温下，将0.05 g螺吡喃修饰的氧化石墨烯材料GO-(ASP-co-EA)加入10 mL N,N-二甲基甲酰胺中，超声20 min使其分散均匀。用波长为365 nm的紫外线照射N,N-二甲基甲酰胺溶液180 s，以使溶液充分显色作为测试样品，测试其在光致变色褪色过程的紫外-可见光吸收光谱。整个测量在避光条件进行。

2. 抗疲劳性测试

测试在室温条件下进行。将0.05 g螺吡喃修饰的氧化石墨烯材料GO-(ASP-co-EA)加入10 mL N,N-二甲基甲酰胺中，超声20 min使其分散均匀。用波长为365 nm的紫外线持续照射N,N-二甲基甲酰胺溶液180 s，以使其充分显色作为测试样品，测试其在最大吸收波长处的吸光度。然后将其移入黑暗中静置12 h，待溶液充分褪色后，再采用紫外线照射180 s使其显色，第二次测试其在最大吸收波长处的吸光度。如此循环往复检测10次，研究共聚物GO-(ASP-co-EA)在N,N-二甲基甲酰胺溶液中光致变色过程的抗疲劳性。

8.3 结果与讨论

8.3.1 红外光谱分析

氧化石墨烯的红外光谱如图 8-2 所示。在氧化石墨烯的红外光谱中，3 420 cm^{-1}对应的是 O—H 的特征吸收峰，1 720 cm^{-1}对应的是羧基中 C=O 的伸缩振动，1 090 cm^{-1}对应的是环氧基中 C—O—C 的对称伸缩振动。

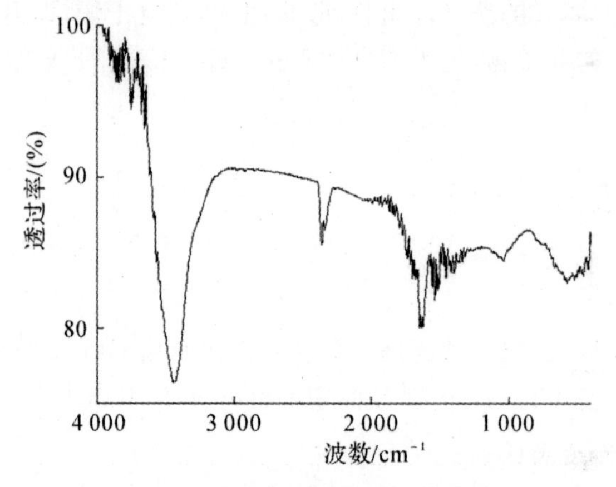

图 8-2 氧化石墨烯的红外光谱

螺吡喃修饰的氧化石墨烯材料 GO-(ASP-co-EA)的红外光谱如图 8-3 所示。在螺吡喃修饰的氧化石墨烯材料的红外光谱中，出现了明显的 C=O 吸收峰(1 718 cm^{-1})，—CH_2—吸收峰(2 952 cm^{-1}，2 918 cm^{-1}，2 865 cm^{-1})，同时也出现了比较强的酯基吸收峰(1 433 cm^{-1}，1 156 cm^{-1})。共聚物的红外光谱在保持氧化石墨烯的特征吸收基础上，出现了接枝聚合物(螺吡喃聚合物和丙烯酸乙酯聚合物)的特征吸收，这说明丙烯酸乙酯链段、含螺吡喃基团丙烯酸酯链段已经与氧化石墨烯发生了共聚反应。

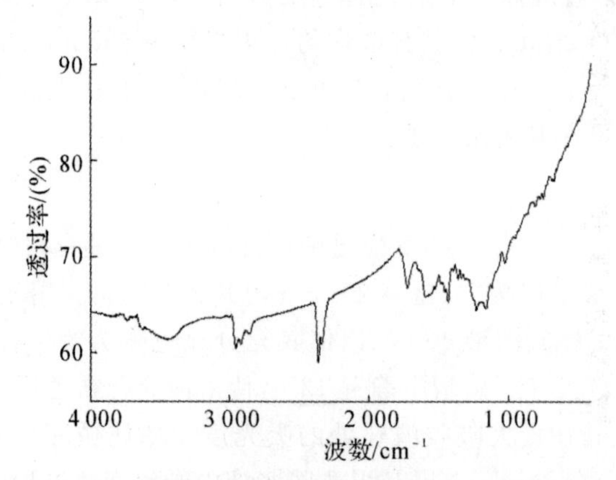

图 8-3 螺吡喃修饰的氧化石墨烯材料的红外光谱

8.3.2　紫外-可见光谱分析

图 8-4 所示为氧化石墨烯 GO 和螺吡喃修饰的氧化石墨烯材料 GO-(ASP-co-EA)在 N,N-二甲基甲酰胺溶液中的紫外-可见光谱。在氧化石墨烯的紫外-可见光谱中，位于 300 nm以下的吸收峰是分子内 C=C 双键的 $\pi-\pi^*$ 跃迁。在螺吡喃修饰的氧化石墨烯材料的紫外-可见光谱中，位于 360 nm 以下的吸收峰有所加强，特别是在 330 nm 附近出现一个宽峰，归属为苯并吡喃环的吸收。这也说明在石墨烯材料上已经接枝共聚螺吡喃基团。

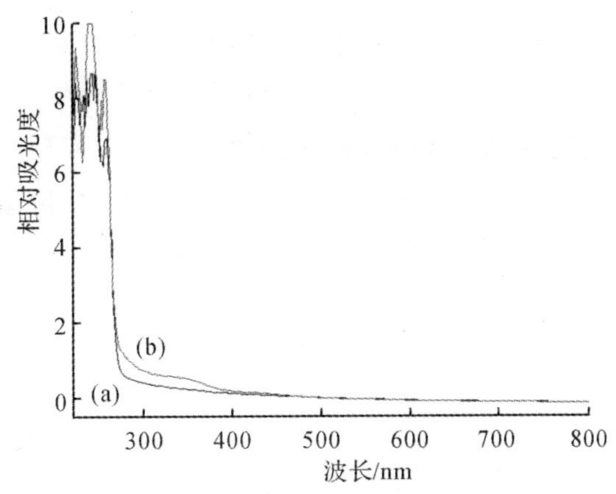

图 8-4　氧化石墨烯(a)和螺吡喃修饰的氧化石墨烯材料(b)的紫外-可见光谱

8.3.3　材料光致变色过程的热稳定性

一般螺吡喃类化合物的相对稳定状态是无色的闭环体结构，螺碳原子将螺吡喃分为两个相互垂直的吲哚啉环和苯并吡喃环，两环不共轭，在可见光区无吸收；在一定波长的紫外线照射后，螺吡喃类化合物中螺碳原子与氧原子之间的单键发生断裂，开环成为显色的部花菁结构，整个分子具有共平面性，在可见光区出现吸收。撤去紫外线后，部花菁结构会发生可逆的关环反应，重新形成闭环体结构，这样便完成了一次光致变色可逆循环过程。

螺吡喃修饰的氧化石墨烯材料 GO-(ASP-co-EA)的 N,N-二甲基甲酰胺溶液光致变色循环的褪色过程紫外-可见吸收光谱如图 8-5 所示。

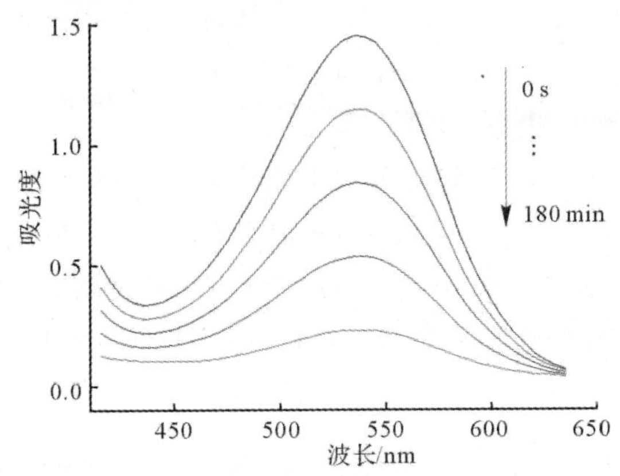

图 8-5　螺吡喃修饰的氧化石墨烯材料光致变色褪色过程的紫外-可见光谱

用 365 nm 的紫外线充分照射螺吡喃修饰的氧化石墨烯材料 GO -(ASPco - EA)的 N，N -二甲基甲酰胺溶液，发生开环显色反应，其在可见光区波长为 535 nm 处出现最大吸收，这归属于开环体部花菁结构的吸收。撤去紫外线，随着室温下放置时间延长，开环显色体结构逐渐关环，转化为闭环体结构，吸收强度逐渐减弱；整个褪色过程中，吸收峰的形状保持不变。因此可以通过监测在最大吸收波长 535 nm 处的吸光度来计算这一过程的热褪色反应速率常数 k。

螺吡喃类衍生物的褪色过程一般符合一级动力学方程。设 A_∞ 为紫外线照射前最大吸收波长 535 nm 处的吸光度，A_0 为紫外线充分照射后间隔 0 s 最大吸收波长处的吸光度，A_t 为紫外线充分照射后间隔固定时间 t 最大吸收波长处的吸光度。测量其开环体在最大吸收波长 535 nm 处的吸光度随时间的变化值，以 $-\ln[(A_t-A_\infty)/(A_0-A_\infty)]$ 对褪色时间 t 作图，得到螺吡喃修饰的氧化石墨烯材料 GO -(ASP - co - EA)在 N，N -二甲基甲酰胺溶液中的褪色动力学曲线如图 8 - 6 所示，显然很好地符合一级动力学方程。由曲线斜率计算出褪色反应速率常数为 $6.72\times10^{-4}\ s^{-1}$。

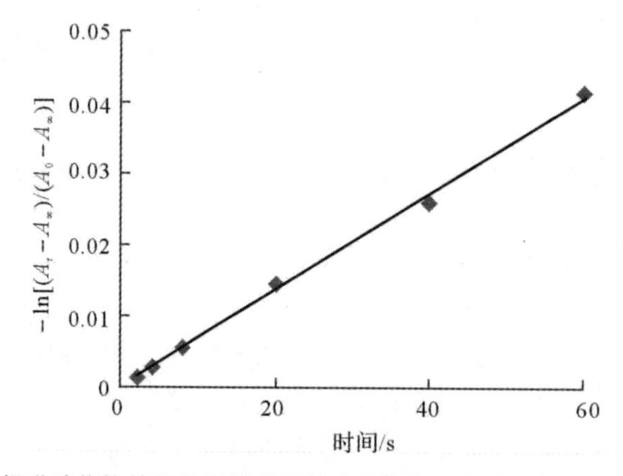

图 8 - 6　螺吡喃修饰的氧化石墨烯材料光致变色褪色过程的一级动力学曲线

本章合成的螺吡喃修饰的氧化石墨烯材料 GO -(ASP - co - EA)显色体褪色过程速率常数为 $6.72\times10^{-4}\ s^{-1}$，远小于文献中报道的螺吡喃小分子在有机溶剂中的褪色过程速率常数。将螺吡喃光致变色基团引入高分子体系(包括混合体系和化学键合体系两类)，使光致变色基团光异构化过程所需的自由体积受到限制，其光异构化过程被抑制，可以明显减缓螺吡喃开环体热褪色返回闭环体的速率，进而提高其热稳定性。

本章将含有螺吡喃基团的丙烯酸酯、成膜性能较好的丙烯酸乙酯，在过氧化苯甲酰的引发下与氧化石墨烯进行共聚，获得了螺吡喃修饰的氧化石墨烯材料。实验证实其开环体褪色稳定性显著增强。结合材料结构，笔者认为除了高分子体系给光致变色关环反应带来空间位阻外，氧化石墨烯结构中存在的羟基、羧基与螺吡喃开环结构部花菁中的 C=O 氧原子产生氢键作用(见图 8 - 7)，氢键作用稳定了螺吡喃开环结构部花菁，使得开环结构部花菁关环速率降低，热褪色时间增长，热稳定性增加。

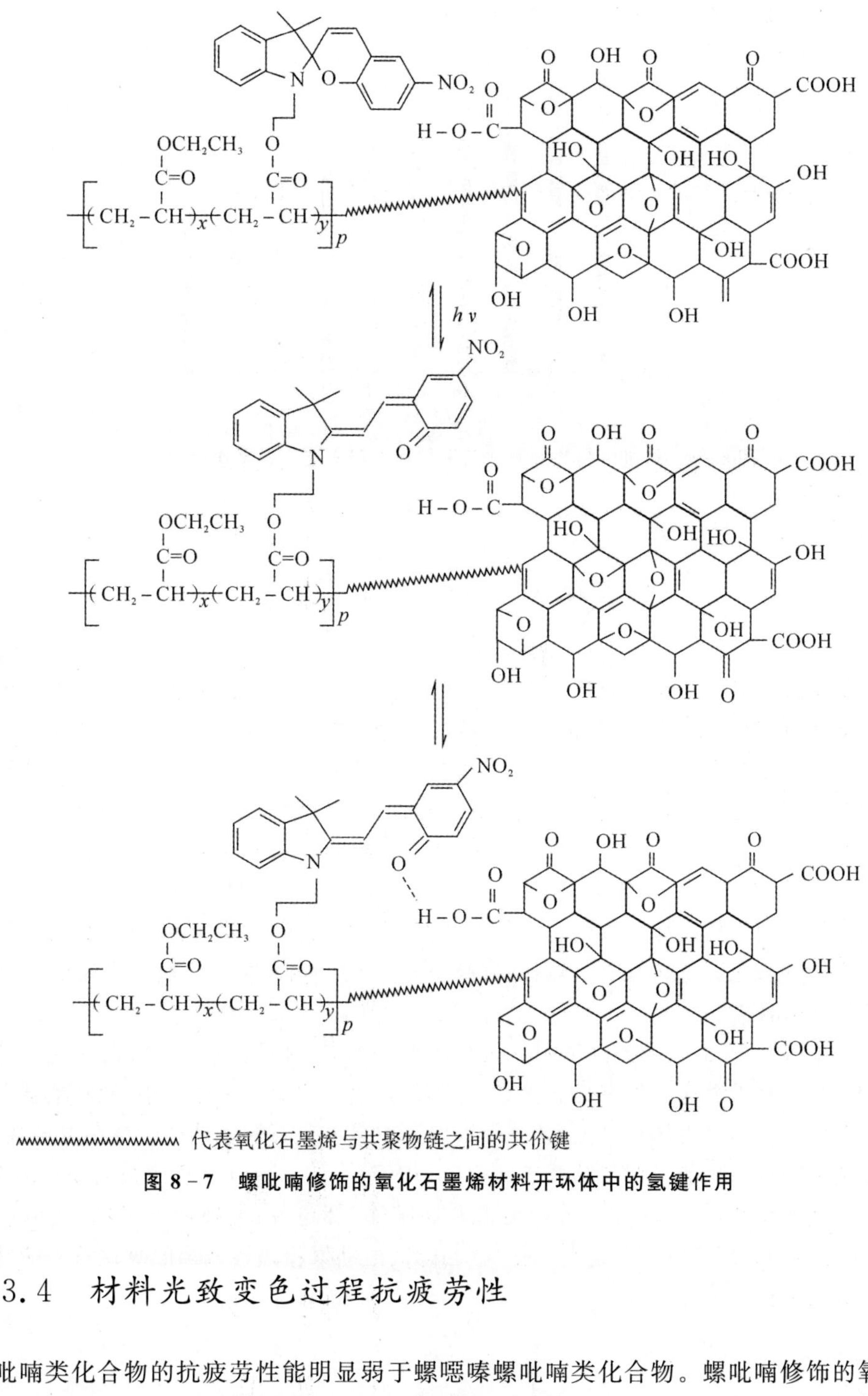

～～～～ 代表氧化石墨烯与共聚物链之间的共价键

图 8－7　螺吡喃修饰的氧化石墨烯材料开环体中的氢键作用

8.3.4　材料光致变色过程抗疲劳性

螺吡喃类化合物的抗疲劳性能明显弱于螺噁嗪螺吡喃类化合物。螺吡喃修饰的氧化石墨烯材料 GO－(ASP－co－EA)的 N,N－二甲基甲酰胺溶液充分显色—褪色反复 10 次过程中，其在最大吸收波长 535 nm 处的吸光度持续下降，如图 8－8 所示。螺吡喃类化合物在光致变色开环、闭环循环过程中，经历长时间光照会发生不可逆的光降解反应，这些光降解反应会使螺吡喃类化合物逐渐失去光致变色能力，导致光致变色疲劳现象。螺吡喃类化合物的光降解将直接导致光致变色产品使用寿命缩短，实用性能降低。

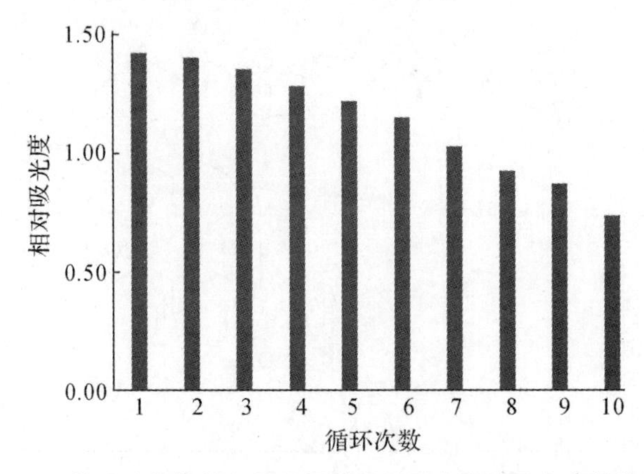

图 8-8　螺吡喃修饰的氧化石墨烯材料吸光度随显色次数的变化

8.4　小　结

出于制备螺吡喃共价键功能化石墨烯材料的目的，对几种可行性路线进行了分析。考虑到 Zhang 等人通过酰氯化的石墨烯与氨基偶氮苯化合物之间的酰胺化反应制备了偶氮苯光致变色基团功能化修饰的氧化石墨烯，但是由于酰胺化以后，羧基减少、分子间斥力降低，产物容易重新发生团聚形成类石墨的结构，本章并没有直接用酰氯化的石墨烯对 1-羟乙基-3，3-二甲基-6′-硝基螺吲哚啉苯并吡喃分析进行酯化来制备螺吡喃共价键功能化的石墨烯，而是借鉴相关文献，以氧化石墨烯为基质，在 N，N-二甲基甲酰胺分散液中，用过氧化苯甲酰引发螺吡喃单体和丙烯酸乙酯在氧化石墨烯上共聚，得到了螺吡喃聚合物-聚丙烯酸乙酯嵌段共聚物改性修饰的氧化石墨烯材料。对材料的结构进行了表征，探讨了材料光致变色过程的热稳定性和抗疲劳性能。

螺吡喃聚合物-聚丙烯酸乙酯嵌段共聚物改性修饰的氧化石墨烯材料光致变色过程热稳定性能较小分子螺吡喃化合物有显著提高，这不仅是因为在聚合物体系中，螺吡喃基团发生光致变色反应所需要的自由体积受限；另一个重要原因是氧化石墨烯结构中存在着羟基（独立羟基或者羧基中的羟基），能与螺吡喃开环结构（部花菁）中的 C=O 氧原子发生氢键作用，氢键作用稳定了螺吡喃开环结构（部花菁），使得开环结构（部花菁）关环速率降低，热褪色时间增长，热稳定性增加。螺吡喃聚合物-聚丙烯酸乙酯嵌段共聚物改性修饰的氧化石墨烯材料光致变色过程抗疲劳性能欠佳。

第9章 结　　论

本书介绍了合成含有羟基的螺噁嗪和螺吡喃化合物，将其制备为丙烯酸酯；通过接枝共聚将螺噁嗪光致变色基团引入羧甲基纤维素、羧甲基甲壳素和硝化纤维素母体，制备了三种光致变色材料，考查了材料的光致变色性能；将含有螺噁嗪（或螺吡喃）基团的丙烯酸酯、丙烯酸乙酯与氧化石墨烯共聚，得到了螺噁嗪（或螺吡喃）共价修饰的氧化石墨烯材料，考查了材料的光致变色性能。具体内容如下：

（1）在超声波辐射条件下，以1，3，3-三甲基-2-亚甲基吲哚啉（Fischer碱）和1-亚硝基-2，7-二羟基萘为原料合成了1，3，3-三甲基-9′-羟基吲哚啉螺萘并噁嗪，反应仅需20 min，产率可达52.3%；以1-羟乙基-2，3，3-三甲基吲哚啉碘化物和5-硝基水杨醛为原料合成了1-羟乙基-3，3-二甲基-6′-硝基吲哚啉螺苯并吡喃，反应仅需30 min，产率可达63.7%。进一步以含有羟基的螺噁嗪（或螺吡喃）为原料，通过DCC/DMAP酯化法方便、快捷地制备了含有螺噁嗪（或螺吡喃）基团的丙烯酸酯。通过紫外-可见吸收光谱研究了1，3，3-三甲基-9′-羟基吲哚啉螺萘并噁嗪及其丙烯酸酯的光致变色性能。

（2）以过硫酸铵为引发剂，以水溶性的羧甲基纤维素为母体，以含有螺噁嗪基团的丙烯酸酯为接枝单体，制备了含有螺噁嗪基团的羧甲基纤维素衍生物。根据产物结构表征推测了聚合反应的机理：首先过硫酸铵发生分解，产生SO_4^-·自由基；接下来，SO_4^-·将自由基传递给羧甲基纤维素羟基上的氧原子，生成CMC-O·活性种；后者进一步引发螺噁嗪单体聚合得到产物。新材料成色体在可见光区的最大吸收波长为610 nm，并在578 nm出现一肩峰；在热褪色过程中，成色体紫外-可见吸收光谱形状未做改变。测量新材料开环体在最大吸收波长610 nm处的吸光度随时间的变化值，以$-\ln[(A_t-A_\infty)/(A_0-A_\infty)]$对褪色时间$t$作图，可知新材料在水溶液中的褪色动力学曲线符合一级动力学方程，速率常数为$8.75\times10^{-2}\ s^{-1}$。将新材料的水溶液通过倾倒法制成薄膜，通过10次光致变色循环过程证实，新材料的抗疲劳性能较好。

（3）在羧甲基甲壳素水溶液中，以过硫酸铵为引发剂，以含有螺噁嗪基团的丙烯酸酯为接枝单体，通过自由基共聚制备了含有螺噁嗪基团的羧甲基甲壳素衍生物；利用红外光谱、X射线衍射、水溶性测试、紫外-可见吸收光谱等手段对新材料结构进行了表征，分析了接枝共聚反应机理，研究了接枝共聚物的水溶性和水溶液的光致变色性质。结果表明：接枝共聚物显色体的热稳定性较接枝前单体有显著提高；在水溶液中，共聚物部花箐以醌式结构为优势构象。

（4）以过氧化苯甲酰为引发剂，以脂溶性的硝化纤维素为接枝母体，以含有螺噁嗪基团的丙烯酸酯为接枝单体，制备了含有螺噁嗪基团的硝化纤维素衍生物。根据产物结构表征推测了聚合反应的机理：硝化纤维素单元在脱去硝基之后进一步失去氢，形成了羰基结构，进而发生了烯醇化反应，形成了具有烯醇化结构的硝化纤维素单元；过氧化苯甲酰分解产生的游离基攻击不饱和基团，生成硝化纤维素游离基；后者引发螺噁嗪单体聚合得到产物。新材料成色体在可见光区的最大吸收波长为610 nm，并在578 nm出现一肩峰；在热褪色过程中，成色体紫外-可见吸收光谱形状未做改变。测量新材料开环体在最大吸收波长 610 nm 处的吸光度随时间的变化值，以$-\ln[(A_t-A_\infty)/(A_0-A_\infty)]$对褪色时间 t 作图，可知新材料在丙酮溶液中的褪色动力学曲线符合一级动力学方程，速率常数为 $5.22\times10^{-2}\ s^{-1}$。将新材料的丙酮溶液通过倾倒法和涂抹法制成薄膜，通过 10 次光致变色循环过程证实，新材料的抗疲劳性能较好，有望应用于光致变色涂料领域。

(5)以过氧化苯甲酰为引发剂，在 N，N－二甲基甲酰胺溶液中引发丙烯酸乙酯、含螺噁嗪基团的丙烯酸酯与氧化石墨烯共聚，制备了氧化石墨烯/丙烯酸乙酯/螺噁嗪丙烯酸酯共聚物。新材料开环体在可见光区波长为 617 nm 处出现一个最大吸收峰，并在 575 nm 附近出现一个肩峰；在热褪色过程中，开环体紫外-可见吸收光谱形状未做改变。测量其开环体在最大吸收波长 617 nm 处的吸光度随时间的变化值，以$-\ln[(A_t-A_\infty)/(A_0-A_\infty)]$对褪色时间 t 作图，可知氧化石墨烯/丙烯酸乙酯/螺噁嗪丙烯酸酯共聚物开环体的褪色过程符合一级动力学方程，速率常数为 $2.99\times10^{-2}\ s^{-1}$，与对应的小分子化合物相比，开环体热稳定性明显增强。导致其开环体热稳定性增强的原因，除了材料基质对光致变色反应造成的空间位阻以外，另一个重要原因是氧化石墨烯结构中存在的羟基(独立羟基或羧基中的羟基)与螺噁嗪开环体结构中的羰基氧原子产生氢键作用，氢键作用稳定了螺噁嗪的开环体结构，使得共聚物开环体结构关环反应速率降低，褪色时间延长。

(6)以过氧化苯甲酰为引发剂，在 N，N－二甲基甲酰胺溶液中引发丙烯酸乙酯、含螺吡喃基团的丙烯酸酯与氧化石墨烯共聚，制备了氧化石墨烯/丙烯酸乙酯/螺吡喃丙烯酸酯共聚物。新材料开环体在可见光区波长为 535 nm 处出现最大吸收；在热褪色过程中，开环体紫外-可见吸收光谱形状未做改变。测量其开环体在最大吸收波长 535 nm 处的吸光度随时间的变化值，以$-\ln[(A_t-A_\infty)/(A_0-A_\infty)]$对褪色时间 t 作图，可知氧化石墨烯/丙烯酸乙酯/螺吡喃丙烯酸酯共聚物开环体的褪色过程符合一级动力学方程，速率常数为 $6.74\times10^{-4}\ s^{-1}$；与对应的小分子化合物相比，共聚物开环体的热稳定性均明显增强。导致共聚物开环体热稳定性增强的原因，除了材料基质对光致变色反应造成的空间位阻以外，另一个重要原因是氧化石墨烯结构中存在的羟基(独立羟基或羧基中的羟基)与螺吡喃开环体结构中的羰基氧原子产生氢键作用，氢键作用稳定了螺吡喃的开环体结构，使得共聚物开环体结构关环反应速率降低，褪色时间延长。

对氧化石墨烯/丙烯酸乙酯/螺噁嗪丙烯酸酯共聚物和氧化石墨烯/丙烯酸乙酯/螺吡喃丙烯酸酯共聚物两种新材料在 N，N－二甲基甲酰胺溶液中的抗疲劳性研究表明，在 10 次光致变色循环过程中，前者开环体在可见光区最大吸收波长处的吸光度基本保持不变，显示出较好的抗疲劳性能，而后者开环体在可见光区最大吸收波长处的吸光度持续下降，抗疲劳性性能欠佳。

参考文献

[1] 孙宾宾，杨博. 超声波辐射下光致变色螺噁嗪类化合物的快速合成[J]. 化学研究，2015,26(3):238-240.

[2] 孙宾宾，傅正生，陈洁. 光致变色材料在军事领域的应用[J]. 陕西国防工业职业技术学院学报,2007,17(1):38-40.

[3] 周妍，张然，王东生，等. 水热法制备 Mo 掺杂 WO_3纳米材料及其光致变色性质的研究[J]. 材料工程,2012(10):73-79.

[4] 征茂平，金燕苹，金国良，等. 二氧化钛溶胶凝胶的光致变色[J]. 化学学报，2001(1):142-145.

[5] 蔡弘华，罗仲宽. 光致变色材料的发展现状及其在建筑上的应用前景[J]. 广东建材，2007(7):22-23.

[6] 王颖，李健，顾卡丽. 智能变色涂层[J]. 中国表面工程,2007,20(3):9-14.

[7] 魏荣宝，张大为，梁娅，等. 含氧、氮、硫杂螺环结构的光致变色化合物研究进展[J]. 有机化学,2008(8):1366-1378.

[8] 杨为华，肖国民，孔祥翔. 六芳基二咪唑类化合物的合成及光致变色性能[J]. 应用化学,2003,20(4):406-408.

[9] 赵建章，赵冰，徐蔚青，等. 水杨醛缩胺类 Schiff 碱光致变色性质[J]. 高等学校化学学报,2003,24(2):324-328.

[10] 傅正生，王长青，薛华丽，等. 含偶氮苯光学活性侧基聚合物研究进展[J]. 高分子通报,2004(4):10-23.

[11] 门克内木乐，姚保利，王英利，等. 吡咯俘精酸酐的光致各向异性研究[J]. 光子学报，2004,33(5):581-584.

[12] 谈廷风，付亿方，韩杰，等. 2,2-二芳基取代萘并吡喃类光致变色化合物的合成与性能研究[J]. 高等学校化学学报,2006, 27(1):75-78.

[13] 张怀武，王豪才，杨仕清. 信息存储材料的现在与未来[J]. 电子科技导报,1996(11):9-14.

[14] HIRSHBERG Y. Reversible formation and eradication of colors by irradiation at low temperature, a photochemical memory model[J]. J Am Chem Soc, 1956,78:2304-2312.

[15] LEVY D, EINHORN S, AVNIR D. Applications of the Sol-Gel process for the preparation of photochromic information-recording materials: synthesis, properties, mechanisms[J]. J Non-Cryst Solids, 1989,113:137-145.

[16] 于联合，明阳福，樊美公，等. 光致变色浮精酸酐的制备及其在光信息存储中的应用[J]. 中国科学(B 辑),1995,25(8):799-803.

[17] 孙宾宾. 光致变色现象及其在建筑装饰材料领域的应用[J]. 价值工程,2011,30(29):

101 - 102.
[18] 张恒，杨卓如. 有机光致变色功能涂料的研制[J]. 合成材料老化与应用，2007，36(3)：22 - 26.
[19] 柏立岗，谈廷风. 掺杂萘并吡喃的涂料光致变色性能研究[J]. 涂料工业，2007，37(10)：29 - 31.
[20] 王立艳，张国，肖力光. 光致变色涂料的制备及其性能研究[J]. 吉林工程技术师范学院学报，2008，24(10)：65 - 66.
[21] 王立艳，张国. 光致变色玻璃的研究进展[J]. 科技创新导报，2008(35)：249.
[22] 沈庆月，陆春华，许仲梓. 光致变色材料的研究与应用[J]. 材料导报，2005，19(10)：31 - 35.
[23] 李小娟. 一步法光致变色 EVA 夹层玻璃的生产[J]. 玻璃，2005(1)：55 - 56.
[24] 王自荣，余大斌，孙晓泉. 涂料与隐身技术[J]. 中国涂料，1999(5)：39 - 42.
[25] 王建营，冯长根. 光致变色现象及其在国防上的应用[J]. 国防科技，2005(3)：22 - 25.
[26] 孙宾宾，杨博，王明远. 光致变色功能纤维的制备方法及研发趋势[J]. 甘肃科技，2011，27(2)：64 - 66.
[27] 焦海冰，刘振东，王秀丽. 双吲哚啉螺吡喃的合成与表征[J]. 北京服装学院学报，2006(1)：33 - 40.
[28] 张海霞，张喜昌. 智能纤维的发展现状与前景[J]. 河南纺织高等专科学校学报，2004(2)：61 - 64.
[29] 万震，王炜，谢均. 光敏变色材料及其在纺织品上的应用[J]. 针织工业，2003(6)：87 - 89.
[30] SUK S，SUH HJ，WEI G，et al. Surface plasmon resonance spectroscopic study of UV - addressable phenylalanine sensing based on a self - assembled spirooxazine derivative monolayer[J]. Materials Science & Engineering C，2004(24)：135 - 138.
[31] CHU N Y. Phochromic of spiroindolinonaphthoxazine I Photophysical properties[J]. Can J Chem，1983，61：300 - 305.
[32] 王建营，冯长根. 螺噁嗪类光致变色化合物的合成研究进展[J]. 应用化学，2007，24(7)：729 - 736.
[33] 吕博，张韩利，刘玉婷，等. 吲哚啉螺噁嗪光致变色化合物的研究进展[J]. 化工新型材料，2014，42(12)：13 - 15.
[34] 南志祥，李春荣，董绮功，等. 光致变色剂 5 -甲基螺噁嗪的改良合成[J]. 西北大学学报(自然科学版)，1996，26(3)：231 - 234.
[35] LOKSHIN V，SAMAT A，GUGLIELMETTI R. Synthesis of photochromic spirooxazines from 1 - amino - 2 - naphthols[J]. Tetrahedron，1997，53(28)：9669 - 9678.
[36] 杨素华，庞美丽，孟继本. 双功能螺吡喃螺噁嗪类光致变色化合物研究进展[J]. 有机化学，2011，31(11)：1725 - 1735.
[37] 李陵岚，刘辉，杨泽慧，等. 多功能光致变色化合物[J]. 化学进展，2009，21(4)：654 - 662.
[38] 庞美丽，娄志刚，庞成才，等. 新型双螺噁嗪分子的合成及性能[J]. 高等学校化学学

报,2012,33(4):761 - 767.
[39] 杨志范，田柏森，李慧，等. 利用三乙胺合成双螺恶嗪化合物[J]. 长春工业大学学报(自然科学版),2004(2):4 - 6.
[40] 李仲杰，谭永生，董绮功. N,N′- 1,4 -亚丁基双(螺吲哚啉萘并噁嗪)的合成[J]. 应用化学,1994(2):93 - 95.
[41] LI X, LI J, WANG Y, et al. Synthesis of functionalized spiropyran and spirooxazine derivetives and their photochromic properties[J]. J Photochem Photobiol A:Chem, 2004, 161:201 - 213.
[42] ZHANG C R, YAN W P, FAN M G. Synthesis and photoreaction mechanism of a novel bifunctional photochromic compound[J]. Chin Chem Lett, 2007,18(5):519 - 522.
[43] FAVARO G, LEVI D, ORTICA F, et al. Photokinetic behaviour of bi - photochromic supra - molecular systems Part 3. Compounds with chromene and spirooxazine units linked through ethane, ester and acetylene bridges[J]. J Photochem Photobiol A:Chem, 2002, 149:91 - 100.
[44] 杨志范，安晶，杨宇明，等. 以 1,4 -二碘丁烷为中间体双螺环螺噁嗪的合成与表征[J]. 长春工业大学学报(自然科学版),2005,26(1):8 - 10.
[45] 张大全，苏建华，田禾，等. 光致变色双螺萘并噁嗪的合成[J]. 华东理工大学学报，1998,24(3):329 - 333.
[46] KANG T J, CHANG S H, KIM D J. Photochromic dispironaphthoxazine polyethers: synthesis and their cation binding capability[J]. Mol Cryst Liq Cryst Sci Technol, Sect A,1996,278 (1):181 - 188.
[47] LI X, LI J, WANG Y, et al. Synthesis and photochromic behaviors of novel bis - spirooxazines connected through a phosphoryl group[J]. Mol Cryst Liq Cryst Sci Technol, Sect A,2000, 344(1):295 - 300.
[48] LI X, WANG Y, MATSUURA T, et al. Synthesis and photochromic behaviors of spiropyran and spirooxazine containing an antioxidant group[J]. Mol Cryst Liq Cryst Sci Technol, Sect A, 2000,344(1):301 - 306.
[49] SAMMAT A, LOKSHIN V, CHAMONTIN K, et al. Synthesis and unexpected photochemical behaviour of biphotochromic systems involving spirooxazines and naphthopyrans linked by an ethylenic bridge[J]. Tetrahedron,2001,57:7349 - 7359.
[50] ORTICA F, LEVI D, BRUN P, et al. Photokinetic behaviour of biphotochromic supramolecular systems Part 1. A bis - spirooxazine with a (Z)ethenic bridge between each moiety[J]. J Photochem Photobiol A:Chem,2001,138:123 - 128.
[51] ORTICA F, LEVI D, BRUN P, et al. Photokinetic behaviour of biphotochromic supramolecular systems Part 2. A bis - benzo -[2H]- chromene and a spirooxazine - chromene with a (Z)ethenic bridge between each moiety[J]. J Photochem Photobiol A:Chem, 2001,138:133 - 141.
[52] 干福熹. 对有机材料用于高密度光盘数据存储的几点看法[J]. 科学通报,1999,44

(20):2236 - 2240.

[53] 刘平，明阳福，樊美公，等. 取代基和高分子介质对吲哚啉螺萘并噁嗪的变色动力学的影响[J]. 中国科学(B辑),1999,29(4):327 - 333.

[54] 刘平，明阳福，俞君，等. 9′-(4 -烯丙氧基苯甲酰氧基)吲哚啉螺萘并嗪的合成及其光谱性质[J]. 应用化学,1999(4):14 - 19.

[55] 王立艳，张国，刘秀奇，等. 螺噁嗪化合物在丙烯酸聚氨酯清漆膜中的光致变色性能[J]. 高等学校化学学报,2009,30(11):2326 - 2330.

[56] 宁晓丹，付申成，郑美玲，等. 含螺噁嗪光致变色薄膜的全光开关特性[J]. 光子学报，2016,45(6):129 - 134.

[57] 孙宾宾，陈洁，杨博. 键合光致变色螺噁嗪侧基的聚合物研究进展[J]. 云南化工，2008(1):65 - 69.

[58] WANG S, YU C, CHOI M S, et al. Synthesis and switching properties of photochromic carbazole - spironaphthoxazine copolymer[J]. J Photochem Photobiol A:Chem,2007,192:17 - 22.

[59] YITZCHAIK S, RATNER J, BUCHHOLTZ F, et al. Photochromism of side - chain liquid crystal polymers containing spironaphthoxazines[J]. Liq Cryst,1990,8(5):677 - 686.

[60] ZELICHENOK A, BUCHHOLTZ F, YITZCHAIK S, et al. Steric effect in photochromic polysiloxanes with spirooxazine side groups[J]. Macromolecules,1992,25:3179 - 3183.

[61] NAKAO R, HORII T, KUSHINO Y, et al. Synthesis and photochromic properties of spironaphth - [1,2 - b]oxazine containing a reactive substituent[J]. Dye Pigm,2002,52:95 - 100.

[62] NAKAO R, NODA F, HORII T, et al. Thermal stability of the spironaphthoxazine colored form in polymericsiloxanes[J]. Polym Adv Technol, 2002,13(2):81 - 86.

[63] KIM S H, AHN C H, KEUM S R, et al. Synthesis and properties of spirooxazine polymer having photocrosslinkable chalcone moiety[J]. Dye Pigm,2005,65:179 - 182.

[64] KIM S H, PARK S Y, YOON N S, et al. Synthesis and properties of spirooxazine polymer derived from cyclopolymerization of diallyldimethylammonium chloride and diallyl - amine [J]. Dye Pigm,2005,66:155 - 160.

[65] KIM S H, LEE S J, PARK S Y, et al. Synthesis and properties of ionic conjugated polymer with spirooxazine moiety[J]. Dye Pigm,2006,68:61 - 67.

[66] KIM S H, PARK S Y, SHIN C J, et al. Photochromic behaviour of poly[N,N -[(3 - dimethyl - amino)propyl]methacrylamide] having spiroxazine pendant group[J]. Dye Pigm,2007, 72:299 - 302.

[67] SON Y A, PARK Y M, PARK S Y, et al. Exhaustion studies of spiroxazine dye having reactive anchor on polyamide fibers and its photochromic properties[J]. Dye Pigm,2007,73:76 - 80.

[68] FU Z S, SUN B B, CHEN J, et al. Preparation and photochromism of carboxymethyl chitin derivatives containing spirooxazine moiety[J]. Dye Pigm,2008,76(2):515 - 518.

[69] 孙宾宾，周怡婷，傅正生，等. 丙烯酰氧基螺噁嗪接枝羧甲基甲壳素反应条件研究[J]. 应用化工，2007，36(5)：448－450.

[70] 孙宾宾，王芳宁，杨佳理，等. 接枝螺噁嗪基团的羧甲基甲壳素衍生物测试与分析[J]. 化学与生物工程，2008(6)：77－78.

[71] FENG S，GU L. Syntheses of photochromic pigments[J]. J China Textile University (Eng. Ed.)，1997，4(2)：6－10.

[72] 曹慧军，田晓慧，元以中，等. 螺噁嗪三苯基膦盐的合成及酸敏光致变色性质[J]. 化学通报，2010(6)：560－563.

[73] 王立艳. 共聚和掺杂螺噁嗪聚合物的制备及其光致变色性能研究[D]. 长春：吉林大学，2009.

[74] 周小楚，王亚可，阮文科，等. N－甲基－3，3－二甲基螺[2H－吲哚－2，3－[3H]萘并[2，1－b][1，4]噁嗪]的微波合成与表征[J]. 广东化工，2016，43(16)：17－18.

[75] 叶楚平，任家强，葛汉青，等. 苯并噻唑螺萘并噁嗪类化合物的微波合成与性质[J]. 有机化学，2004(9)：1057－1059.

[76] 胡卫林，蒋青，邹立科，等. 微波法快速合成光致变色螺噁嗪[J]. 化学研究与应用，2003(2)：282－283.

[77] LEE C C，WANG J C，HU A，et al. Microwave－assisted synthesis of photochromic spirooxazine dyes under solvent－free condition[J]. Mater Lett，2004，58：535－538.

[78] KOSHKIN A V，FEDOROVA O A，LOKSHIN V，et al. Microwave－assisted solvent－free synthesis of the substituted spiroindolinonaphth[2，1－b][1，4]oxazines[J]. Synthetic Commun，2004，34(2)：315－322.

[79] 张长瑞. 双功能光致变色螺噁嗪分子的设计、合成与性质[D]. 北京：中国科学院研究生院(理化技术研究所)，2007.

[80] 许劼. 光电生色团修饰螺噁嗪光致变色化合物的合成及性质[D]. 上海：华东理工大学，2010.

[81] 樊美公，姚建年. 光功能材料科学[M]. 北京：科学出版社，2013.

[82] 魏荣宝，何旭斌，欧其，等. 有机化学中的螺共轭效应和异头效应[M]. 北京：科学出版社，2008.

[83] FISCHER E，HIRSHBERG Y. Formation of colored forms of spirans by low－temperature irradiation[J]. J Chem Soc，1952，8：4522－4524.

[84] BERKOVIC G，KRONGAUZ V，WEISS V. Spiropyrans and spirooxazines for memories and switches[J]. Chem Rev，2000，100：1741－1753.

[85] 张恒，杨卓如，韦宝卿. 有机光致变色化合物光化学稳定性能研究[J]. 合成材料老化与应用，2006(4)：50－52.

[86] LUKYANOV B S，LUKYANOVA M B. Spiropyran：synthesis，properties and application. (review)[J]. Chem Heterocycl Compd，2005，41(3)：281－311.

[87] 魏荣宝. 螺环化合物化学[M]. 北京：化学工业出版社，2007.

[88] 孙宾宾，陈洁，杨博. 1－烯丙基－6′－硝基吲哚啉螺苯并吡喃染料的合成[J]. 安徽化工，2010，36(2)：31－33.

[89] 任家强，叶楚平，葛汉青，等. 吲哚啉螺吡喃光致变色化合物研究的最新进展[J]. 染料与染色,2004,41(2):67 - 70.

[90] HIRANO M, OSAKADA K, NOHIRA H, et al. Crystal and solution structures of photochromic spirobenzothiopyran. First full characterization of the meta - stable colored species[J]. J Org Chem,2002,67(2):533 - 540.

[91] GLADKOV L L, KHAMCHUKOV Y D, SYCHEV I Y, et al. Interpretation of IR spectra of indolinospirobenzothiopyran[J]. J Appl Spectrosc,2015,82(4):554 - 560.

[92] RAMAIAH M. 隐色体染料化学与应用[M]. 董川，双少敏，译. 北京:化学工业出版社,2010.

[93] SAMSONIYA S A, TRAPAIDZE M V, NIKOLEISHVILI N N, et al. Dipyrroloquinoxalines. 1. Synthesis of a new bisspiropyran system derived from benzo[e]pyrrolo -[3,2 - g]indole[J]. Chem Heterocycl Com,2010,46(8):1020 - 1022.

[94] SAMSONIYA S A, TRAPAIDZE M V, NIKOLEISHVILI N N, et al. Bisindoles 42 Synthesis of a new bisspiropyran system derived from indolo[4,5 - e]indole[J]. Chem Heterocycl Com, 2010,46(8):1016 - 1019.

[95] SAMSONIYA S A, TRAPAIDZE M V, NIKOLEISHVILI N N, et al. New condensed indoline bis - spiropyrans[J]. Chem Heterocycl Com,2011,47(9):1098 - 1104.

[96] KEUM S R, CHOI Y K, KIM S H, et al. Symmetric and unsymmetric indolinobenzo - spiropyran dimmers: synthesis and characterization[J]. Dyes Pigm,1999,41:41 - 47.

[97] KEUM S R, ROH H J, CHOI Y K, et al. Complete ^{1}H and ^{13}C NMR spectral assignment of symmetric and unsymmetric bis - spiropyran derivatives[J]. Magn Reson Chem,2005, 43:873 - 876.

[98] ZHOU Y, ZHANG D, ZHANG Y, et al. Tuning the CD spectrum and optical rotation value of a new binaphthalene molecule with two spiropyran units: mimicking the function of a molecular "AND" logic gate and a new chiral molecular switch[J]. J. Org. Chem,2005, 70 (16):6164 - 6170.

[99] TAKASE M, INOUYE M. Synthesis and photochromic properties of ferrocene - modified bis - (spirobenzopyran)s[J]. Mol Cryst Liq Cryst Sci Technol, Sect A,2000,344(1):313 - 318.

[100] KEUM S R, LEE J H, SEOK M K, et al. A simple and convenient synthetic route to the bis - indolinospirobenzopyran[J]. Bull Korean Chem Soc,1994,15(4):275 - 277.

[101] KEUM S R, LEE J H, SEOK M K, et al. Synthesis and characterization of bis - indolino - spirobenzopyrans, new photo and thermochromic dyes[J]. Dyes Pigm, 1994,25:21 - 29.

[102] LI Y, ZHOU J, WANG Y, et al. Reinvestigation on the photoinduced aggregation behavior of photo - chromic spiropyrans in cyclohexane[J]. J Photochem Photobiol A:Chem,1998,113:65 - 72.

[103] 刘蔚，姚祖光，顾超. N,N′- 1,4 -亚丁基双螺吡喃和双螺恶嗪的合成及光致变色性

能[J]. 华东理工大学学报,1996,22(3):306 - 309.

[104] 刘振东,崔明,李小宁,等. 螺环类光致变色中间体的合成[J]. 北京服装学院学报,2004,24(2):46 - 51.

[105] 焦海冰,刘振东,王秀丽. 双吲哚啉螺吡喃的合成与表征[J]. 北京服装学院学报,2006,26(1):33 - 40.

[106] 李仲杰,谭永生,马引民. 长链双吲哚啉螺苯并吡喃的合成[J]. 化学通报,1991(12):40 - 42.

[107] 李仲杰,张娟,王引线. 光致变色双吲哚啉螺苯并吡喃的合成[J]. 西北大学学报,1985(1):50 - 53.

[108] CHO Y J, RHO K Y, KIM S H, et al. Synthesis and characterization of symmetric and non - symmetric bis - spiropyranylethyne[J]. Dyes Pigm,1999,44(1):19 - 25.

[109] KEUM S R, CHOI Y K, LEE M J, et al. Synthesis and properties of thermo and photochromic bisindolinobenzospiropyrans linked by thio and carbonyl groups[J]. Dyes Pigm,2001,50:171 - 176.

[110] NOURMOHAMMADIAN F, ABDI A A. Symmetric bis - azospiropyrans: synthesis, characterization and colorimetric study[J]. Bull Korean Chem Soc, 2013,34(6): 1727 - 1734.

[111] KANDI S G, NOURMOHAMMADIAN F. Modeling Colorimetric Characteristics of ON - OFF Behavior of Photochromic Dyes based on Bis - Azospiropyrans[J]. J Mol Struct,2013, 1050(24):222 - 231.

[112] NOURMOHAMMADIAN F, ABDI A A. Development of molecular photoswitch with very fast photoresponse based on asymmetrical bis - azospiropyran [J]. Spectrochim Acta A,2016, 153(15):53 - 62.

[113] SHAO N, JIN J Y, WANG H, et al. Design of bis - spiropyran ligands as dipolar molecule receptors and application to in vivo glutathione fluorescent probes[J]. J Am Chem Soc, 2010,132:725 - 736.

[114] YAGI S, NAKAMURA S, WATANABE D, et al. Colorimetric sensing of metal ions by bis(spiro - pyran) podands: towards naked - eye detection of alkaline earth metal ions[J], Dyes Pigm, 2009,80:98 - 105.

[115] 刘辉,李陵岚,叶楚平. 双吲哚啉螺吡喃化合物的合成及其酸和金属离子致变色性能[J]. 应用化学,2014,31(6):696 - 701.

[116] 陈鹏,王宇洋,张宇模,等. 以吖啶酮为母体的双螺吡喃开关分子的设计、合成与性质研究[J]. 化学学报,2016,74(8):669 - 675.

[117] SHEN K, HAN J, ZHANG G, et al. Spectral properties and photochromic characteristics of spiropyran dyes[J]. Chem Res Chinese U,2006,22(4):505 - 509.

[118] 刘瑞蓝,王答琪,赵富中,等. 光(热)致变色剂:单和双吲哚啉螺苯并吡喃[J]. 有机化学,1987(2):123 - 127.

[119] 龙世军,陈明敏,赵友姣,等. Gemini 对 PVA 分散螺吡喃有机凝胶薄膜光致变色行为的调控[J]. 高等学校化学学报,2018,39(5):1078 - 1083.

[120] 张婷. 螺吡喃化合物在不同介质中的光致变色行为及光响应机理研究[D]. 广州:广东工业大学,2016.

[121] ZHOU W, ZHANG H, LI H, et al. A bis - spiropyran - containing multi - state rotaxane with fluorescence output[J]. Tetrahedron,2013,69:5319 - 5325.

[122] FILLEY J, IBRAHIM M A, NIMLOS M R, et al. Magnesium and calcium chelation by a bis - spiropyran[J]. J Photochem Photobiol A:Chem,1998,117:193 - 198.

[123] WEN G, YAN J, ZHOU Y, et al. Photomodulation of the electrode potential of a photo - chromic spiropyran - modified Au electrode in the presence of Zn^{2+}: a new molecular switch based on the electronic transduction of the optical signals[J]. Chem Commun,2006(28):3016 - 3018.

[124] GUO X, ZHANG D, ZHOU Y, et al. Synthesis and spectral investigations of a new dyad with spiropyran and fluorescein units: toward information processing at the single molecular level[J]. J Org Chem,2003,68:5681 - 5687.

[125] GUO X, ZHANG D, ZHOU D. Logic control of the fluorescence of a new dyad, spiropyran - perylene dⅡmide - spiropyran, with light, Ferric ion, and proton: construction of a new three - input "AND" logic gate [J]. Adv Mater,2004,16(2): 125 - 130.

[126] LIU Z L, JIANG L, LIANG Z, et al. Photo - switchable molecular devices based on metal - ionic recognition[J]. Tetrahedron Lett,2005,46(5):885 - 887.

[127] LIU Z L, JIANG L, LIANG Z, et al. A selective colorimetric chemosensor for lanthanide ions[J]. Tetrahedron,2006,62:3214 - 3220.

[128] CHOI H, KU B S, KEUM S R, et al. Selective photoswitching of a dyad with diarylethene and spiropyran units[J]. Tetrahedron,2005,61:3719 - 3723.

[129] 周清清, 张宪哲, 刘和文. 含三螺吡喃单元大环分子的合成和酸致变色效应[J]. 应用化学,2012,29(12):1371 - 1380.

[130] LAPTEV A, PUGACHEV D E, LUKIN A Y, et al. Synthesis of 5,10,15,20 - tetra[6′- nitro - 1,3,3 - trimethylspiro -(indolino - 2,2′- 2H - chromen - 5 - yl)] porphyrin and its metal complexes[J]. Mendeleev Commun,2013,23(4):199 - 201.

[131] KADOKAWA J, TANAKA Y, YAMASHITA Y, et al. Synthesis of poly(spiropyran)s by polyconden - sation and their photoisomerization behaviors[J]. Eur Polym J,2012, 48: 549 - 559.

[132] SOMMER M, KOMBER H. Spiropyran main - chain conjugated polymers[J]. Macromol Rapid Commun,2013,34:57 - 62.

[133] KOMBER H, MÜIIERS S, LOMBECK F, et al. Soluble and stable alternating main - chain merocyanine copolymers through quantitative spiropyran - merocyanine conversion [J]. Polym Chem,2014,5(2):443 - 453.

[134] KIMURA K, SAKAMOTO H, NAKAMURA T. Application of photoresponsive polymers carrying crown ether and spirobenzopyran side chains to photochemical valve[J]. J Nanosci Nano - technol,2006,6(6):1741 - 1749.

[135] KIMURA K, SAKAMOTO H, UDA R M. Cation complexation, photochromism, and photoresponsive ion - conducting behavior of crowned spirobenzopyran vinyl polymers[J]. Macromolecules,2004,37(5):1871 - 1876.

[136] 吕菊波，纪秀翠，张亚会，等. 聚(N -异丙基丙烯酰胺)的制备及应用进展[J]. 化学通报,2018,81(3):195 - 202.

[137] SHIRAISHI Y, MIYAMOTO R, HIRAI T. Spiropyran - conjugated thermoresponsive copolymer as a colorimetric thermometer with linear and reversible color change[J]. Org Lett,2009,11 (7):1571 - 1574.

[138] 申凯华，韩建国，张刚，等. 一种支链含有螺吡喃和查耳酮双光功能基团的复合高分子材料光致变色性能研究[J]. 化学学报,2007,65(6):542 - 546.

[139] EDAHIRO J I, SUMARU K, TAKAGI T, et al. Analysis of photo - induced hydration of a photochromic poly(N - isopropylacrylamide)- Spiropyran copolymer thin layer by quartz crystal microbalance[J]. Eur Polym J,2008,44:300 - 307.

[140] 傅正生，王长青，薛华丽，等. 含偶氮苯光学活性侧基聚合物研究进展[J]. 高分子通报,2004(4):10 - 23.

[141] ANGIOLINA L, BENELLI T, GIOFGINI L, et al. Optical and chiroptical switches based on photoinduced photon and proton transfer in copolymers containing spiropyran and azopyridine chromophores in their side chains[J]. Polymer,2009,50: 5638 - 5646.

[142] IMAI Y, ADACHI K, NAKA K, et al. Photochromic organic - inorganic polymer hybrids from spiropyran - modified poly(N, N - dimethylacrylamide)[J]. Polym Bull,2000,44:9 - 15.

[143] KOJIMA M, NAKANISHI T, HIRAI Y, et al. Photo - patterning of honeycomb film prepared from amphiphilic copolymer containing photochromic spiropyran[J]. Chem Commun, 2010,46:3970 - 3972.

[144] KAMEDA M, SUMARU K, KANAMORI T, et al. Probing the dielectric environment surrounding poly(N - isopropylacrylamide) in aqueous solution with covalently attached spirobenzo - pyran[J]. Langmuir,2004,20(21):9315 - 9319.

[145] MISTRY B, PATEL R G, PATEL V S. Synthesis and characterization of photochromic homo - polymer/copolymer[J]. J Appl Polym Sci,1997,64:841 - 848.

[146] ANGIOLINA L, BENELLI T, BICCIOCCHI E, et al. Synthesis and photoresponsive behavior of optically active methacrylic homopolymers containing side - chain spiropyran chromo - phores[J]. React Funct Polym,2012,72(7):469 - 477.

[147] ARSENOV V D, YERMAKOVA V D, CHERKASHIN M I, et al. Copolymerization of an N - meth - acryloyloxyethyl derivative of indolinospiropyran with vinyl monomers[J]. Polym Sci,1976,18(4):945 - 949.

[148] IVANOV A E, EREMEEV N L, WAHIUND P O, et al. Photosensitive copolymer of N - isopropyl - acrylamide and methacryloyl derivative of spirobenzopyran[J]. Polymer,2002,43(13):3819 - 3823.

[149] 常艳红，康宏亮，李光华，等. 吡喃羟丙基纤维素的合成与光响应性能研究[J]. 高分子学报，2016，12：1669 - 1677.

[150] BERTOLDO M，NAZZI S，ZAMPANO G，et al. Synthesis and photochromic response of a new precisely functionalized chitosan[J]. Carbohyd Polym，2011，85：401 - 407.

[151] 谭春斌，赵泽琳，高峻，等. 新型螺吡喃化合物的合成及应用研究[J]. 化学学报，2012，70(9)：1095 - 1103.

[152] 聂慧，刘和文. 含螺吡喃端基 PNIPAM 的制备及其在活细胞成像中的应用[J]. 功能高分子学报，2013，26(2)：109 - 114.

[153] ACHILLEOS D S，VAMVAKAKI M. Multiresponsive spiropyran - based copolymers synthesized by atom transfer radical polymerization[J]. Macromolecules，2010，43(17)：7073 - 7081.

[154] 苏俊华，李树辉，吴水珠，等. 两亲性嵌段共聚物 PEO - b - PSPMA 的合成及其胶束光致变色性能的研究[J]. 化工新型材料，2009，37(2)：32 - 34.

[155] CUI H，LIU H，CHEN S，et al. Synthesis of amphiphilic spiropyran - based random co - polymer by atom transfer radical polymerization for Co^{2+} recognition[J]. Dyes Pigm，2015，115：50 - 57.

[156] YU L X，LIU Y，CHEN S C，et al. Reversible photoswitching aggregation and dissolution of spiropyran functionalized copolymer and light - responsive FRET process[J]. Chinese Chem Lett，2014，25：389 - 396.

[157] ADELMANN R，MELA P，GALLYAMOV M O，et al. Synthesis of high - molecular - weight liner methacrylate copolymers with spiropyran side groups：conformational changes singer molecules in solution and on surfaces[J]. J Polym Sci Pol Chem，2009，47：1274 - 1283.

[158] LI R，SANTOS C S，NORSTEN T B，et al. Aqueous solubilization of photochromic compounds by bile salt aggregates[J]. Chem. Commun，2010，46：1941 - 1943.

[159] KOHL L J，BRAUN M，ÖZÇOBAN，et al. Ultrafast dynamics of a spiropyran in water[J]. J Am Chem. Soc，2012，134：14070 - 14077.

[160] BARACHEVSKY V A，VALOVA T M，ATABEKYAN L S，et al. Negative photochromism of water - soluble pyridine - containing nitro - substituted spiropyrans[J]. High Energy Chem，2017，51(6)：415 - 419.

[161] HAMMARSON M，NILSSON J R，LI S，et al. Characterization of the thermal and photo - induced reactions of photochromic spiropyrans in aqueous solution[J]. J Phys Chem B，2013，117：13561 - 13571.

[162] NILSSON J R，LI S，ÖNFELT B，et al. Light - induced cytotoxicity of a photochromic spiro - pyran[J]. Chem Commun，2011，47：11020 - 11022.

[163] HAMMARSON M，ANDERSSON J，LI S，et al. Molecular AND - logic for dually controlled activation of a DNA - binding Spiropyran[J]. Chem Commun，2010，46：7130 - 7132.

[164] 何炜，周金渭，隋强，等. 两种新型阳离子吲哚啉螺吡喃的合成、表征和光致变色性

质的研究[J]. 感光科学与光化学,1999,17(3):264-269.

[165] 徐艳玲，王广宇，申凯华，等. 新型阳离子螺吡喃化合物的合成及光致变色性[J]. 染料与染色,2010,47(4):4-6.

[166] SUNAMOTO J, IWAMOTO K, AKUTAGAWA M, et al. Rate control by restricting mobility of substrate in specific reaction field. negative photochromism of water - soluble spiropyran in AOT reversed micelles[J]. J Am Chem Soc,1982,104:4904-4907.

[167] GAO H, GUO T, CHEN Y, et al. Reversible negative photochromic sulfo - substituted spiropyrans[J]. J Mol Struct,2016,1123:426-432.

[168] SUGAHARA A, TANAKA N, OKAZAWA A, et al. Photochromic property of anionic spiropyran with sulfonate - substituted indoline moiety[J]. Chem. Lett, 2014,43(3):281-283.

[169] 胡世荣，蒋淑恋，黄立漳，等. 吲哚啉苯并吡喃磺酸的合成及水性光致变色墨水的配制[J]. 应用化工,2013,42(6):996-998.

[170] STAFFORST T, HILVERT D. Kinetic characterization of spiropyrans in aqueous media[J]. Chem Commun,2009(3):287-288

[171] 宁婷婷. 光致变色螺环化合物的微波法合成[J]. 洛阳师范学院学报,2005(5):48-50.

[172] 叶楚平，任家强，葛汉青，等. 苯并噻唑螺萘并吡喃类化合物的微波合成与性质[J]. 应用化学,2004,21(8):847-849.

[173] SILVIA T R, VAZQUEZ S A L, GONZALEZ S E A. Novel syntheses of spiropyran photo - chromatic compounds using ultrasound[J]. Synthetic Commun,1995,25(1):105-110.

[174] GONZALEZ S E A, LOZANO G M J. Novel syntheses of bis - spiropyran photochromatic com - pounds using ultrasound II[J]. Synthetic Commun,1998,28(21):4035-4041.

[175] 邵娜，张向媛，杨荣华，等. 螺吡喃化合物在分析化学中的应用[J]. 化学进展,2011,23(5):842-851.

[176] TÜRKER L. An AMI study on a certain cyclophane fused spirooxazine system and some of its isomers[J]. J Mol Struct(Theochem),2003,639:11-20.

[177] TÜRKER L. Certain cyclophane - fused - azaindoline kind spirooxazines and their some isomers:an AM1 treatment[J]. J Mol Struct(Theochem),2004,679:17-24.

[178] GRÜMMT U W, Reichenbächer M, Paetzold R. New photochromic 2H - 1,4 - oxazine and spiro - 2H - 1,4 - oxazine[J]. Tetrahedron Lett,1981,22(40):3945-3948.

[179] LEE I J. A low temperature spectrophotometric study of the photomerocyanine form of spirooxazine doped in polystyrene film[J]. J Photochem Photobiol A: Chem, 1999, 124:141-146.

[180] LEE I J. Thermal reactions of spironaphthooxazine dispersed in polystyrene film at low temperatures[J]. J Photochem Photobiol A:Chem,2002,146:169-173.

[181] POTTIER E, DUBEST R, GUGLIELMETTI R, et al. Effets de substituant,d'hétéroatome

et de solvant sur les cinétiques de décoloration thermique et les specters d'absorption de photomérocyanines en series spiro[indoline - oxazine] [J]. Helv Chim Acta, 1990, 73: 303 - 315.

[182] 严宝珍，吕强. 新型有机光致变色材料螺噁嗪的合成[J]. 北京化工大学学报，2001，28(4): 56 - 59.

[183] YAMAGUCHI T, TAMAKI T, KAWANISHI Y, et al. The pH control of the decolouration rate of spironaphthoxazine derivatives[J]. J Chem Soc Chem Commun, 1990(1): 867 - 869.

[184] TAMAKI T, ICHIMURA K. Photochromic chelating spironaphthoxazines[J]. J Chem Soc Chem Commun, 1989(1): 1477 - 1479.

[185] ZHOU J, ZHAO F, LI Y, et al. Novel chelation of photochromic spironaphthoxazines to divalent metal ions[J]. J Photochem Photobiol A: Chem, 1995, 92: 193 - 199.

[186] 周金渭，唐应武，赵福群，等. 光致变色螺萘并噁嗪配合物的褪色过程动力学研究[J]. 物理化学学报，1994, 10(3): 200 - 203.

[187] 吴良荣，姚祖光，顾超，等. 5 -取代螺噁嗪合成及光致变色性能[J]. 华东理工大学学报，1997, 23(5): 561 - 564.

[188] MENNIG M, FRIES K, LINDENSTRUTH M, et al. Development of fast switching photochromic coatings on transparent plastics and glass[J]. Thin Solid Films, 1999, 351: 230 - 234.

[189] WIRNSBERGER G, YANG P, SCOTT B J, et al. Mesostructured materials for optical applications: from low - K dielectrics to sensors and lasers[J]. Spectrochim Acta A, 2001, 57: 2049 - 2060.

[190] HOU L, SCHMIDT H. Photochromic properties of a silylated soirooxazine in sel - gel coatings[J]. Materials Lett, 1996, 27: 215 - 218.

[191] SUZUKI M, ASAHI T, TAKAHASHI K, et al. Ultrafast dynamics of photoinduced ring - opening and the subsequent ring - closure reactions of spirooxazines in crystalline state[J]. Chem Phys Lett, 2003, 368: 384 - 392.

[192] SHRAGINA L, BUCHHOLTZ F, YITZCHAIK S, et al. Searching for photochromic liquid crystals spironaphthoxazine substituted with a mesogenic group[J]. Liquid Crystals, 1990, 7 (5): 643 - 655.

[193] 孙磊，杨松杰，程赛鹤，等. 新型含二茂铁基螺噁嗪类光致变色化合物的合成及其光谱研究[J]. 化学通报，2004(1): 47 - 49.

[194] 张大全，苏建华，田禾，等. 光致变色染料在光信息材料中的应用[J]. 染料工业，1997, 34(5): 18 - 21.

[195] 樊美公. 光化学基本原理与光子学材料科学[M]. 北京：科学出版社，2001.

[196] 傅正生，孙宾宾，陈洁，等. 光致变色螺噁嗪化合物开环体的热稳定性研究进展[J]. 化学研究，2006, 17(4): 102 - 107.

[197] MALATESTA V, MILLINI R, MONTANARI L. Key intermediate product of oxidative degradation of photochromic spirooxazine. X - ray crystal structure and electron spin resonance analysis of its 7, 7, 8, 8 - tetracyanoquinodimethane ion -

radical salt[J]. J Am Chem Soc,1995,117(23):6258－6264.
[198] BAILLET G, GIUSTI G, GUGLIELMETTI R. Study of the fatigue process and the yellow of polymeric films containing spirooxazine photochromic compounds[J]. Bull Chem Soc Jpn,1995,68(4):1220－1225.
[199] BAILLET G, GIUSTI G, GUGLIELMETTI R. Comparative photode－gradation study detween spiro[indoline－oxazine] and spiro[indoline－pyran] derivatives in solution[J]. J Photochem Photobiol A:Chem,1993,70(2):157－161.
[200] SALEMI G, GIUSTI G, GUGLIELMETTI R. DABCO effect on the photodegradation of photochromic compounds in spiro[indolin－pyran] and spiro[indoline－oxazine] series[J]. J Photochem Photobiol A:Chem,1995,86:247－252.
[201] GAMPREDON M, LUCCIONI－HOUZÉ B, GIUSTI G, et al. Photochromic spin traps. Part 3. A new phosphorylated spiro[indoline－naphoxazine] [J]. J Chem Soc Perkin Trans 2, 1997(1):2559－2561.
[202] SALEMIDELVAUS C, LUCCIONIHOUZÉ B, BAILLET G, et al. Photooxygenation of α,α′－dimethylstilbenes sensitised by photochromic compounds[J]. Tetrahedron Lett, 1996,37(29):5127－5130.
[203] 冯长根，王建营. 螺噁嗪光致变色反应机理研究进展[J]. 有机化学,2006,26 (7): 1012－1023.
[204] 侯立松，陈静，陆松伟. 热致变色和光致变色光学薄膜的溶胶-凝胶法制备和性质[J]. 光学仪器,1999,21(4－5):99－104.
[205] MENNIG M, FRIES K, LINDENSTRUTH M, et al. Development of fast switching photochromic coatings on transparent plastics and glass[J]. Thin Solid Films,1999,351: 230－234.
[206] 孙宾宾，傅正生，周怡婷，等. 丙烯酰氧基螺噁嗪衍生物的合成和光致变色性[J]. 化学研究,2006(1):38－40.
[207] 李仲杰. 6′-硝基吲哚啉螺苯并吡喃的合成[J]. 化学通报,1985(1):49－51.
[208] 张文官，江和金. 光致变色化合物的合成及应用研究[J]. 北京印刷学院学报,2000, 8(2):33－38.
[209] 刘茂栋，傅正生，徐飞，等. 光致变色化合物吲哚啉螺苯并吡喃的合成[J]. 咸宁学院学报,2004,24(6):105－107.
[210] 孙宾宾，卢永周. 有机化学[M]. 天津:天津大学出版社,2013.
[211] 薛叙明. 精细有机合成技术[M]. 北京:化学工业出版社,2005.
[212] 孙宾宾，杨博，傅正生. 5－取代吲哚啉螺萘并噁嗪光学染料的合成与表征[J]. 印染助剂,2009,26(11):28－30.
[213] 唐蓉萍，夏德强，尚秀丽，等. 螺噁嗪类光致变色化合物的制备及其性能初探[J]. 当代化工,2014,43(4):475－477.
[214] KAKISHITA T, MATSUMOTO K, KIYOTSUKURI T, et al. Synthesis and NMR study of 9′－sub－stituted spiroindolinnonaphthoxazine derivative[J]. J Heterocyclic Chem,1992,29:1709－1715.

[215] 侯璟玥，马海红，徐卫兵，等. 改性羧甲基纤维素缓释肥包膜材料的制备与表征[J]. 材料科学与工程学报，2018，36(1)：90－94.
[216] 黄丽婕，蔡园园，刘明，等. 低温等离子体处理羧甲基纤维素接枝丙烯酸制备高吸液性树脂的研究[J]. 化工新型材料，2015，43(4)：82－85.
[217] 唐清华，宋明超，张娜，等. 羧甲基纤维素接枝丙烯酸钠的合成与性能[J]. 实验室研究与探索，2016，35(12)：13－17.
[218] 鲍莉，申艳敏，张胜利. 羧甲基纤维素接枝丙烯酸高吸水性树脂的研究[J]. 化工进展，2010，29(S1)：606－608.
[219] 石亮，张晓梅，陈超越，等. 微波辐射交联羧甲基纤维素接枝丙烯酰胺制备高吸水性树脂及溶胀性能[J]. 化工新型材料，2016，44(9)：208－210.
[220] 徐继红，赵素梅，李忠，等. 微波辐射羧甲基纤维素接枝2－丙烯酰胺基－2－甲基丙磺酸制备高吸水性树脂[J]. 石油化工，2012，41(4)：443－448.
[221] 王丹，宋湛谦，商士斌. 羧甲基纤维素接枝两性高吸水树脂的制备工艺[J]. 南京林业大学学报(自然科学版)，2007(2)：27－31.
[222] 韩福芹，邵博，王清文，等. 羧甲基纤维素接枝甲基丙烯酸甲酯对稻壳水泥复合材料的增强作用[J]. 东北林业大学学报，2009，37(2)：40－43.
[223] 张黎明，尹向春，李卓美. 羧甲基纤维素接枝AM/DMDAAC共聚物的合成[J]. 油田化学，1999(2)：106－108.
[224] 刘畅，宁志刚，徐昆，等. 羧甲基纤维素钠及丙烯酰胺二元共聚物的制备及性能[J]. 石油与天然气化工，2010，39(3)：230－233.
[225] 杨芳，黎钢，任凤霞，等. 羧甲基纤维素与丙烯酰胺接枝共聚及共聚物的性能[J]. 高分子材料科学与工程，2007(4)：78－81.
[226] 邵博. 羧甲基纤维素－甲基丙烯酸甲酯接枝共聚物的合成及应用[D]. 哈尔滨：东北林业大学，2008.
[227] 吴刚，沈玉华，谢安建，等. N，O－羧甲基壳聚糖的合成和性质研究[J]. 化学物理学报，2003，16(6)：499－503.
[228] 隋卫平，陈国华，高先池，等. 一种新型疏水改性的两亲性壳聚糖衍生物的表面活性研究[J]. 高等学校化学学报，2001，22(1)：133－135.
[229] SUN T，XU P，LIU Q，et al. Graft copolymerization of methacrylic acid onto carboxymethyl chitosan[J]. Eur Polym J，2003，39：189－192.
[230] KIM S－H，SUH H－J，CUI J－Z，et al. Crystalline－state photochromism and thermochromism of new spirooxazine[J]. Dyes Pigm，2002，53：251－256.
[231] 强培荣，张赛，高峻，等. 含螺噁嗪类基团聚合物的合成及光致变色性能研究[J]. 高分子学报，2015，10：1165－1174.
[232] 邹武新，谈廷风，李旭，等. 聚乙二醇支载的螺吡喃类光致变色化合物的合成及其逆光致变色性质[J]. 高等学校化学学报，2005，26(8)：1471－1473.
[233] KELLMANN A，TFIBEL F，DUBEST R，et al. Photophysics and kinetics of two photochromic indolinospirooxazines and one indolinospironaphthopyran [J]. J Photochem Photobiol A：Chem，1989，49：63－73.

[234] 冯小强，陈烽，侯洵. 光致变色的研究进展[J]. 应用光学，2000，21(3)：1-6.

[235] 陈煜，陆铭，罗运军，等. 甲壳素和壳聚糖的接枝共聚改性[J]. 高分子通报，2004(2)：54-62

[236] 胡宗酯，张卫红，李晓燕，等. 壳聚糖改性膜材料的研究(Ⅱ)壳聚糖与甲基丙烯酸接枝共聚[J]. 广州化工，2003(1)：21-24.

[237] BLAIR H, GUTHRIE J, LAW T K, et al. Chitosan and modified chitosan membranes I. Preparation and characterization[J]. J Appl Polym Sci，1987，33：641-656.

[238] SUN T, XU P, LIU Q, et al. Graft copolymerization of methacrylic acid onto carboxymethyl chitosan[J]. Eur Poly J，2003，39：189-192.

[239] 郑静，王俊卿，苏致兴. 壳聚糖与N-异丙基丙烯酰胺接枝共聚[J]. 应用化学，2003，20(12)：1204-1207.

[240] 蒋挺大. 壳聚糖[M]. 北京：化学工业出版社，2001.

[241] 吴刚，沈玉华，谢安建，等. N，O-羧甲基壳聚糖的合成和性质研究[J]. 化学物理学报，2003，16(6)：499-503.

[242] 隋卫平，陈国华，高先池，等. 一种新型疏水改性的两亲性壳聚糖衍生物的表面活性研究[J]. 高等学校化学学报，2001，22(1)：133-135.

[243] 刘佰军，杨志范，王淑芝，等. N-甲基螺噁嗪光致变色化合物的合成[J]. 吉林工学院学报，2000，21(2)：1-3.

[244] 陈杰，王容. 铈盐引发丙烯酰胺在棉纤维上接枝共聚合反应的研究[J]. 陕西师范大学学报(自然科学版)，1997(1)：77-79.

[245] 朱升干，郑典模，伍丽萍，等. 过硫酸铵-亚硫酸氢钠引发活化淀粉与丙烯酰胺反相乳液聚合动力学研究[J]. 化学研究与应用，2011，23(9)：1132-1136.

[246] 魏德卿，罗孝君，邓萍，等. 壳多糖与丙烯酸丁酯的乳液接枝共聚研究[J]. 高分子学报，1995(4)：427-433.

[247] 汪艺，杨靖先，丘坤元. 甲壳胺接枝聚合反应的研究[J]. 高分子学报，1994(2)：188-185.

[248] 冯社永，顾利霞. 光敏变色纤维材料[J]. 合成纤维工业，1997，20(3)：36-40.

[249] 冯社永，倪恨美，梁春梅，等. 光敏变色聚丙烯纤维的研究[J]. 合成纤维，1998，27(5)：20-23.

[250] XIE W, XU P, LIU Q. Antioxidant activity of water-soluble chitosan derivatives[J]. Bioorganic & Medicinal Chemistry Letter，2001，11：1699-1701.

[251] SUN T, XIE W, XU P. Superoxide anion scavenging activity of graft chitosan derivatives[J]. Carbohydrate Polymers，2004，58：379-382.

[252] 孙宾宾，周怡婷，傅正生. 螺噁嗪类化合物光致变色过程抗疲劳性研究进展[J]. 甘肃科技，2007，23(6)：127-128.

[253] 孙宾宾，杨博. 微波辐射制备天然多糖接枝系列高吸水树脂研究新进展[J]. 化工新型材料，2016，44(10)：42-44.

[254] 朱玉琴，汤烈贵. 硝化纤维素与甲基丙烯酸甲酯的均相接枝共聚[J]. 应用化学，1993，10(6)：61-65.

[255] MITCHELL J W, ADDAGADA A. Chemistry of proton tract registration in cellulose nitrate polymer[J]. Radiat Phys Chem,2007,76:691－698.

[256] 樊美公，姚建年，佟振合，等. 分子光化学与光功能材料科学[M]. 北京:科学出版社，2009.

[257] 雷元，张赛，高峻. N－乙基－9′－溴丁氧基螺噁嗪的合成及其化学改性 PMMA 的结构与光致变色性能[J]. 影像科学与光化学,2016,34(6):526－533.

[258] 张赛，赵泽琳，王钰修，等. 螺噁嗪化合物的合成及其光致变色性能的研究[J]. 化学研究与应用,2012,24(12):1786－1790.

[259] SUDHAKAR D, SRINIVASAN K S V, THOMAS J, et al. Grafting of methyl methacrylate onto cellulose nitrate initiated by benzoyl peroxide[J]. Polymer,1981,22(4):491－493.

[260] 朱玉琴，汤烈贵，林罗发. 纤维素硝酸酯接枝物的 FTIR 光谱[J]. 分析测试通报,1991(6):60－63.

[261] 胡耀娟，金娟，张卉，等. 石墨烯的制备、功能化及在化学中的应用[J]. 物理化学学报,2010,26(8):2073－2086.

[262] 康永. 共价键功能化石墨烯研究进展[J]. 乙醛醋酸化工,2014(11):25－31.

[263] 范彦如，赵宗彬，万武波，等. 石墨烯非共价键功能化及应用研究进展[J]. 化工进展，2011,30(7):1509－1520.

[264] 钱悦月，张树鹏，高娟娟，等. 石墨烯非共价功能化及其应用[J]. 化学通报,2015,78(6):497－504.

[265] 王昊，张辉，张继华，等. 非共价键表面修饰的石墨烯/聚合物复合材料研究进展[J]. 材料工程,2018,46(7):44－52.

[266] SI Y C, SAMULSKI E T. Synthesis of water soluble graphene[J]. Nano Lett,2008,8:1679－1682.

[267] NIYOGI S, BEKYAROVA E, ITKIS M E, et al. Solution properties of graphite and graphene[J]. J Am Chem Soc,2006,128:7720－7721.

[268] STANKOVICH S, PINER R D, NGUYEN S T, et al. Synthesis and exfoliation of isocyanate－treated graphene oxide nanoplatelets[J]. Carbon,2006,44:3342－3347.

[269] VECA L M, LU F, MEZIANI M J, et al. Polymer functionalization and solubilization of carbon nanosheets[J]. Chem. Commun,2009,45(18):2565－2567.

[270] 李聪琦，程红霞，潘月琴，等. 聚苯胺共价修饰的氧化石墨烯的合成及其光限幅性能[J]. 功能高分子学报,2015,28(1):6－13.

[271] SHEN J F, HU Y Z, LI C, et al. Synthesis of amphiphilic graphene nanoplatelets[J]. Small, 2009,5:82－85.

[272] 范萍，陈秀萍，黄方麟，等. 聚(N－异丙基丙烯酰胺)/石墨烯纳米复合水凝胶的制备及其溶胀性能[J]. 材料科学与工程学报,2015,33(1):22－25.

[273] 疏瑞文，杨莹莹，王鑫，等. PAM/AMPS/GO 纳米复合水凝胶的制备及染料吸附性能研究[J]. 化工新型材料,2016,44(7):161－163.

[274] 张可可，杨帅，张亚楠，等. 石墨烯－聚(苯乙烯－co－丙烯酸丁酯)复合材料的力学及

形状回复性能[J]. 材料导报,2017,31(20):6-10.

[275] 吕生华，崔亚压，杨文强，等. 氧化石墨烯与甲基丙烯酸和烯丙基磺酸钠共聚物的制备与性能[J]. 功能材料,2015,46(6):6148-6152.

[276] 朱金辉. 有机小分子共价修饰氧化石墨烯及其宽带光限幅性能研究[D]. 上海:华东理工大学,2010.

[277] 杨素华，庞美丽，郭心富，等. 与二茂铁酰基相连的螺噁嗪的合成、结构及性质[J]. 高等学校化学学报,2009,30(6):1135-1139.

[278] 傅正生，冯光华，禹兴海，等. 含呋喃丙烯酸酯结构螺噁嗪的合成及其光致变色性能研究[J]. 西北师范大学学报(自然科学版),2007(1):67-70.

[279] HUANG Y, ZENG M, REN J, et al. Prepartion and swelling properties of grapheme oxide/poly (acrylic acid - co - acrylamide) super - absorbent hydrogel nano - composites[J]. Colloids Surf A Physicochem Eng Asp,2012,401:97-106.

[280] 张国峰，陈涛，李冲，等. 螺吡喃分子光开关[J]. 有机化学,2013,33(5):927-942.

[281] 何炜，张邦乐，张生勇，等. 3,3-二甲基-N-(2-甲基丙烯酰氧乙基)-6′-硝基螺吲哚啉苯并吡喃的合成研究[J]. 化学试剂,2004,26(6):327-328.

[282] 邓灵福，钟少峰，涂海洋. 螺吡喃的合成与光谱性质[J]. 华中师范大学学报(自然科学版),2008,42(2):232-234.

[283] 邓继勇，廖云峰，谢治民. 光致变色化合物螺萘并吡喃的合成及光谱性能[J]. 精细化工,2007,24(3):221-224.

[284] 魏青，陈三平，潘瑞琪. 5-硝基水杨醛分离纯化方法改良[J]. 精细化工,2000,17(3):178-203.

[285] 尚延江，张伟华，黄广诚，等. 新型吲哚啉螺吡喃的合成及其光致变色性质的研究[J]. 应用化工,2012,41(2):242-245.

[286] 刘茂栋，傅正生，徐飞，等. 光致变色化合物1′-(2-羟乙基)-6-硝基螺[2H-1-苯并吡喃-2,2′-吲哚啉]的合成[J]. 甘肃农业大学学报,2004,39(6):704-706.

[287] 刘瑞蓝，王答琪. 1′-(β-羟乙基)-6-(和8-)硝基吲哚啉螺苯并吡喃的合成[J]. 西北大学学报(自然科学版),1988(3):88-90.

[288] ZHANG X Q, FENG Y Y, HUANG D, et al. Investigation of optical modulated conductance effects based on a graphene oxide - azobenzene hybrid[J]. Carbon, 2010,48:3236-3241.

[289] ZHANG X Q, FENG Y Y, LV P, et al. Enhanced reversible photoswitching of azobenzene functionalized graphene oxide hybrids[J]. Langmuir, 2010,26:18508-18511.

[290] 宋亚伟. 光响应性螺吡喃-苝二酰亚胺/石墨烯复合物的制备与表征[D]. 长沙:湖南大学,2014.

[291] 王川，王成，杨志范. 吲哚啉螺吡喃的合成及其光致变色性质研究[J]. 化工新型材料,2010,38(8):5-57.

[292] 吴丽，王颖伟，杨志范. 两种新型吲哚啉螺吡喃的合成及其光致变色性质研究[J]. 精细石油化工,2013,30(2):46-50.

[293] 鲍利红，曹苏毅，赵曼雨，等. 双羟基螺吡喃的合成及其光致变色性能研究[J]. 化工新型材料,2018,46(5):137-139.

[294] 王颖伟，杨志范. 两种含有叔丁基的螺吡喃光致变色材料的合成[J]. 山西大学学报(自然科学版),2013,36(3):431-435.

[295] 尚延江，张伟华，黄广诚，等. 新型吲哚林螺吡喃的合成及其光致变色性质的研究[J]. 应用化工,2012,41(2):242-245.

[296] 殷德飞，程红波，霍晓莲，等. 含席夫碱基的螺吡喃双功能光致变色材料的合成及性质[J]. 高等学校化学学报,2011,32(10):2301-2305.

[297] 庞美丽，杨涛涛，李晶晶，等. 新型含氮杂环螺吡喃化合物的合成及性能研究[J]. 化学学报,2010,68(18):1895-1902.

[298] 刘浪，龙世军，张国栋，等. PMMA分散螺吡喃薄膜的微结构与光致变色行为[J]. 高等学校化学学报,2010,31(9):1868-1873.